“十四五”普通高等教育本科系列教材

（第二版）

工程量清单计价实务

编　著　沈中友　祝亚辉
主　审　黄伟典

中国电力出版社
CHINA ELECTRIC POWER PRESS

内 容 提 要

本书为“十四五”普通高等教育本科系列教材。全书共分三篇，主要内容为工程量清单计价基础知识、工程量清单计价理论和工程量清单计价实例。书中较详细地介绍了计量规范的全部内容，系统地介绍了工程量清单编制的基础理论知识和实务操作方法。书中除对计量规范进行了全面的诠释外，每一分部还列举了典型工程实例。通过对本书的学习，读者可在较短的时间内掌握工程量清单计价的基本理论与方法，达到能较熟练地编制工程量清单和工程量清单报价的水平。

本书可作为普通高等院校工程造价、工程管理、土木工程等专业的教材，也可作为广大房屋建筑与装饰工程造价人员的参考用书。

图书在版编目（CIP）数据

工程量清单计价实务/沈中友，祝亚辉编著. —2 版 .—北京：中国电力出版社，2023.1
ISBN 978-7-5198-7043-0

Ⅰ.①工… Ⅱ.①沈… ②祝… Ⅲ.①建筑工程－工程造价 Ⅳ.①TU723.3

中国版本图书馆 CIP 数据核字（2022）第 171163 号

出版发行：中国电力出版社
地　　址：北京市东城区北京站西街 19 号（邮政编码 100005）
网　　址：http://www.cepp.sgcc.com.cn
责任编辑：孙　静（010－63412542）
责任校对：黄　蓓　郝军燕
装帧设计：张俊霞
责任印制：吴　迪

印　　刷：北京雁林吉兆印刷有限公司
版　　次：2016 年 1 月第一版　2023 年 1 月第二版
印　　次：2023 年 1 月北京第九次印刷
开　　本：787 毫米×1092 毫米　16 开本
印　　张：25.5
字　　数：629 千字
定　　价：79.80 元

版 权 专 有　侵 权 必 究

本书如有印装质量问题，我社营销中心负责退换

前　言

为充分发挥市场在资源配置中的决定性作用，按照《住房和城乡建设部办公厅关于印发工程造价改革工作方案的通知》建办标〔2020〕38号文件精神，推行“清单计量、市场询价、自主报价、竞争定价”的工程计价方式，进一步完善工程造价市场形成机制，帮助工程造价人员提高业务水平，提升综合运用知识能力。为落实教育部办公厅《现场工程师专项培养计划》，作者根据20多年的工程实践和一线教学经验，结合新形势修订了《工程量清单计价实务》一书，希望能为工程造价改革事业尽绵薄之力。

本书根据普通高等本科教育和高职高专类院校的课程标准，结合全国一级、二级造价工程师考试大纲相关内容要求，主要依据《建设工程工程量清单计价规范》（GB 50500—2013）（本书简称《计价规范》）《房屋建筑与装饰工程工程量计算规范》（GB 50584—2013）（本书简称《计量规范》）等国家标准进行编写，全书主要有以下五个特点：

（1）立德树人，以遵守“专业规范”育人。

本书全面落实立德树人根本任务，以遵守“专业规范”育人为编写指导思想，根据“依法依规、职业素养、责任意识、科学探究”等课程思政元素学习目标，融入规范、标准和相关规定，让学生认知、遵守“专业规范”，得到人格历练和提升。

（2）拓宽视野，培养会“全国造价”人才。

与同类计价教材相比，本书打破地区定额组价差异化，没有按照计价本地化编写，全国各地区高校均可结合本省使用。在编写过程中，作者收集各省市清单计价先进做法，注重引导计价思维训练，具有全国各地计价的视野，有利于培养解决复杂清单计价纠纷的能力。

（3）有模可仿，具有“师傅带徒弟”效果。

采用某法院办公楼真实工程实例为载体，从技能培养的基础知识→清单工程量计算规范→计量规范应用说明→工程实例拓展训练，围绕建筑与装饰各分部工程量清单计量与计价规范编写，力求理论与实际结合，以达到工学交替、掌握知识、提高技能的目的。特别是清单列项、项目特征描述、组综合单价、工程量计算过程等是初学者的难点所在。本书实例工程量计算过程中详细注释了文字解释，条理清晰，一目了然。书中的清单编制实例，让初学者有模可仿，有例可循，具有师傅带徒弟的学习示范效果。

（4）配图分离，“精装修”图纸独具特色。

从图纸配套形态上来讲，图纸与教材单独成册，图纸在使用时可以根据需要与教材内容进行配套使用。与同类教材相比，具有丰富完整的装饰装修施工设计图纸是本书的一大特色，内含节点大样详图、天棚、地面、墙面等二次精装修图纸，解决了学生工作后不懂精装修工程量清单计价的重大难题。

（5）资源丰富，配有大量数字学习资源。

编者基于“互联网＋教育”等教学理念，与北京超星公司共同合作开发了在线课程（学银在线）和在线习题测试系统，特别是结合施工现场图片真实情景的在线习题独具特色，为培养“现场工程师”高素质技术技能人才、能工巧匠、大国工匠打下了坚实的基础，积极落实了国家“现场工程师专项培养计划”。通过微信或安装“学习通”App，扫描书中二维码，即可对相关知识点进行在线测试，还可获取电子课件、相关阅读材料等学习资源，便于学生及时巩固所学知识，同时方便教师对教学质量的把握。希望加入在线课程学习或有对本书的修改建议的读者，可发邮件至 47898001@qq.com。

本书由重庆文理学院沈中友教授和重庆科技学院祝亚辉副教授共同编写。沈中友编写第一～四章、第六～八章及附录，祝亚辉编写第五章。

本书在编写过程中，参考了相关文献，在此不一一列举，一并表示感谢！尽管作者全力认真编写本书，但由于水平所限，缺点和疏漏之处在所难免，欢迎读者批评指出，以便在后续的出版中加以改正。

编　者

2022 年 11 月于重庆

第一版前言

为适应我国建设工程管理体制改革以及建设市场的发展需要，规范建设各方的计价行为，进一步深化工程造价管理模式的改革，帮助工程造价人员提高业务水平，提高综合运用知识能力，根据普通高等教育和高职高专类院校的教学计划，编者根据多年的教学和工程实践经验，编制了《工程量清单计价实务》一书。本书可作为普通高等教育和高职高专类院校工程造价、工程管理、土木工程等专业的教材，也可作为广大房屋建筑与装饰工程造价人员的参考用书。

本书根据《关于全面推开营业税改增值税试点的通知》财税（2016）36号文件、《建设工程工程量清单计价规范》（以下简称《计价规范》）（GB 50500—2013）和《房屋建筑与装饰工程工程量计算规范》（以下简称《计量规范》）（GB 50584—2013）进行编写。全书较详细地介绍了《计量规范》的全部内容，系统地介绍了工程量清单编制的基础理论知识和实务操作方法。本书不但对《计量规范》进行了全面的诠释，每一分部还列举了典型工程实例。通过对本书的学习，使读者可在较短的时间内掌握工程量清单计价的基本理论与方法，达到能较熟练地编制工程量清单和工程量清单报价的水平。

本书基于“互联网+教育”等教学理念，与北京超星公司共同合作开发了在线习题测试系统，通过安装“学习通”App，扫描书中二维码（每章末均附有二维码），即可对相关知识点进行在线测试，还可获取电子课件、相关阅读材料等学习资源，便于学生及时巩固所学知识和教师对教学质量的把握。对习题答案有疑问或有对本书的修改建议，可以发送至47898001@qq.com，以便修订完善。

本书由重庆文理学院教授级高级工程师沈中友和重庆科技学院副教授祝亚辉共同编写。沈中友编写第一～四章、第六～十章，祝亚辉编写第五章。

本书在编写过程中，参考了诸多文献，对文献的作者表示感谢，在此不一一列举。由于编者水平所限，缺点和疏漏之处在所难免，欢迎读者批评指正。

编　者

2015年10月

目　录

第一篇　工程量清单计价基础知识

第二篇　工程量清单计价理论

第三篇 工程量清单计价实例

第一篇　工程量清单计价基础知识

第一章　概　　述

学习目标

1. 了解工程量清单计价的历史及发展趋势。
2. 掌握国家现行建筑安装费用的组成和实施办法。
3. 认识我国计价规范体系取得的成就，增强文化自信。

第一节　工程量清单计价方式

工程量清单是在19世纪30年代产生的，西方国家将计算工程量、提供工程量清单专业化为估价师的职责，所有的投标都要以估价师提供的工程量清单为基础，从而使最后的投标结果具有可比性。工程量清单计价方式，是在建设工程招投标中，招标人自行或委托具有资质的中介机构按国家统一的工程量计算规则，编制反映工程实体消耗和措施性消耗的工程量清单，提供工程数量并作为招标文件的一部分给投标人，由投标人依据工程量清单自主报价的计价方式。在工程招标中采用工程量清单计价是国际上较为通行的做法。

一、实行工程量清单计价的意义

（一）工程量清单计价是深化工程造价改革的产物

改革开放以来，工程造价管理坚持市场化改革方向，完善工程计价制度，转变工程计价方式，维护各方合法权益，取得了明显成效。从1992年开始，针对工程预算定额编制和使用中存在的问题，提出了“控制量、指导价、竞争费”的改革措施，其中对工程预算定额改革的主要思路和原则是：将工程预算定额中的人工、材料、机械的消耗量和相应的单价分离，人工、材料、机械的消耗量是国家根据有关规范、标准以及社会的平均水平来确定。控制量目的就是保证工程质量，价格要逐步走向市场，这一措施在我国实行市场经济初期起到了积极的作用。但随着建筑市场化进程的发展，这种做法难以改变工程预算定额中国家指令性的计划经济模式，难以满足市场化招标投标和评标的要求。对量进行控制反映了社会平均消耗水平，但不能准确反映各个企业的实际消耗量，不能全面地体现企业技术装备水平、管理水平和劳动生产率；也不能充分体现市场公平竞争规律。2003年7月1日起，实施《建设工程工程量清单计价规范》（GB 50500—2003），使我国工程造价计价工作，向着适应社会主义市场经济体制，逐步实现“政府宏观调控、企业自主报价、市场形成价格”的目标迈出了坚实的一步。

（二）工程量清单计价是健全建筑市场的需要

按照建筑市场决定工程造价原则，工程造价是工程建设的核心内容，也是建筑市场运行的核心内容，建筑市场上存在的许多不规范行为大多与工程造价有关。过去的工程预算定额在工程发包与承包工程计价中调节双方利益、反映市场价格等方面反应置后，特别是在公开、公平、公正竞争方面，缺乏合理完善的机制，甚至出现了一些漏洞。实现建设市场的良性发展除了法律法规，行政监管以外，发挥市场规律中“竞争”和“价格”的作用是治本之策。全面推行工程量清单计价，完善配套管理制度，为“企业自主报价，竞争形成价格”提供制度保障。工程量清单计价是市场形成工程造价的主要形式，工程量清单计价有利于发挥企业自主报价的能力，实现政府定价到市场定价的转变。有利于规范业主在招标中的行为，有效改变招标单位在招标中盲目压价的行为，从而真正体现公开、公平、公正的市场经济规律。

（三）工程量清单计价构建了科学合理的计价体系

国家逐步统一各行业、各地区的工程计价规则，以工程量清单为核心，构建科学合理的工程计价依据体系，为打破行业、地区分割，服务统一开放、竞争有序的工程建设市场提供保障。完善工程项目划分，建立多层级工程量清单，形成以清单计价规范和各专（行）业工程量计算规范配套使用的清单规范体系，满足不同设计深度、不同复杂程度、不同承包方式及不同管理需求下工程计价的需要。推行工程量清单全费用综合单价，国家鼓励有条件的行业和地区编制全费用定额。

（四）工程量清单计价是与国际通行惯例接轨的需要

国际上通行的工程造价计价方法，一般都不依赖由政府颁布定额和单价，凡涉及人工、材料、机械等费用价格都是根据市场行情来决定的。由于工程造价计价的主要依据是工程量和单价两大要素，所以任何国家或地区的工程造价管理基本体制主要体现在对于工程项目的“量”和“价”这两个方面的管理和控制模式上。从世界各国的情况来看，工程造价管理的主要模式有如下几种。

1. 美国模式

美国的做法是竞争性市场经济的管理体制，根据历史统计资料确定工程的“量”，根据市场行情确定工程的“价”，价格最终由市场决定。

2. 英联邦模式

英联邦的做法是政府间接管理，“量”有章可循，“价”由市场调节。即由政府颁布统一的工程量计算规则，并定期公布各种价格指数，工程造价是依据这些规则计算工程量，通过自由报价和竞争后形成的。

3. 日本模式

日本的做法是政府相对直接管理，有统一的工程量计算规则和计价基础定额，但量价分离，政府只管工程实物消耗，价格由咨询机构采集提供，作为计价的依据。

除了以上三种主要模式外，还有法国的做法是没有发布给社会的定额单价，一般是以各个工程积累的数据做参数，大公司都有自己的定额单价。德国的做法是与国际上习惯采用的FIDIC要求一致，即由工程数量乘以单价，而工程数量和清单项目均在招标书中全部列出，投标人则按综合单价和总价进行报价。因此，采用工程量清单方式计价和报价是国际上通行的做法，是根据中国国情及我国现行的工程造价计价方法和招标投标中报价方法总结的一种全新方式，是对国际通行惯例的一种借鉴。

（五）工程量清单计价是为促进企业健康发展的需要

工程量清单计价模式招标投标，对承包企业采用工程量清单报价，必须对单位工程成本、利润进行分析及统筹考虑，精心选择施工方案，并根据企业的定额合理确定人工、材料、施工机械等要素的投入与配置，优化组合，合理控制现场费用和施工技术措施费用，确定投标价；改变过去过分依赖国家发布定额的状况，企业根据自身的条件编制出自己的企业定额。对发包单位来说，由于工程量清单是招标文件的组成部分，招标单位必须编制出准确的工程量清单，并承担相应的风险，促进招标单位提高管理水平。由于工程量清单是公开的，将避免工程招标中弄虚作假、暗箱操作等不规范行为。工程量清单计价有利于控制建设项目投资，节约资源，有利于提高社会生产力，促进技术进步，有利于提高造价工程师的素质，使其必须成为懂技术、懂经济、懂法律、善管理等全面发展的复合人才。

二、工程量清单计价的适用范围

使用国有资金投资的建设工程发承包，必须采用工程量清单计价。非国有资金投资的建设工程，宜采用工程量清单计价，应执行《建设工程工程量清单计价规范》（GB 50500—2013）（以下简称《计价规范》）。

（一）国有资金项目

根据《工程建设项目招标范围和规模标准规定》（国家计委第 3 号令）的规定，国有资金投资的工程建设项目包括使用国有资金投资和国家融资投资的工程建设项目。

（1）使用国有资金投资项目的范围包括：各级财政预算资金、各种政府性专项建设基金、国有企事业单位自有资金。

（2）国家融资项目的范围包括：国家发行债券所筹资金、使用国家对外借款或者担保所筹资金、国家政策性贷款的项目等。

（3）国有资金（含国家融资资金）为主的工程建设项目是指国有资金占投资总额 50%以上，或虽不足 50%但国有投资者实质上拥有控股权的工程建设项目。

（二）非国有资金项目

对于非国有资金投资的工程建设项目，是否采用工程量清单方式计价由项目业主自主确定，但《计价规范》鼓励采用工程量清单计价方式。

对于确定不采用工程量清单方式计价的非国有投资工程建设项目，除不执行工程量清单计价的专门性规定外，《计价规范》的其他条文仍应执行。

三、工程量清单计价的主要活动

建设工程发承包及实施阶段的计价活动包括：工程量清单编制、招标控制价编制、投标报价编制、工程合同价款的约定、工程施工过程中工程计量与合同价款的支付、索赔与现场签证、合同价款的调整、竣工结算的办理和合同价款争议的解决以及工程造价鉴定等活动。主要计价活动集中在工程交易阶段的工程量清单编制、招标控制价编制和投标报价编制。

（一）工程量清单编制

招标工程量清单应由具有编制能力的招标人或受其委托，具有相应能力的工程造价咨询人或招标代理人编制。招标工程量清单必须作为招标文件的组成部分，其准确性和完整性由招标人负责。

（1）招标人是进行工程建设的主要责任主体，其责任包括负责编制工程量清单。若招标人不具备编制工程量清单的能力，可委托工程造价咨询人编制。

（2）采用工程量清单方式招标发包，工程量清单必须作为招标文件的组成部分，招标人应将工程量清单连同招标文件的其他内容一并发送（或发售）给投标人。投标人依据工程量清单进行投标报价，对工程量清单不负有核实的义务，更不具有修改和调整的权力。对编制质量的责任规定更加明确和责任具体。工程量清单作为投标人报价的共同平台，其准确性、完整性，均应由招标人负责。

（3）如招标人委托工程造价咨询人编制，其责任仍应由招标人承担。中标人与招标人签订工程施工合同后，在履约过程中发现工程量清单漏项或错算，引起合同价款调整的，应由发包人（招标人）承担，而非其他编制人，所以规定仍由招标人负责。而工程造价咨询人的错误应承担什么责任，则应由招标人与工程造价咨询人通过合同约定处理或协商解决。

（二）最高投标限价编制

最高投标限价是招标人根据国家或省级、行业建设主管部门颁发的有关计价依据和办法，以及拟定的招标文件和招标工程量清单，结合工程具体情况编制的限制投标人有效报价的最高价格。最高投标限价是在建设市场发展过程中对传统标底概念的性质进行的界定，其主要作用是：

（1）招标人通过最高投标限价，可以清除投标人间合谋超额利益的可能性，有效遏制围标串标行为。

（2）投标人通过最高投标限价，可以避免投标决策的盲目性，增强投标活动的选择性和经济性。

（3）最高投标限价与经评审的合理最低价评标配合，能促使投标人加快技术革新和提高管理水平。

（三）投标报价编制

投标报价是在工程发承包过程中，投标人响应招标文件的要求，并结合自身的施工技术、装备和管理水平，自主报出的工程造价。投标报价是投标人希望在工程交易阶段达成的期望价格，原则上不能高于最高投标限价，高于最高投标限价的投标报价应予废标；同时，投标报价不得低于工程成本。因此，工程成本≤投标报价≤最高投标限价。

工程量清单计价方式下，投标人的投标报价是体现企业自身技术和管理水平的自主报价。投标报价的主要作用体现在以下几个方面。

（1）投标报价是招标人选择中标人的主要标准，也是施工合同中签约合同价的主要依据。选择合理投标报价能对建设项目投资控制起到重要作用。

（2）工程量清单计价方式下的量价分离，取消统一定额的法令性（注意：不是取消定额，而是取消定额的法令性），将统一的带法令性的预算定额改为指导性的实物量消耗标准，供业主和承包商参考，允许投标人在统一的工程量清单下根据自身情况自主确定实物量消耗标准，自主确定各项基础价格，自主确定各分项工程的单价。

四、清单计价与定额计价的主要区别

清单计价与定额计价是产生在不同历史年代的计价模式。定额计价是计划经济的产物，是一种传统的计价模式。清单计价是市场经济的产物，产生在 2003 年，是以国家标准推行的新的计价模式。它们之间的主要区别见表 1 - 1。

表 1 - 1　定额计价与清单计价的区别

序号	不同点	定额计价	清单计价
1	计价理念	政府定价	企业自主报价、竞争形成价格
2	计价依据	政府建设行政主管部门发布的《消耗量（计价）定额》和《单位估价表》	国家标准《建设工程工程量清单计价规范》以及《企业定额》
3	费用内容	直接工程费、管理费、利润、措施项目费、其他项目费、规费、税金	分部分项工程费、措施项目费、其他项目费、规费、税金
4	单价形式	直接工程费单价：含人工费、材料费、机械费	综合单价：含人工费、材料和工程设备费、施工机具使用费、企业管理费、利润和风险费
5	工程量计算	只计算定额量，项目一般是按照施工工序进行设置的，包括的工作内容一般是单一的，据此规定了相应的工程量计算规则	既要计算清单量，还要计算定额量。项目一般是以一个“综合实体”考虑划分的，一般包括了多项其他工作内容，据此规定了相应工程量计算规则
6	编制程序	读图、列项、算量、套价、取费	读图及读清单、清单组价（包含列清单项、列定额项、算定额量、计算综合单价）、计费
7	计取费用	按统一规定取费，大家都套用统一的预算基价，结果在价格上没有差异，千人一面	以企业实际情况取费，自主报价，竞争的差异体现在价格上，有利于将竞争放在明处

两种计价方式都是建立在“定额”的平台上。不能理解为实行清单计价就不要定额了，其关系可比拟为：定额是“词典”，计价模式是“文体”。不同的人使用词典和文体，可以写出不同风格的文章。

本节配套数字资源及习题

第二节　工程量清单计价原理

一、建筑安装工程费的组成

《计价规范》中 1.03 条规定，建设工程发承包及实施阶段的工程造价由分部分项工程费、措施项目费、其他项目费、规费和税金组成。实质上，不论采用何种计价方式，建设工程造价均可划分为分部分项工程费、措施项目费、其他项目费、规费和税金五部分费用，又称建筑安装工程费。根据住房和城乡建设部、财政部印发的《建筑安装工程费用项目组成》建标〔2013〕44 号、《中华人民共和国环境保护税法》（2018 年修正）和财政部、国家税务总局财税〔2016〕36 号文件内容，建筑安装工程费的组成如下。

（一）按造价形成划分

建筑安装工程费按照工程造价形成由分部分项工程费、措施项目费、其他项目费、规费、税金组成，分部分项工程费、措施项目费、其他项目费包含人工费、材料费、施工机具使用费、企业管理费和利润，具体组成如图 1 - 1 所示。

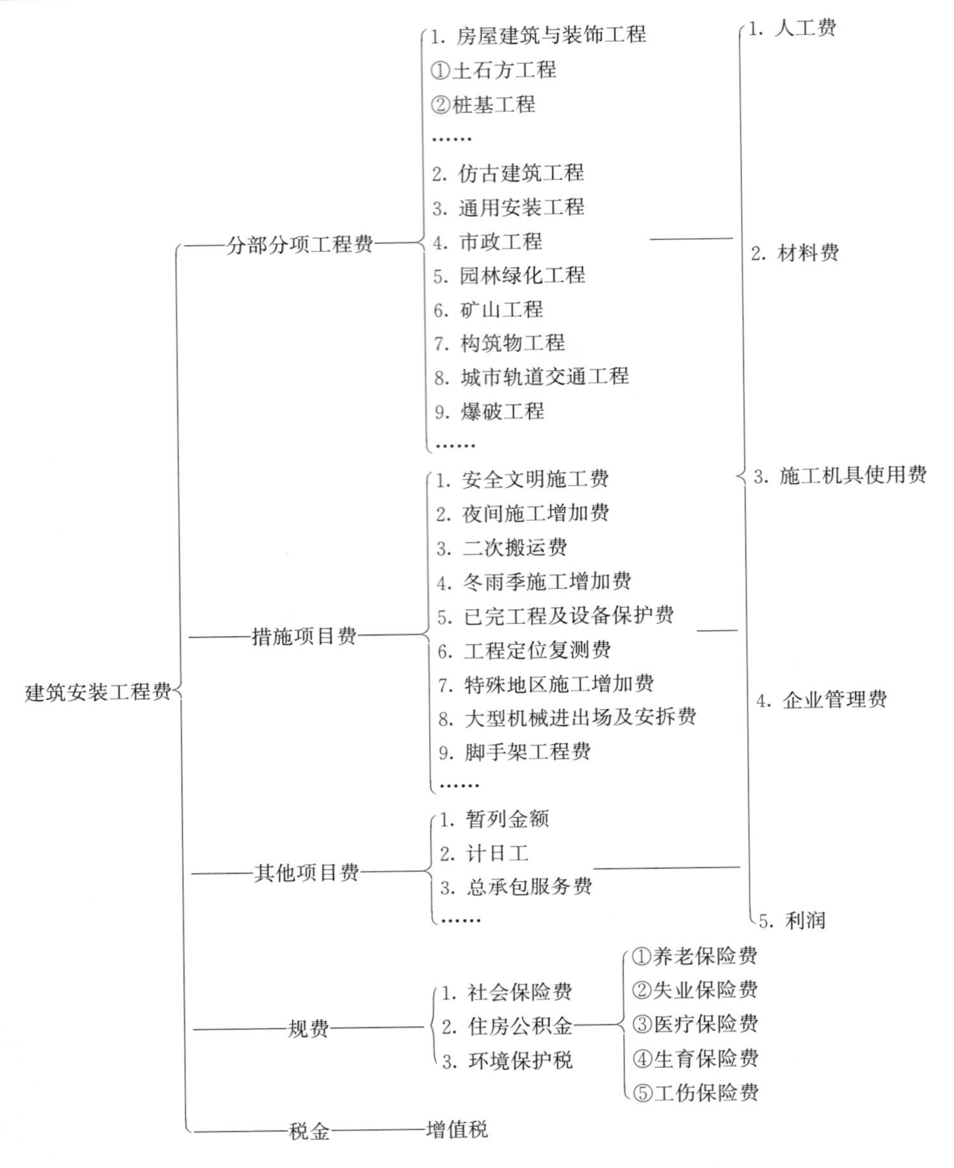

图1-1 建筑安装工程费用项目组成（按造价形成划分）

1. 分部分项工程费

指各专业工程的分部分项工程应予列支的各项费用。

（1）专业工程：是指按现行国家计量规范划分的房屋建筑与装饰工程、仿古建筑工程、通用安装工程、市政工程、园林绿化工程、矿山工程、构筑物工程、城市轨道交通工程、爆破工程等各类工程。

（2）分部分项工程：指按现行国家计量规范对各专业工程划分的项目。如房屋建筑与装饰工程划分的土石方工程、地基处理与桩基工程、砌筑工程、钢筋及钢筋混凝土工程等。

各类专业工程的分部分项工程划分见现行国家或行业计量规范。

2. 措施项目费

指为完成建设工程施工，发生于该工程施工前和施工过程中的技术、生活、安全、环境保护等方面的费用。内容包括以下几方面。

(1) 安全文明施工费：

1) 环境保护费：指施工现场为达到环保部门要求所需要的各项费用。

2) 文明施工费：指施工现场文明施工所需要的各项费用。

3) 安全施工费：指施工现场安全施工所需要的各项费用。

4) 临时设施费：指施工企业为进行建设工程施工所必须搭设的生活和生产用的临时建筑物、构筑物和其他临时设施费用。包括临时设施的搭设、维修、拆除、清理费或摊销费等。

(2) 夜间施工增加费：指因夜间施工所发生的夜班补助费、夜间施工降效、夜间施工照明设备摊销及照明用电等费用。

(3) 二次搬运费：指因施工场地条件限制而发生的材料、构配件、半成品等一次运输不能到达堆放地点，必须进行二次或多次搬运所发生的费用。

(4) 冬雨季施工增加费：指在冬季或雨季施工需增加的临时设施、防滑、排除雨雪，人工及施工机械效率降低等费用。

(5) 已完工程及设备保护费：指竣工验收前，对已完工程及设备采取的必要保护措施所发生的费用。

(6) 工程定位复测费：指工程施工过程中进行全部施工测量放线和复测工作的费用。

(7) 特殊地区施工增加费：指工程在沙漠或其边缘地区、高海拔、高寒、原始森林等特殊地区施工增加的费用。

(8) 大型机械设备进出场及安拆费：指机械整体或分体自停放场地运至施工现场或由一个施工地点运至另一个施工地点，所发生的机械进出场运输及转移费用及机械在施工现场进行安装、拆卸所需的人工费、材料费、机械费、试运转费和安装所需的辅助设施的费用。

(9) 脚手架工程费：指施工需要的各种脚手架搭、拆、运输费用以及脚手架购置费的摊销（或租赁）费用。

措施项目及其包含的内容详见各类专业工程的现行国家或行业计量规范。

3. 其他项目费

(1) 暂列金额：指建设单位在工程量清单中暂定并包括在工程合同价款中的一笔款项。用于施工合同签订时尚未确定或者不可预见的所需材料、工程设备、服务的采购，施工中可能发生的工程变更、合同约定调整因素出现时的工程价款调整以及发生的索赔、现场签证确认等的费用。

(2) 计日工：是指在施工过程中，施工企业完成建设单位提出的施工图纸以外的零星项目或工作所需的费用。

(3) 总承包服务费：是指总承包人为配合、协调建设单位进行的专业工程发包，对建设单位自行采购的材料、工程设备等进行保管以及施工现场管理、竣工资料汇总整理等服务所需的费用。

4. 规费

指按国家法律、法规规定，由省级政府和省级有关权力部门规定必须缴纳或计取的费用。包括：

（1）社会保险费：

1）养老保险费：指企业按照规定标准为职工缴纳的基本养老保险费。

2）失业保险费：指企业按照规定标准为职工缴纳的失业保险费。

3）医疗保险费：指企业按照规定标准为职工缴纳的基本医疗保险费。

4）生育保险费：指企业按照规定标准为职工缴纳的生育保险费。

5）工伤保险费：指企业按照规定标准为职工缴纳的工伤保险费。

（2）住房公积金：指企业按规定标准为职工缴纳的住房公积金。

（3）环境保护税：指按规定缴纳的施工现场环境保护税。

其他应列而未列入的规费，按实际发生计取。

5. 税金

指国家税法规定的应计入建筑安装工程造价内的增值税。城市维护建设税、教育费附加以及地方教育附加“营改增”后移入企业管理费中。

（二）费用构成要素划分

建筑安装工程费按照费用构成要素划分：由人工费、材料（包含工程设备，下同）费、施工机具使用费、企业管理费、利润、规费和税金组成。其中人工费、材料费、施工机具使用费、企业管理费和利润包含在分部分项工程费、措施项目费、其他项目费中，具体组成如图 1-2 所示。

1. 人工费

指按工资总额构成规定，支付给从事建筑安装工程施工的生产工人和附属生产单位工人的各项费用。内容包括：

（1）计时工资或计件工资：指按计时工资标准和工作时间或对已做工作按计件单价支付给个人的劳动报酬。

（2）奖金：指对超额劳动和增收节支支付给个人的劳动报酬。如节约奖、劳动竞赛奖等。

（3）津贴补贴：指为了补偿职工特殊或额外的劳动消耗和因其他特殊原因支付给个人的津贴，以及为了保证职工工资水平不受物价影响支付给个人的物价补贴。如流动施工津贴、特殊地区施工津贴、高温（寒）作业临时津贴、高空津贴等。

（4）加班加点工资：指按规定支付的在法定节假日工作的加班工资和在法定日工作时间外延时工作的加点工资。

（5）特殊情况下支付的工资：指根据国家法律、法规和政策规定，因病、工伤、产假、计划生育假、婚丧假、事假、探亲假、定期休假、停工学习、执行国家或社会义务等原因按计时工资标准或计时工资标准的一定比例支付的工资。

2. 材料费

指施工过程中耗费的原材料、辅助材料、构配件、零件、半成品或成品、工程设备的费用。内容包括：

（1）材料原价：指材料、工程设备的出厂价格或商家供应价格。

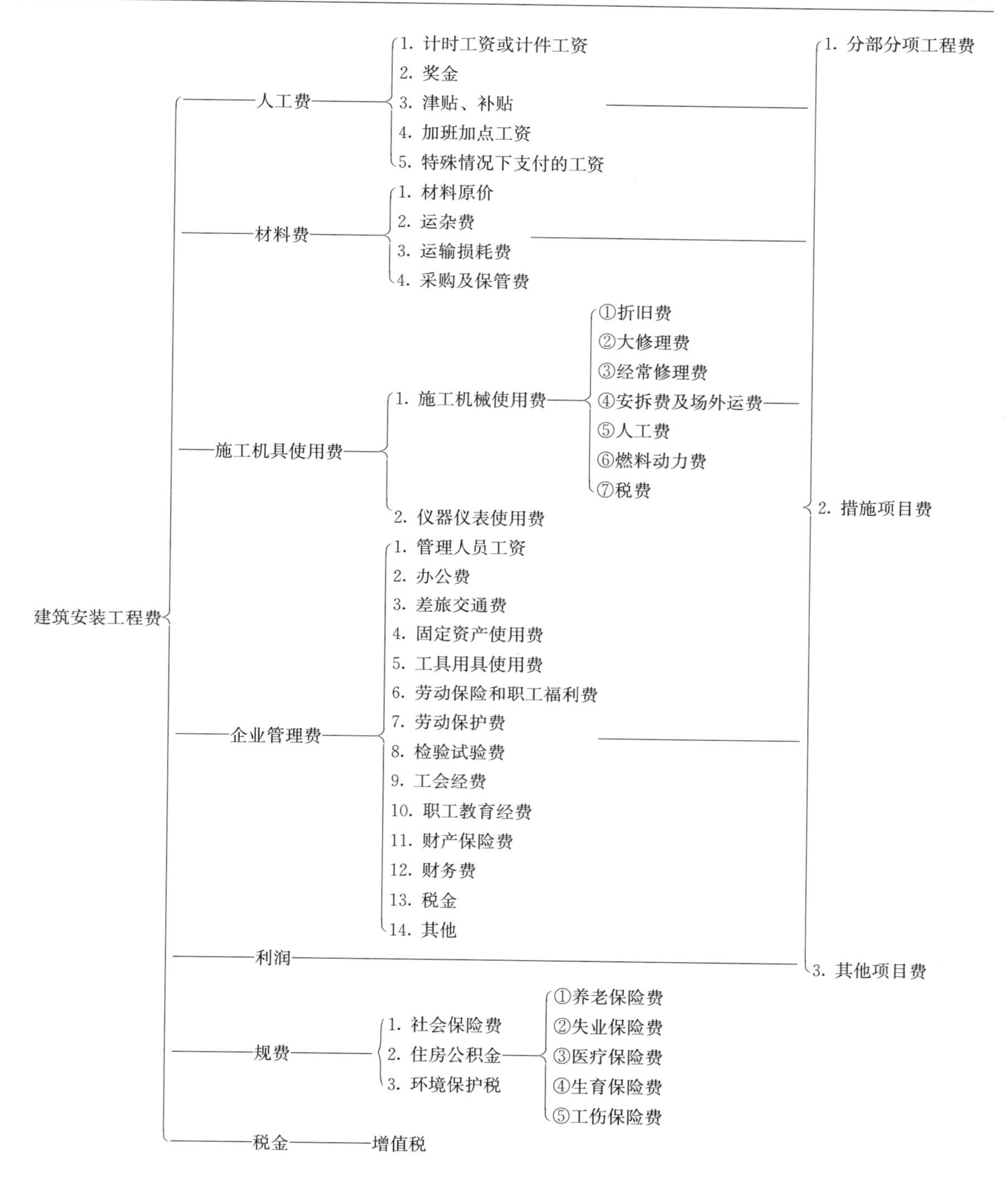

图 1-2　建筑安装工程费用项目组成（按费用构成要素划分）

（2）运杂费：指材料、工程设备自来源地运至工地仓库或指定堆放地点所发生的全部费用。

（3）运输损耗费：指材料在运输装卸过程中不可避免的损耗。

（4）采购及保管费：指为组织采购、供应和保管材料、工程设备的过程中所需要的各项费用。包括采购费、仓储费、工地保管费、仓储损耗。

工程设备是指构成或计划构成永久工程一部分的机电设备、金属结构设备、仪器装置及其他类似的设备和装置。

3. 施工机具使用费

指施工作业所发生的施工机械、仪器仪表使用费或其租赁费。

（1）施工机械使用费：以施工机械台班耗用量乘以施工机械台班单价表示，施工机械台班单价应由下列 7 项费用组成。

1）折旧费：指施工机械在规定的使用年限内，陆续收回其原值的费用。

2）大修理费：指施工机械按规定的大修理间隔台班进行必要的大修理，以恢复其正常功能所需的费用。

3）经常修理费：指施工机械除大修理以外的各级保养和临时故障排除所需的费用。包括为保障机械正常运转所需替换设备与随机配备工具附具的摊销和维护费用，机械运转中日常保养所需润滑与擦拭的材料费用及机械停滞期间的维护和保养费用等。

4）安拆费及场外运费：安拆费指施工机械（大型机械除外）在现场进行安装与拆卸所需的人工、材料、机械和试运转费用以及机械辅助设施的折旧、搭设、拆除等费用；场外运费指施工机械整体或分体自停放地点运至施工现场或由一施工地点运至另一施工地点的运输、装卸、辅助材料及架线等费用。

5）人工费：指机上司机（司炉）和其他操作人员的人工费。

6）燃料动力费：指施工机械在运转作业中所消耗的各种燃料及水、电等。

7）税费：指施工机械按照国家规定应缴纳的车船使用税、保险费及年检费等。

（2）仪器仪表使用费：是指工程施工所需使用的仪器仪表的摊销及维修费用。

4. 企业管理费

指建筑安装企业组织施工生产和经营管理所需的费用。内容包括：

（1）管理人员工资：指按规定支付给管理人员的计时工资、奖金、津贴补贴、加班加点工资及特殊情况下支付的工资等。

（2）办公费：指企业管理办公用的文具、纸张、账表、印刷、邮电、书报、办公软件、现场监控、会议、水电、烧水和集体取暖降温（包括现场临时宿舍取暖降温）等费用。

（3）差旅交通费：指职工因公出差、调动工作的差旅费、住勤补助费，市内交通费和误餐补助费，职工探亲路费，劳动力招募费，职工退休、退职一次性路费，工伤人员就医路费，工地转移费以及管理部门使用的交通工具的油料、燃料等费用。

（4）固定资产使用费：指管理和试验部门及附属生产单位使用的属于固定资产的房屋、设备、仪器等的折旧、大修、维修或租赁费。

（5）工具用具使用费：指企业施工生产和管理使用的不属于固定资产的工具、器具、家具、交通工具和检验、试验、测绘、消防用具等的购置、维修和摊销费。

（6）劳动保险和职工福利费：指由企业支付的职工退职金、按规定支付给离休干部的经费，集体福利费、夏季防暑降温、冬季取暖补贴、上下班交通补贴等。

（7）劳动保护费：企业按规定发放的劳动保护用品的支出。如工作服、手套、防暑降温饮料以及在有碍身体健康的环境中施工的保健费用等。

（8）检验试验费：指施工企业按照有关标准规定，对建筑以及材料、构件和建筑安装物进行一般鉴定、检查所发生的费用，包括自设试验室进行试验所耗用的材料等费用。不包括新结构、新材料的试验费，对构件做破坏性试验及其他特殊要求检验试验的费用和建设单位委托检测机构进行检测的费用，对此类检测发生的费用，由建设单位在工程建设其他费用中列支。但对施工企业提供的具有合格证明的材料进行检测不合格的，该检测费用由施工企业支付。

（9）工会经费：指企业按《工会法》规定的全部职工工资总额比例计提的工会经费。

（10）职工教育经费：指按职工工资总额的规定比例计提，企业为职工进行专业技术和职业技能培训，专业技术人员继续教育、职工职业技能鉴定、职业资格认定以及根据需要对职工进行各类文化教育所发生的费用。

（11）财产保险费：指施工管理用财产、车辆等的保险费用。

（12）财务费：指企业为施工生产筹集资金或提供预付款担保、履约担保、职工工资支付担保等所发生的各种费用。

（13）税金：指企业按规定缴纳的房产税、车船使用税、土地使用税、印花税、城市维护建设税、教育费附加以及地方教育附加等。

（14）其他：包括技术转让费、技术开发费、投标费、业务招待费、绿化费、广告费、公证费、法律顾问费、审计费、咨询费、保险费等。

5. 利润

指施工企业完成所承包工程获得的盈利。

6. 规费

同“按造价形成划分”中的规费组成。

7. 税金

同“按造价形成划分”中的税金组成。

二、工程量清单计价公式

根据《建筑安装工程费用项目组成》建标〔2013〕44号文件规定，工程量清单计价公式如下。

（一）分部分项工程费

$$分部分项工程费 = \sum(分部分项工程量 \times 综合单价) \qquad (1-1)$$

式中 综合单价——人工费、材料费、施工机具使用费、企业管理费和利润以及一定范围的风险费用（下同）。

（二）措施项目费

1. 国家计量规范规定应予计量的措施项目计算公式

$$措施项目费 = \sum(措施项目工程量 \times 综合单价) \qquad (1-2)$$

2. 国家计量规范规定不宜计量的措施项目计算方法

（1）安全文明施工费

$$安全文明施工费 = 计算基数 \times 安全文明施工费费率(\%) \qquad (1-3)$$

计算基数应为定额基价（定额分部分项工程费+定额中可以计量的措施项目费）、定额人工费或（定额人工费+定额机械费），其费率由工程造价管理机构根据各专业工程的特点综合确定。

（2）夜间施工增加费

$$夜间施工增加费 = 计算基数 \times 夜间施工增加费费率(\%) \qquad (1-4)$$

（3）二次搬运费

$$二次搬运费 = 计算基数 \times 二次搬运费费率(\%) \tag{1-5}$$

（4）冬雨季施工增加费

$$冬雨季施工增加费 = 计算基数 \times 冬雨季施工增加费费率(\%) \tag{1-6}$$

（5）已完工程及设备保护费

$$已完工程及设备保护费 = 计算基数 \times 已完工程及设备保护费费率(\%) \tag{1-7}$$

上述（2）～（5）项措施项目的计费基数应为定额人工费或（定额人工费＋定额机械费），其费率由工程造价管理机构根据各专业工程特点和调查资料综合分析后确定。

（三）其他项目费

（1）暂列金额由建设单位根据工程特点，按有关计价规定估算，施工过程中由建设单位掌握使用、扣除合同价款调整后如有余额，归建设单位。

（2）计日工由建设单位和施工企业按施工过程中的签证计价。

（3）总承包服务费由建设单位在招标控制价中根据总包服务范围和有关计价规定编制，施工企业投标时自主报价，施工过程中按签约合同价执行。

（四）规费和税金

建设单位和施工企业均应按照省、自治区、直辖市或行业建设主管部门发布标准计算规费和税金，不得作为竞争性费用。

三、工程量清单计价的计价程序

根据《建筑安装工程费用项目组成》建标〔2013〕44 号和《关于全面推开营业税改增值税试点的通知》财税〔2016〕36 号文件规定，建筑安装工程造价按照分部分项工程费、措施项目费、其他项目费、规费和税金之和计算。工程量清单计价的计价程序如下。

（一）招标控制价计价程序

建设单位的招标控制价计价程序见表 1-2。

表 1-2 招标控制价计价程序表

工程名称： 标段：

序号	内　　容	计算方法	金额（元）
1	分部分项工程费	按计价规定计算	
1.1		清单工程量×综合单价	
1.2		清单工程量×综合单价	
1.3		清单工程量×综合单价	
1.4		清单工程量×综合单价	
1.5		清单工程量×综合单价	
	……	……	
2	措施项目费	按计价规定计算	
2.1	其中：安全文明施工费	按规定标准计算	
3	其他项目费		

续表

序号	内 容	计算方法	金额（元）
3.1	其中：暂列金额	按计价规定估算	
3.2	其中：专业工程暂估价	按计价规定估算	
3.3	其中：计日工	按计价规定估算	
3.4	其中：总承包服务费	按计价规定估算	
4	规费	按规定标准计算	
5	税金	(1+2+3+4)×适用税率	
招标控制价合计=1+2+3+4+5			

（二）投标报价计价程序

施工企业工程投标报价计价程序见表1-3。

表1-3 投标报价计价程序表

工程名称： 标段：

序号	内 容	计算方法	金额（元）
1	分部分项工程费	自主报价	
1.1		清单工程量×投标综合单价	
1.2		清单工程量×投标综合单价	
1.3		清单工程量×投标综合单价	
1.4		清单工程量×投标综合单价	
1.5		清单工程量×投标综合单价	
	……	……	
2	措施项目费	自主报价	
2.1	其中：安全文明施工费	按规定标准计算	
3	其他项目费		
3.1	其中：暂列金额	按招标文件提供金额计列	
3.2	其中：专业工程暂估价	按招标文件提供金额计列	
3.3	其中：计日工	自主报价	
3.4	其中：总承包服务费	自主报价	
4	规费	按规定标准计算	
5	税金	(1+2+3+4)×适用税率	
投标报价合计=1+2+3+4+5			

（三）竣工结算计价程序

竣工结算计价程序见表1-4。

表 1-4　　竣工结算计价程序表

工程名称：　　标段：

序号	汇 总 内 容	计算方法	金额（元）
1	分部分项工程费	按合同约定计算	
1.1		结算工程量×结算综合单价	
1.2		结算工程量×结算综合单价	
1.3		结算工程量×结算综合单价	
1.4		结算工程量×结算综合单价	
1.5		结算工程量×结算综合单价	
	……	……	
2	措施项目	按合同约定计算	
2.1	其中：安全文明施工费	按规定标准计算	
3	其他项目		
3.1	其中：专业工程结算价	按合同约定计算	
3.2	其中：计日工	按计日工签证计算	
3.3	其中：总承包服务费	按合同约定计算	
3.4	索赔与现场签证	按发承包双方确认数额计算	
4	规费	按规定标准计算	
5	税金	(1+2+3+4)×适用税率	
竣工结算总价合计=1+2+3+4+5			

第三节　工程量清单计价术语

本节配套数字资源及习题

一、术语概述

（一）计价术语

工程量清单计价中的术语是对《建筑工程工程量清单计价规范》（以下简称《计价规范》）中特有名词给予的定义，为规范在贯彻实施过程中，尽可能避免对规范由于不同理解造成的争议。规范编制组在《2013 建设工程工程量清单计价计量规范辅导》中对 52 个计价术语还做了要点说明。

（二）计量术语

工程量清单计量中的术语是《房屋建筑与装饰工程工程量计算规范》（以下简称《计量规范》）等 9 本计量规范中特有名词给予的定义，9 本计量规范中的计量术语共计 48 个，汇总见表 1-5。

表 1-5 计量术语表

序号	计量规范	数量	术语
1	《房屋建筑与装饰工程工程量计算规范》	4	工程量计算、房屋建筑、工业建筑、民用建筑
2	《仿古建筑工程工程量计算规范》	4	工程量计算、古建筑、仿古建筑、纪念性建筑
3	《通用安装工程工程量计算规范》	2	工程量计算、安装工程
4	《市政工程工程量计算规范》	2	工程量计算、市政工程
5	《园林绿化工程工程量计算规范》	5	工程量计算、园林工程、绿化工程、园路、园桥
6	《矿山工程工程量计算规范》	5	工程量计算、矿山工程、露天工程、井巷工程、硐室
7	《构筑物工程工程量计算规范》	5	工程量计算、构筑物、工业隧道、造粒塔、输送栈桥
8	《城市轨道交通工程工程量计算规范》	14	工程量计算、城市轨道交通、正线、护轮轨、无缝线路、整体道床、地下结构工程、车辆段、列车自动运行、列车自动控制、调度集中、轨道电路、屏蔽门、防淹门
9	《爆破工程工程量计算规范》	7	工程量计算、爆破工程、钻孔爆破、硐室爆破、拆除爆破、地下空间爆破工程、环境状态
10	合计	48	

二、计价术语含义

（一）工程量清单 bills of quantities（BQ）

1. 规范定义

载明建设工程分部分项工程项目、措施项目、其他项目的名称和相应数量以及规费、税金项目等内容的明细清单。

2. 要点说明

工程量清单是建设工程进行计价的专用名词，它表示的是建设工程的分部分项工程项目、措施项目、其他项目的名称和相应数量以及规费、税金项目等内容的明细清单。在建设工程发承包及实施过程的不同阶段，又可分别称为“招标工程量清单”“已标价工程量清单”等。

（二）招标工程量清单 BQ for tendering

1. 规范定义

招标人依据国家标准、招标文件、设计文件以及施工现场实际情况编制的，随招标文件发布供投标人投标报价的工程量清单，包括其说明和表格。

2. 要点说明

“招标工程量清单”是招标阶段供投标人报价的工程量清单，是对工程量清单的进一步具体化。

（三）已标价工程量清单 priced BQ

1. 规范定义

构成合同文件组成部分的投标文件中已标明价格，经算术性错误修正（如有）且承包人已确认的工程量清单，包括其说明和表格。

2. 要点说明

“已标价工程量清单”表示的是投标人对招标工程量清单已标明价格，并被招标人接受，构成合同文件组成部分的工程量清单。

（四）分部分项工程 work sections and trades

1. 规范定义

分部工程是单项或单位工程的组成部分，是按结构部位、路段长度及施工特点或施工任务将单项或单位工程划分为若干分部的工程；分项工程是分部工程的组成部分，是按不同施工方法、材料、工序、路段长度等将分部工程划分为若干个分项或项目的工程。

2. 要点说明

“分部分项工程”是“分部工程”和“分项工程”的总称。“分部工程”是单项或单位工程的组成部分，是按结构部位、路段长度及施工特点或施工任务将单项或单位工程划分为若干分部的工程。“分项工程”是分部工程的组成部分，是按不同施工方法、材料、工序及路段长度等分部工程划分为若干个分项或项目的工程。

（五）措施项目 preliminaries

1. 规范定义

为完成工程项目施工，发生于该工程施工准备和施工过程中的技术、生活、安全、环境保护等方面的项目。

2. 要点说明

“措施项目”是相对于分部分项工程项目而言，对实际施工中为完成合同工程项目所必须发生的施工准备和施工过程中技术、生活、安全、环境保护等方面的项目的总称。

（六）项目编码 item code

1. 规范定义

分部分项工程和措施项目清单名称的阿拉伯数字标识。

2. 要点说明

国家计量规范不只是对分部分项工程，同时对措施项目名称也进行了编码。

项目编码采用十二位阿拉伯数字表示。一至九位为统一编码，其中，一、二位为相关工程国家计量规范代码，三、四位为专业工程顺序码，五、六位为分部工程顺序码，七、八、九位为分项工程项目名称顺序码，十至十二位为清单项目名称顺序码。

（七）项目特征 item description

1. 规范定义

构成分部分项工程项目、措施项目自身价值的本质特征。

2. 要点说明

定义该术语是为了更加准确地规范工程量清单计价中对分部分项工程项目、措施项目的特征描述的要求，便于准确地组建综合单价。

（八）综合单价 all - in unit rate

1. 规范定义

完成一个规定清单项目所需的人工费、材料和工程设备费、施工机具使用费和企业管理费、利润以及一定范围内的风险费用。

2. 要点说明

一是综合单价为“完成一个规定清单项目”，如措施项目中的安全文明施工费、夜间施工费等总价项目；其他项目中的总承包服务费等无量可计，但总价的构成与综合单价是一致的，这样规定，也更为清晰；二是综合单价中含工程设备费。该定义仍是一种狭义上的综合单价，规费和税金费用并不包括在项目单价中。国际上所谓的综合单价，一般是指包括全部费用的综合单价，在我国目前建筑市场存在过度竞争的情况下，保障税金和规费等不可竞争的费用仍是很有必要的。随着我国社会主义市场经济体制的进一步完善，社会保障机制的进一步健全，实行全费用的综合单价也将只是时间问题。这一定义，与国家发改委、财政部、住建部等九部委联合颁布的第 56 号令中的综合单价的定义是一致的。

（九）风险费用 risk allowance

1. 规范定义

隐含于已标价工程量清单综合单价中，用于化解发承包双方在工程合同中约定内容和范围内的市场价格波动风险的费用。

2. 要点说明

“风险费用”是指隐含（而非明示）在已标价工程量清单中的综合单价中，承包人用于化解在工程合同中约定的计价风险内容和范围内的市场价格波动的费用。

（十）工程成本 construction cost

1. 规范定义

承包人为实施合同工程并达到质量标准，在确保安全施工的前提下，必须消耗或使用的人工、材料、工程设备、施工机械台班及其管理等方面发生的费用和按规定缴纳的规费和税金。

2. 要点说明

工程建设的目标是承包人按照设计、施工验收规范和有关强制性标准，依据合同约定进行施工，完成合同工程并到达合同约定的质量标准。为实现这一目标，承包人在确保安全施工的前提下，必须消耗或使用相应的人工、材料和工程设备、施工机械台班并为其施工管理所发生的费用和按照法律法规规定缴纳的规费和税金，构成承包人施工完成合同工程的工程成本。

（十一）工程造价信息 guiDance cost information

1. 规范定义

工程造价管理机构根据调查和测算发布的建设工程人工、材料、工程设备、施工机械台班的价格信息，以及各类工程的造价指数、指标。

2. 要点说明

工程造价管理机构通过搜集、整理、测算并发布工程建设的人工、材料、工程设备、施工机械台班的价格信息，以及各类工程的造价指数、指标，其目的是为政府有关部门和社会提供公共服务，为建筑市场各方主体计价提供造价信息的专业服务，实现资源共享。工程造价中的价格信息是国有资金投资项目编制招标控制价的依据之一，是物价变化调整价格的基础，也是投标人进行投标报价的参考。

（十二）工程造价指数 construction cost index

1. 规范定义

反映一定时期的工程造价相对于某一固定时期的工程造价变化程度的比值或比率。包括按单位或单项工程划分的造价指数，按工程造价构成要素划分的人工、材料、机械价格指数等。

2. 要点说明

“工程造价指数”是反映一定时期价格变化对工程造价影响程度的一种指标，是调整工程造价价差的依据之一。工程造价指数反映了一定时期相对于某一固定时期的价格变动趋势，在工程发承包及实施阶段，主要有单位或单项工程项目造价指数，人工、材料、机械要素价格指数等。

（十三）暂列金额 provisional sum

1. 规范定义

招标人在工程量清单中暂定并包括在合同价款中的一笔款项。用于工程合同签订时尚未确定或者不可预见的所需材料、工程设备、服务的采购，施工中可能发生的工程变更、合同约定调整因素出现时的合同价款调整以及发生的索赔、现场签证等确认的费用。

2. 要点说明

“暂列金额”包括以下含义：

（1）暂列金额的性质：包括在签约合同价之内，但并不直接属承包人所有，而是由发包人暂定并掌握使用的一笔款项。

（2）暂列金额的用途：①由发包人用于在施工合同协议签订时尚未确定或者不可预见的在施工过程中所需材料、工程设备、服务的采购；②由发包人用于施工过程中合同约定的各种合同价款调整因素出现时的合同价款调整以及索赔、现场签证确认的费用；③其他用于该工程并由发承包双方认可的费用。

（十四）暂估价 prime cost sum

1. 规范定义

招标人在工程量清单中提供的用于支付必然发生但暂时不能确定价格的材料、工程设备的单价以及专业工程的金额。

2. 要点说明

“暂估价”是在招标阶段预见肯定要发生，只是因为标准不明确或者需要由专业承包人完成，暂时又无法确定具体价格时采用的一种价格形式。采用这一种价格形式，既与国家发展和改革委员会、财政部、住建部等九部委第 56 号令发布的施工合同通用条款中的定义一致，同时又对施工招标阶段中一些无法确定价格的材料、工程设备或专业工程发包提出了具有操作性的解决办法。

（十五）计日工 daywork

1. 规范定义

在施工过程中，承包人完成发包人提出的工程合同范围以外的零星项目或工作，按合同中约定的单价计价的一种方式。

2. 要点说明

“计日工”是指对零星项目或工作采取的一种计价方式，包括完成该项作业的人工、材料、施工机械台班。计日工的单价由投标人通过投标报价确定，计日工的数量按完成发包人发出的计日工指令的数量确定。

（十六）总承包服务费 main contractor's attendance

1. 规范定义

总承包人为配合协调发包人进行的专业工程发包，对发包人自行采购的材料、工程设备等进行保管以及施工现场管理、竣工资料汇总整理等服务所需的费用。

2. 要点说明

“总承包服务费”主要包括以下含义：

（1）总承包服务费的性质：是在工程建设的施工阶段实行施工总承包时，由发包人支付给总承包人的一笔费用。承包人进行的专业分包或劳务分包不在此列。

（2）总承包服务费的用途：①当招标人在法律、法规允许的范围内对专业工程进行发包，要求总承包人协调服务；②发包人自行采购供应部分材料、工程设备时，要求总承包人提供保管等相关服务；③总承包人对施工现场进行协调和统一管理、对竣工资料进行统一汇总整理等所需的费用。

（十七）安全文明施工费 health，safety and environmental provisions

1. 规范定义

在合同履行过程中，承包人按照国家法律、法规、标准等规定，为保证安全施工、文明施工，保护现场内外环境和搭拆临时设施等所采用的措施而发生的费用。

2. 要点说明

“安全文明施工费”是按照原建设部办公厅印发的《建筑工程安全防护、文明施工措施费及使用管理规定》，将环境保护费、文明施工费、安全施工费、临时设施费统一在一起的命名。

（十八）利润 profit

1. 规范定义

承包人完成合同工程获得的盈利。

2. 要点说明

“利润”是指承包人履行合同义务，完成合同工程以后获得的盈利。

（十九）企业定额 corporate rate

1. 规范定义

施工企业根据本企业的施工技术、机械装备和管理水平而编制的人工、材料和施工机械台班等的消耗标准。

2. 要点说明

企业定额是一个广义概念，专指施工企业的施工定额，是施工企业根据本企业具有的管理水平、拥有的施工技术和施工机械装备水平而编制的，完成一个规定计量单位的工程项目所需的人工、材料、施工机械台班等的消耗标准。企业定额是施工企业内部编制施工预算、进行施工管理的重要标准，也是施工企业对招标工程进行投标报价的重要依据。

（二十）规费 statutory fee

1. 规范定义

根据国家法律、法规规定，由省级政府或省级有关权力部门规定施工企业必须缴纳的，应计入建筑安装工程造价的费用。

2. 要点说明

根据住建部、财政部印发的《建筑安装工程费用项目组成》（建标〔2013〕44 号）的规定，规费是工程造价的组成部分。规费由施工企业根据省级政府或省级有关权力部门的规定进行缴纳，但在工程建设项目施工中的计取标准和办法由国家及省级建设行政主管部门依据省级政府或省级有关权力部门的相关规定制定。

（二十一）税金 tax

1. 规范定义

国家税法规定的应计入建筑安装工程造价内的增值税。城市维护建设税、教育费附加和地方教育附加移入企业管理费。

2. 要点说明

“税金”是国家为了实现本身的职能，按照税法预先规定的标准，强制地、无偿地取得财政收入的一种形式，是国家参与国民收入分配和再分配的工具。本条的“税金”是依据国家规定应计入建筑安装工程造价内，由承包人负责缴纳的增值税。城市建设维护税、教育费附加和地方教育附加移入企业管理费。

（二十二）单价项目 unit rate project

1. 规范定义

工程量清单中以单价计价的项目，即根据合同工程图纸（含设计变更）和相关工程现行国家计量规范规定的工程量计算规则进行计量，与已标价工程量清单相应综合单价进行价款计算项目。

2. 要点说明

“单价项目”是指工程量清单中以工程数量乘以综合单价计价的项目，如现行国家计量规范规定的分部分项工程项目、可以计算工程量的措施项目。

（二十三）总价项目 lump sum project

1. 规范定义

工程量清单中以总价计价的项目，即此类项目在现行国家计量规范中无工程量计算规则，以总价（或计算基础乘费率）计算的项目。

2. 要点说明

“总价项目”是指工程量清单中以总价（或计算基础乘费率）计价的项目，此类项目在现行国家计量规范中无工程量计算规则，不能计算工程量，如安全文明施工费、夜间施工增加费，以及总承包服务费、规费等。

（二十四）工程计量 measurement of quantities

1. 规范定义

发承包双方根据合同约定，对承包人完成合同工程的数量进行的计算和确认。

2. 要点说明

“工程计量”是指发承包双方根据合同约定，对承包人完成工程量进行的计算和确认。正确的计量是支付的前提。

（二十五）工程结算 final account

1. 规范定义

发承包双方根据合同约定，对合同工程在实施中、终止时、已完工后进行的合同价款计算、调整和确认。包括期中结算、终止结算、竣工结算。

2. 要点说明

“工程结算”是根据不同的阶段，又可分为期中结算、终止结算和竣工结算。期中结算又称中间结算，包括月度、季度、年度结算和形象进度结算。终止结算是合同解除后的结算。竣工结算是指工程竣工验收合格，发承包双方依据合同约定办理的工程结算，是期中结算的汇总。竣工结算包括单位工程竣工结算、单项工程竣工结算和建设项目竣工结算。单项工程竣工结算由单位工程竣工结算组成，建设项目竣工结算由单项工程竣工结算组成。

（二十六）招标控制价 tender sum limit

1. 规范定义

招标人根据国家或省级、行业建设主管部门颁发的有关计价依据和办法，以及拟定的招标文件和招标工程量清单，结合工程具体情况编制的招标工程的最高投标限价。

2. 要点说明

“招标控制价”不单是依据设计施工图纸计算的，还要依据拟定的招标文件和招标工程量清单，结合工程具体情况编制，使其与招标工程量清单相区分，更加明晰。其作用是招标人用于对招标工程发包规定的最高投标限价。

（二十七）投标价 tender sum

1. 规范定义

投标人投标时响应招标文件要求所报出的对已标价工程量清单汇总后标明的总价。

2. 要点说明

投标价是在工程采用招标发包的过程中，由投标人按照招标文件的要求和招标工程量清单，根据工程特点，并结合自身的施工技术、装备和管理水平，依据有关计价规定自主确定的工程造价，是投标人希望达成工程承包交易的期望价格，它不能高于招标人设定的最高投标限价，即招标控制价。

（二十八）签约合同价（合同价款）contract sum

1. 规范定义

发承包双方在工程合同中约定的工程造价，即包括了分部分项工程费、措施项目费、其他项目费、规费和税金的合同总金额。

2. 要点说明

“签约合同价”是在工程发承包交易完成后，由发承包双方以合同形式确定的工程承包价格。采用招标发包的工程，其签约合同价应为投标人的中标价，也即投标人的投标报价。计价规范的很多条文，按照用语习惯，经常使用合同价款一词，如调整合同价款，其实质就是调整签约合同价；再如合同价款支付，其实质也是对完成的签约合同价进行的支付，因此，在本规范中，签约合同价与合同价款同义。

（二十九）竣工结算价 final account at completion

1. 规范定义

发承包双方依据国家有关法律、法规和标准规定，按照合同约定确定的，包括在履行合同过程中按合同约定进行的合同价款调整，是承包人按合同约定完成了全部承包工作后，发包人应付给承包人的合同总金额。

2. 要点说明

“竣工结算价”是在承包人完成合同约定的全部工程承包内容，发包人依法组织竣工验收合格后，由发承包双方根据国家有关法律、法规和本规范的规定，按照合同约定的工程造价确定条款，即签约合同价、合同价款调整等事项确定的最终工程造价。

《计价规范》第 2.0.45～2.0.51 条规定的招标控制价、投标价、签约合同价、预付款、进度款、合同价款调整、竣工结算价这 7 条术语，反映了工程造价的计价具有动态性和阶段性（多次性）的特点。工程建设项目从决策到竣工交付使用，都有一个较长的建设期。在整个建设期内，构成工程造价的任何因素发生变化都必然会影响工程造价的变动，不能一次确定可靠的价格，要到竣工结算后才能最终确定工程造价，因此需对建设程序的各个阶段进行计价，以保证工程造价确定和控制的科学性。工程造价的多次性计价反映了不同的计价主体对工程造价的逐步深化、逐步细化、逐步接近和最终确定工程造价的过程。

三、计量术语含义

本书以建筑工程为主，只编写房屋建筑与装饰工程中的 4 个计量术语。

（一）工程计量计算 measurement of quantities

1. 规范定义

工程计量计算指建设工程项目以工程设计图纸、施工组织设计或施工方案及有关技术经济文件为依据，按照相关工程国家的计算规则、计量单位等规定，进行工程数量的计算活动，在工程建设中简称“工程计量”。

2. 要点说明

“工程计量计算”的依据是工程设计图纸、施工组织设计或施工方案及有关技术经济文件，计量需按照相关工程国家的计算规则、计量单位等规定，进行工程数量的计算活动。

（二）房屋建筑 building construction

1. 规范定义

在固定地点，为使用者或占用物提供庇护覆盖以进行生活、生产或其他活动的实体，可分为工业建筑与民用建筑。

2. 要点说明

房屋建筑物与其他建筑物的区别在于：一是有固定地点；二是实物体；三是功能满足为使用者或占用物提供生产、生活的庇护覆盖，用于工业与民用。

（三）工业建筑 industrial construction

1. 规范定义

提供生产用的各种建筑物，如车间、厂区建筑、动力站、与厂房相连的生活间、厂区内的库房和运输设施等。

2. 要点说明

“工业建筑”是指提供生产用的各种建筑物，如车间、厂区建筑、动力站、与厂房相连的生活间、厂区内的库房和运输设施等，明确了工业建筑功能是提供生产使用，也进一步明确与生产使用相关联的建筑物归属工业建筑。

（四）民用建筑 civil construction

1. 规范定义

非生产性的居住建筑和公共建筑，如住宅、办公楼、幼儿园、学校、食堂、影剧院、商店、体育（场）馆、旅馆、医院、展览馆等。

2. 要点说明

“民用建筑”是指非生产性的居住建筑和公共建筑，如住宅、办公楼、幼儿园、学校、食堂、影剧院、商店、体育（场）馆、旅馆、医院、展览馆等。明确了与工业建筑的区别是非生产性建筑物，房屋建筑主要体现在居住和公共使用。

本节配套数字资源及习题

第四节 工程量清单计量计价规范概述

一、工程量清单计价规范的历史沿革

（一）《建设工程工程量清单计价规范》（GB 50500—2003）

1. “03 规范”简介

为了适应我国建设工程管理体制改革以及建设市场发展的需要，规范建设工程各方的计价行为，进一步深化工程造价管理模式的改革，2003 年 2 月 17 日，原建设部以第 119 号公告发布了国家标准《建设工程工程量清单计价规范》（GB 50500—2003）（简称“03 规范”），自 2003 年 7 月 1 日开始实施，为推行工程量清单计价，建立市场形成工程造价的机制奠定了基础。“03 规范”主要侧重于工程招投标中的工程量清单计价，对工程合同签订、工程计量与价款支付、合同价款调整、索赔和竣工结算等方面缺乏相应的规定。

2. “03 规范”组成内容

“03 规范”共包括 5 章和 5 个附录，条文数量共 45 条，其中强制性条文 6 条，组成内容见表 1 - 6。

表 1 - 6 “03 规范”组成内容

序号	章节	名 称	条文数	说明
1	第 1 章	总则	6	
2	第 2 章	术语	9	
3	第 3 章	工程量清单编制	14	
4	第 4 章	工程量清单计价	10	
5	第 5 章	工程量清单及其计价格式	6	
6	第 6 章	建筑工程工程量清单项目及计算规则		
7	第 7 章	装饰装修工程工程量清单项目及计算规则		
8	第 8 章	安装工程工程量清单项目及计算规则		
9	第 9 章	市政工程工程量清单项目及计算规则		
10	第 10 章	园林工程工程量清单项目及计算规则		
合 计			45	

（二）《建设工程工程量清单计价规范》（GB 50500—2008）

1. “08 规范”简介

原建设部标准定额司从 2006 年开始，组织有关单位对“03 规范”的正文部分进行了修订。2008 年 7 月 9 日，住房和城乡建设部以第 63 号公告，发布了《建设工程工程量清单计价规范》（GB 50500—2008）（简称“08 规范”），自 2008 年 12 月 1 日开始实施，对规范工程实施阶段的计价行为起到了良好的作用，具有以下特点。

（1）内容涵盖了工程施工阶段从招投标开始到工程竣工结算办理的全过程。包括工程量清单的编制、招标控制价和投标报价的编制、合同价款的约定、工程量的计量与价款支付、索赔与现场签证、工程价款的调整、工程竣工结算的办理、工程计价争议的处理等。

（2）体现了工程造价计价各阶段的要求，使规范工程造价计价行为形成有机整体。

（3）充分考虑到我国建设市场的实际情况，体现了国情。在安全文明施工费、规费等计取上，规定了不允许竞价；在应对物价波动对工程造价的影响上，较为公平地提出了发、承包双方共担风险的规定。

（4）充分注意了工程建设计价的难点，条文规定更具操作性。“08 规范”对工程施工建设各阶段、各步骤计价的具体做法和要求都做出了具体而详尽的规定。

2. “08 规范”组成内容

“08 规范”共包括 5 章和 6 个附录，条文数量共 137 条，其中强制性条文 15 条。附录 A～附录 E 没有修订，增加了“附录 E 矿山工程工程量清单项目及计算规则”，并增加了条文说明。基本上涵盖了工程施工阶段的全过程。组成内容见表 1-7。

表 1-7 “08 规范”组成内容

序号	章节	名　　称	条文数	条文变化
1	第 1 章	总则	8	增加 2 条
2	第 2 章	术语	23	增加 14 条
3	第 3 章	工程量清单编制	21	增加 7 条
4	第 4 章	工程量清单计价	72	增加 62 条
5	第 5 章	工程量清单计价表格	13	增加 7 条
6	第 6 章	建筑工程工程量清单项目及计算规则		
7	第 7 章	装饰装修工程工程量清单项目及计算规则		
8	第 8 章	安装工程工程量清单项目及计算规则		
9	第 9 章	市政工程工程量清单项目及计算规则		
10	第 10 章	园林工程工程量清单项目及计算规则		
合　　计			137	

（三）《计价规范》体系

1.《计价规范》简介

为了进一步适应建设市场的发展，需要借鉴国外经验，总结我国工程建设实践，进一步健全、完善计价规范。因此，2009 年 6 月 5 日，住房和城乡建设部标准定额司组织有关单位全面开展“08 规范”的修订工作。住房和城乡建设部标准定额研究所、四川省建设工程造价管理总站为主编单位，于 2012 年 6 月完成了国家标准《建设工程工程量清单计价规范》（GB 50500—2013）（简称《计价规范》）的修订任务，自 2013 年 7 月 1 日开始实施。

2. “13 计量规范”简介

《13 计量规范》全面总结了“03 规范”实施 10 年来的经验，针对存在的问题，发布了 1 本工程计价、9 本计量规范，特别是 9 个专业工程计量规范的出台，使整个工程计价标准体系明晰了，为下一步工程计价标准的制定打下了坚实的基础。9本计量规范（简称“13计量规范”）见表1-8。

表1-8　“13计量规范”组成表

序号	标准	名称	说明
1	GB 50854—2013	《房屋建筑与装饰工程工程量计算规范》	
2	GB 50855—2013	《仿古建筑工程工程量计算规范》	
3	GB 50856—2013	《通用安装工程工程量计算规范》	
4	GB 50857—2013	《市政工程工程量计算规范》	
5	GB 50858—2013	《园林绿化工程工程量计算规范》	
6	GB 50859—2013	《矿山工程工程量计算规范》	
7	GB 50860—2013	《构筑物工程工程量计算规范》	
8	GB 50861—2013	《城市轨道交通工程工程量计算规范》	
9	GB 50862—2013	《爆破工程工程量计算规范》	

3.《计价规范》主要变化

《计价规范》共设置16章、54节、329条，比“08规范”分别增加11章、37节、192条，表格增加8种，并进一步明确了物价变化合同价款调整的两种方法。具体变化见表1-9。

表1-9　“13规范”与“08规范”章、节、条文增减表

《13规范》			“08规范”			条文增（+）减（-）
章	节	条文	章	节	条文	
1. 总则		7	1 总则		8	-1
2. 术语		52	2 术语		23	+29
3. 一般规定	4	19	4.1 一般规定	1	9	+10
4. 工程量清单编制	6	19	3 工程量清单编制	6	21	-2
5. 招标控制价	3	21	4.2 招标控制价	1	9	+12
6. 投标报价	2	13	4.3 投标价	1	8	+5
7. 合同价款约定	2	5	4.4 工程合同价款的约定	1	4	+1
8. 工程计量	3	15	4.5 工程计量与价款支付中 4.5.3、4.5.4		2	+13
9. 合同价款调整	15	58	4.6 索赔与现场签证 4.7 工程价款调整	2	16	+42
10. 合同价款期中支付	3	24	4.5 工程计量与价款支付	1	6	+18
11. 竣工结算与支付	6	35	4.8 竣工结算	1	14	+21
12. 合同解除的价款结算与支付		4				+4
13. 合同价款争议的解决	5	19	4.9 工程计价争议处理	1	3	+16

续表

《计价规范》			“08 规范”			条文增（+）减（-）
章	节	条文	章	节	条文	
14. 工程造价鉴定	3	19	4.9.2		1	+18
15. 工程计价资料与档案	2	13				+13
16. 工程计价表格		6	5.2 计价表格使用规定	1	5	+1
合　　计	54	329		17	137	+192

二、《建设工程工程量清单计价规范》（GB 50500—2013）

（一）编制原则

1. 依法编制原则

建设工程计价活动受《中华人民共和国民法典》（简称《民法典》）等多部法律、法规的管辖，因此，《计价规范》对规范条文做到依法设置。例如，有关招标控制价的设置，就遵循了《政府采购法》的相关规定，以有效的遏制哄抬标价的行为；有关招标控制价投诉的设置，就遵循了《招标投标法》的相关规定，既维护了当事人的合法权益，又保证了招标活动的顺利进行；有关合理工期的设置，就遵循了《建设工程质量管理条例》的相关规定，以促使施工作业有序进行，确保工程质量和安全；有关工程结算的设置，就遵循了《民法典》以及相关司法解释的相关规定。

2. 权责对等原则

在建设工程施工活动中，不论发包人或承包人，有权利就必然有责任。《计价规范》仍然坚持这一原则，杜绝只有权利没有责任的条款。如关于工程量清单编制质量的责任由招标人承担的规定，就有效遏制了招标人以强势地位设置工程量偏差由投标人承担的做法。

3. 公平交易原则

建设工程计价从本质上讲，就是发包人与承包人之间的交易价格，在社会主义市场经济条件下应做到公平断。“08 规范”关于计价风险合理分担条文，及其在条文说明中对于计价风险的分类和风险幅度的指导意见，就得到了工程建设各方的认同，因此，《计价规范》将其正式条文化。

4. 可操作性原则

尽量避免条文点到就止，十分重视条文有无可操作性。例如招标控制价的投诉问题，仅规定可以投诉，但没有操作方面的规定，《计价规范》在总结黑龙江、山东、四川等地做法的基础上，对投诉时限、投诉内容、受理条件、复查结论等作了较为详细的规定。

5. 从约原则

建设工程计价活动是发承包双方在法律框架下签约、履约的活动。因此，遵从合同约定，履行合同义务是双方的应尽之责。《计价规范》在条文上坚持“按合同约定”的规定，但在合同约定不明或没有约定的情况下，发承包双方发生争议时不能协商一致，规范的规定就会在处理争议方面发挥积极作用。

（二）《计价规范》组成内容及主要特点

1. 组成内容

《计价规范》由正文和附录组成，共设置16章和11个附录，组成内容见表1-10。

表1-10　《计价规范》组成内容

序号	章节	名　　称	条文数	说明
1	第1章	总则	7	
2	第2章	术语	52	
3	第3章	一般规定	19	
4	第4章	工程量清单编制	19	
5	第5章	招标控制价	21	
6	第6章	投标报价	13	
7	第7章	合同价款约定	5	
8	第8章	工程计量	15	
9	第9章	合同价款调整	58	
10	第10章	合同价款中期支付	24	
11	第11章	竣工结算支付	35	
12	第12章	合同解除的价款结算与支付	4	
13	第13章	合同价款争议的解决	19	
14	第14章	工程造价鉴定	19	
15	第15章	工程计价资料与档案	13	
16	第16章	工程计价表格	6	
17	附录A	物价变化合同价款调整方法		
18	附录B	工程计价文件封面		
19	附录C	工程计价文件扉页		
20	附录D	工程计价总说明		
21	附录E	工程计价汇总表		
22	附录F	分部分项工程和措施项目计价表		
23	附录G	其他项目计价表		
24	附录H	规费、税金项目计价表		
25	附录J	工程计量申请（核准）表		
26	附录K	合同价款支付申请（核准）表		
27	附录L	主要材料、工程设备一览表		
合　　计			329	

2. 主要特点

（1）确立了工程计价标准体系的形成。“03规范”发布以来，我国又相继发布了《建筑工程建筑面积计算规范》（GB/T 50353—2013）、《水利工程工程量清单计价规范》（GB 50501—2007）、《建设工程计价设备材料划分标准》（GB/T 50531—2009），此次共发布10本工程计价、计量规范，特别是9个专业工程计量规范的出台，使整个工程计价标准体系明晰了，为下一步工程计价标准的制定打下了坚实的基础。

（2）扩大了计价计量规范的适用范围。《计价规范》明确规定，“本规范适用于建设工程发承包及实施阶段的计价活动”“13计量规范”并规定“××工程计价，必须按本规范规定的工程量计算规则进行工程计量”。而非“08规范”规定的“适用于工程量清单计价活动”。表明了不分何种计价方式，必须执行计价计量规范，对规范发承包双方计价行为有了统一的标准。

（3）注重了与施工合同的衔接。“13规范”明确定义为适用于“工程施工发承包及实施阶段……”因此，在名词、术语、条文设置上尽可能与施工合同相衔接，既重视规范的指引和指导作用，又充分尊重发承包双方的意思自治，为造价管理与合同管理相统一搭建了平台。

（4）明确了工程计价风险分担的范围。《计价规范》在“08规范”计价风险条文的基础上，根据现行法律法规的规定，进一步细化、细分了发承包阶段工程计价风险，并提出了风险的分类负担规定，为发承包双方共同应对计价风险提供了依据。

（5）完善了招标控制价制度。自“08规范”总结了各地经验，统一了招标控制价称谓，在《招标投标法实施条例》中又以最高投标限价得到了肯定。《计价规范》从编制、复核、投诉与处理对招标控制价做了详细规定。

（6）规范了不同合同形式的计量与价款交付。《计价规范》针对单价合同、总价合同给出了明确定义，指明了其在计量和合同价款中的不同之处，提出了单价合同中的总价项目和总价合同的价款支付分解及支付的解决办法。

（7）统一了合同价款调整的分类内容和合同价款争议解决的方法。《计价规范》按照形成合同价款调整的因素，归纳为5类14个方面，并明确将索赔也纳入合同价款调整的内容，每一方面均有具体的条文规定，为规范合同价款调整提供了依据。

《计价规范》将合同价款争议专列一章，根据现行法律规定立足于把争议解决在萌芽状态，为及时并有效解决施工过程中的合同价款争议，提出了不同的解决方法。

（8）确立了施工全过程计价控制与工程结算的原则。《计价规范》从合同约定到竣工结算的全过程均设置了可操作性的条文，体现了发承包双方应在施工全过程中管理工程造价，明确规定竣工结算应依据施工过程中的发承包双方确认的计量、计价资料办理的原则，为进一步规范竣工结算提供了依据。

（9）增加了工程造价鉴定的专门规定。由于不同的利益诉求，一些施工合同纠纷采用仲裁、诉讼的方式解决，这时，工程造价鉴定意见就成了一些施工合同纠纷案件裁决或判决的主要依据。因此，工程造价鉴定除应按照工程计价规定外，还应符合仲裁或诉讼的相关法律规定，《计价规范》对此做了规定。

（10）细化了措施项目计价的规定。《计价规范》根据措施项目计价的特点，按照单价项目、总价项目分类列项，明确了措施项目的计价方式。

三、《房屋建筑与装饰工程工程量计算规范》(GB 50854—2013)

（一）编制原则

1. 项目编码唯一性原则

《计价规范》9个专业工程修编为9个计量规范，但项目编码仍按“03规范”“08规范”设置的方式保持不变。前两位定义为每本计量规范的代码，使每个项目清单的编码都是唯一的，没有重复。

2. 项目设置简明适用原则

“13计量规范”在项目设置上以合工程实际、满足计价需要为前提，力求增加新技术、新工艺、新材料的项目，删除技术规范已经淘汰的项目。

3. 项目特征满足组价原则

“13计量规范”在项目特征上，对凡是体现项目自身价值的都做出规定，不因工作内容已有，而不在项目特征中做出要求。

（1）对工程计价无实质影响的内容不做规定，如现浇混凝土矩形梁的截面尺寸等。

（2）对应由投标人根据施工方案自行确定的不做规定，如垂直运输机械布置的规格和数量等。

（3）对应由投标人根据当地材料供应及构件配料决定的不作规定，如混凝土拌和料的石子种类及粒径、砂的种类等。

（4）对应由施工措施解决并充分体现竞争要求的不做规定，如土石方工程施工开挖方式是机械还是人工等。

4. 计量单位方便计量原则

计量单位应以方便计量为前提，注意与现行工程定额的规定衔接。如有两个或两个以上计量单位均可满足某一工程项目计量要求的，均予以标注，由招标人根据工程实际情况选用。

5. 工程量计算规则统一原则

“13计量规范”不使用“估算”之类的词语；对使用两个或两个以上计量单位的，分别规定了不同计量单位的工程量计算规则；对易引起争议的，用文字说明，如钢筋的搭接如何计量等。

（二）组成内容

《房屋建筑与装饰工程工程量计算规范》(GB 50854—2013）由正文和附录两部分组成，组成内容见表1-11。

表1-11　“13房建计量规范”组成内容

序号	章节	名　　称	条文数	说明
1	第1章	总则	4	正文共计29条
2	第2章	术语	4	
3	第3章	工程计量	6	
4	第4章	工程量清单编制	15	

续表

序号	章节	名　　称	条文数	说明
5	附录 A	土石方工程		附录共计 17 个
6	附录 B	地基处理与边坡支护工程		
7	附录 C	桩基工程		
8	附录 D	砌筑工程		
9	附录 E	混凝土及钢筋混凝土工程		
10	附录 F	金属结构工程		
11	附录 G	木结构工程		
12	附录 H	门窗工程		
13	附录 J	屋面及防水工程		
14	附录 K	保温、隔热、防腐工程		
15	附录 L	地面装饰工程		
16	附录 M	墙、柱面装饰与隔断、幕墙工程		
17	附录 N	天棚工程		
18	附录 P	油漆、涂料、裱糊工程		
19	附录 Q	其他装饰工程		
20	附录 R	拆除工程		
21	附录 S	措施项目		
合　　计			29	

四、重庆市 2013 清单计量计价规则

（一）计价规则

为了规范重庆市建设工程造价计价行为，统一建设工程造价编制原则和计价方法，维护发承包人的合法权益，根据国家标准《计价规范》，结合重庆实际，编制了《重庆市建设工程工程量清单计价规则》（CQJJGZ—2013），简称《重庆计价规则》。自 2013 年 9 月 1 日起施行，在重庆市行政区域内的建设工程发承包及实施阶段的计价活动，应执行《重庆计价规则》。其条文数量和《计价规范》对比见表 1-12。

表 1-12　《重庆计价规则》组成内容

序号	章节	名　　称	国家条文数	重庆条文数
1	第 1 章	总则	7	10
2	第 2 章	术语	52	52
3	第 3 章	一般规定	19	25
4	第 4 章	工程量清单编制	19	21
5	第 5 章	招标控制价	21	20

续表

序号	章节	名　　称	国家条文数	重庆条文数
6	第 6 章	投标报价	13	13
7	第 7 章	合同价款约定	5	5
8	第 8 章	工程计量	15	15
9	第 9 章	合同价款调整	58	58
10	第 10 章	合同价款中期支付	24	24
11	第 11 章	竣工结算支付	35	35
12	第 12 章	合同解除的价款结算与支付	4	4
13	第 13 章	合同价款争议的解决	19	19
14	第 14 章	工程造价鉴定	19	19
15	第 15 章	工程计价资料与档案	13	13
16	第 16 章	工程计价表格	6	15
合　　计			329	348

（二）计量规则

为规范重庆市建设工程造价计量行为，统一建设工程工程量计算规则及工程量清单编制方法，根据国家计量规范，结合重庆市实际，制定《重庆市建设工程工程量计算规则》（CQJLGZ—2013），简称《重庆计量规则》。自 2013 年 9 月 1 日起施行，在重庆市行政区域内的建设工程发承包及实施阶段的工程计量和工程量清单编制。《重庆计量规则》按照国家计量规范的要求，对需要细化和完善的内容进行了明确和补充。《重庆计量规则》结合国家计量规范使用，《重庆计量规则》包括的内容以《重庆计量规则》为准，《重庆计量规则》未包括的内容按国家计量规范执行。其中房屋建筑与装饰工程补充修改情况见表 1 - 13。

表 1 - 13　　房屋建筑与装饰工程补充修改清单项目统计表

序号	章节	名　　称	国家清单项目数	重庆		
				修改	补充	补注
1	附录 A	土石方工程	13	11		14
2	附录 B	地基处理与边坡支护工程	28	4		2
3	附录 C	桩基工程	11	4	4	2
4	附录 D	砌筑工程	27	1		3
5	附录 E	混凝土及钢筋混凝土工程	76	6	2	5
6	附录 F	金属结构工程	31	25		1
7	附录 G	木结构工程	8			
8	附录 H	门窗工程	55			1
9	附录 J	屋面及防水工程	21			1

续表

序号	章节	名　称	国家清单项目数	重庆		
				修改	补充	补注
10	附录 K	保温、隔热、防腐工程	16			1
11	附录 L	地面装饰工程	43	4	1	1
12	附录 M	墙、柱面装饰与隔断、幕墙工程	35	4		3
13	附录 N	天棚工程	10	1		
14	附录 P	油漆、涂料、裱糊工程	36			
15	附录 Q	其他装饰工程	62			
16	附录 R	拆除工程	37	37	1	
17	附录 S	措施项目	52	15	14	
合　计			561	112	22	34

注　表中“修改”指修改了项目特征、计量单位、工程量计算规则、工作内容。

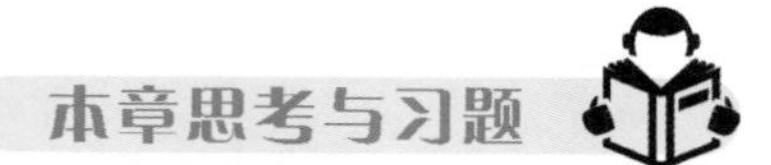

1. 根据住房和城乡建设部印发的《工程造价改革工作方案》的通知建办标〔2020〕38号文件，工程造价改革的主要任务有哪些？

2. 根据本省市费用定额中的“建筑安装工程费用项目组成”内容，与《建筑安装工程费用项目组成》建标〔2013〕44号文件内容进行比较，列出调整部分的费用内容。

3. 通过本章学习和课外收集，总结工程量清单计价的特点。

第二章　工程量清单编制

学习目标

1. 解构工程量清单组成的各个分部。
2. 掌握编制工程量清单的方法及其内容。
3. 依法依规编制规费清单，强化法律意识。

第一节　工程量清单编制概述

一、工程量清单的组成

招标工程量清单应以单位工程为单位编制，应由分部分项工程项目清单、措施项目清单、其他项目清单、规费和税金项目清单组成。

1. 分部分项工程项目清单

分部分项工程项目清单是工程量清单的主体，是按照计量计价规范的要求，根据拟建工程施工图计算出来的工程实物数量清单。

2. 措施项目清单

措施项目清单是为完成工程项目施工，发生于该工程施工准备和施工过程中的技术、生活、安全、环境保护等方面的项目清单。例如模板、脚手架搭设费、二次搬运费等。

3. 其他项目清单

其他项目清单是上述两部分清单项目的必要补充，是指按照计量计价规范的要求及招标文件和工程实际情况编制的具有预见性或者需要单独处理的费用项目。例如暂列金额等。

4. 规费项目清单

规费项目清单根据国家法律、法规规定，由省级政府或省级有关权力部门规定施工企业必须缴纳的，应计入建筑安装工程造价的费用清单。

5. 税金项目清单

税金项目清单是国家税法规定的应计入建筑安装工程造价内的增值税清单。

二、工程量清单的编制内容

根据招标工程量清单的组成。其编制内容见表 2 - 1。

表 2 - 1　工程量清单的编制内容

清单名称	编制内容	说明
分项工程项目清单	项目编码编制、项目名称拟定、项目特征描述、计量单位选择、清单工程量计算	计量单位选择指有多个计量单位的清单
措施项目清单	单价措施项目编制、总价措施项目编制	单价措施项目编制同分项工程项目清单

续表

清单名称	编　制　内　容	说　　明
其他项目清单	暂列金额、暂估价（材料暂估单价、工程设备暂估单价、专业工程暂估价）、计日工、总承包服务费	
规费项目清单	社会保险费（包括养老保险费、失业保险费、医疗保险费、工伤保险费、生育保险费）、住房公积金、工程排污费	
税金项目清单	增值税	

三、编制一般规定

（1）招标工程量清单应由具有编制能力的招标人或受其委托具有相应能力的工程造价咨询人编制。

（2）采用工程量清单方式招标，工程量清单必须作为招标文件的组成部分，其准确性和完整性由招标人负责。

（3）招标工程量清单是工程量清单计价的基础，应作为编制招标控制价、投标报价、计算工程量、支付工程款、调整合同价款、办理竣工结算以及工程索赔等的依据之一。

（4）编制工程量清单应依据：

1）本地区清单计价与计量规则，如重庆地区的《重庆计价规则》及《重庆计量规则》（下文统一以重庆地区计量规则为例）；

2）国家计量规范及计价规范；

3）国家或本地区建设行政主管部门颁发的计价依据、计价办法和有关规定；

4）建设工程设计文件及相关资料；

5）与建设工程项目有关的标准、规范、技术资料；

6）拟定的招标文件；

7）施工现场情况、地勘水文资料、工程特点及常规施工方案；

8）其他相关资料。

（5）其他项目、规费和税金项目清单应按照重庆市计价规则及国家计价规范的相关规定编制。

（6）编制工程量清单出现《计量规范》和本地区计量规则中未补充的项目，如重庆地区《重庆计量规则》中未补充的项目，编制人应作补充清单项目，并报本地区建设工程造价管理机构备案。

四、编制程序

按照工程量清单的编制依据，工程量清单的编制工作可分为分部分项工程项目清单编制、措施项目清单编制、其他项目清单编制、规费和税金项目清单编制、封面及总说明的编制五个环节。具体编制流程如图 2-1 所示。

五、工程量清单计价表格

（一）计价表格组成

工程量清单编制及工程量清单计价由各种表格，其具体格式见《建设工程工程量清单计价规范》（GB 50500—2013）第 35 至 74 页。本省市对表格进行地区细化的，按地区规定选用，如重庆市的工程量清单计价表格，《重庆计价规则》第 49 至 84 页，各表名如下。

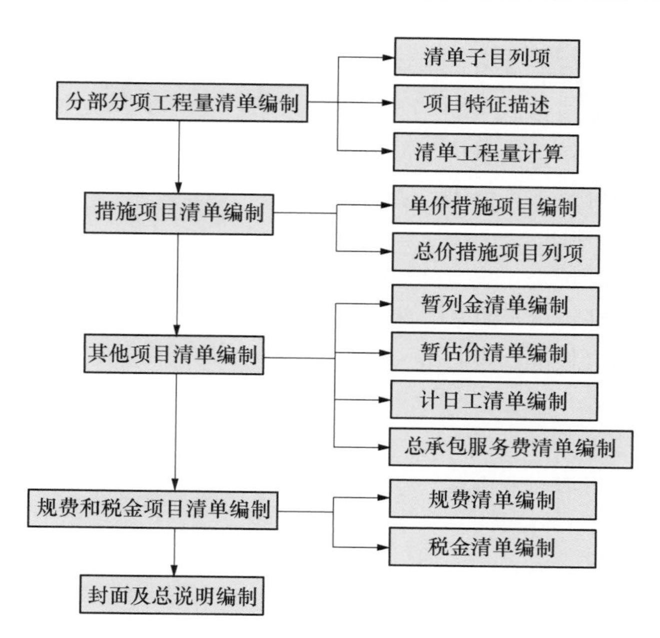

图 2-1　工程量清单的编制流程

1. 工程计价文件封面

(1) 招标工程量清单：封-1

(2) 招标控制价：封-2

(3) 投标总价：封-3

(4) 竣工结算书：封-4

(5) 工程造价鉴定意见书：封-5

2. 工程计价总说明

编制说明：表-01

3. 工程计价汇总表

(1) 建设项目招标控制价/投标报价汇总表：表-02

(2) 单项工程招标控制价/投标报价汇总表：表-03

(3) 单位工程招标控制价/投标报价汇总表：表-04

(4) 建设项目竣工结算汇总表：表-05

(5) 单项工程竣工结算汇总表：表-06

(6) 单位工程竣工结算汇总表：表-07

4. 分部分项工程和措施项目计价表

(1) 措施项目汇总表：表-08

(2) 分部分项工程/施工技术措施项目清单计价表：表-09

(3) 分部分项工程/施工技术措施项目综合单价分析表（一）：表-09-1

(4) 分部分项工程/施工技术措施项目综合单价分析表（二）：表-09-2

(5) 施工组织措施项目清单计价表：表-10

5. 其他项目计价表

（1）其他项目清单计价汇总表：表-11

（2）暂列金额明细表：表-11-1

（3）材料（工程设备）暂估单价及调整表：表-11-2

（4）专业工程暂估价及结算价表：表-11-3

（5）计日工表：表-11-4

（6）总承包服务费计价表：表-11-5

（7）索赔与现场签证计价汇总表：表-11-6

（8）费用索赔申请（核准）表：表-11-7

（9）现场签证表：表-11-8

6. 规费、税金项目计价表

规费与税金项目计价表：表-12

7. 工程计量申请（核准）表

工程计量申请（核准）表：表-13

8. 综合单价调整表

综合单价调整表：表-14

9. 合同价款支付申请（核准）表

（1）预付款支付申请（核准）表：表-15

（2）进度款支付申请（核准）表：表-16

（3）竣工结算款支付申请（核准）表：表-17

（4）最终结清支付申请（核准）表：表-18

10. 主要材料、工程设备一览表

（1）发包人提供材料和工程设备一览表：表-19

（2）承包人提供主要材料和工程设备一览表（适用于价格指数差额调整法）：表-20

（3）承包人提供主要材料和工程设备一览表（适用于造价信息差额调整法）：表-21

（二）使用表格规定

（1）工程计价采用统一表格格式，招标人与投标人均不得变动表格格式。

（2）投标人应按招标文件的要求，附工程量清单综合单价分析表。

（3）工程量清单计价使用表格根据《计价规范》第35～74页选择使用，下文的表格编号引自规范原文，具体格式和内容因篇幅所限，本书不一一列出。

1）工程量清单编制：封-1、表-01、表-08、表-09、表-10、表-11、表-11-1～表11-5、表-12、表-19、表-20或表-21。

2）最高投标限价：封-2、表-01、表-02、表-03、表-04、表-08、表-09、表-09-1或表-09-2、表-10、表-11、表-11-1～表-11-5、表-12、表-19、表-20或表-21。

3）投标报价：封-3、表-01、表-02、表-03、表-04、表-08、表-09、表-09-1或表-09-2、表-10、表-11、表-11-1～表-11-5、表-12、表-19、表-20或表-21。

4）竣工结算：封-4、表-01、表-05、表-06、表-07、表-08、表-09、表-09-1或表-09-2、表-10、表-11、表-11-2～表-11-8、表-12～表-19、表-20或表-21。

5）工程造价鉴定：封-5、表-01、表-05、表-06、表-07、表-08、表-09、表-09-

1或表-09-2、表-10、表-11、表-11-2～表-11-8、表-12～表-19、表-20或表-21。

（三）填表要求规定

1. 封面的要求规定

（1）工程量清单编制：封面应按规定的内容填写、签字、盖章、由二级注册造价工程师编制的工程量应有负责审核的一级注册造价工程师签字、盖章。受委托编制的工程量清单。应有注册造价工程师签字、盖章以及工程造价咨询人盖章。

（2）最高投标限价：封面应按规定的内容填写、签字、盖章，除承包人自行编制的投标报价和竣工结算外，受委托编制的最高投标限价、投标报价、竣工结算若为二级注册造价工程师编制的，应有负责审核的一级注册造价工程师签字、盖章以及工程造价咨询人盖章。

（3）投标报价：同最高投标限封面要求。

（4）竣工结算：同最高投标限封面要求。

（5）工程造价鉴定：封面应按规定内容填写、签字、盖章，应有承担鉴定和负责审核的注册造价工程师签字盖执业专用章。

2. 说明的内容要求

（1）工程量清单编制总说明应填写的内容：

1）工程概况：建设规模、工程特征、计划工期、施工现场实际情况、自然地理条件、环境保护要求等；

2）工程招标和专业发包范围；

3）工程量清单编制依据；

4）工程质量、材料、施工等的特殊要求；

5）其他需要说明的问题。

（2）最高投标限价编制总说明应填写的内容：

1）工程概况：建设规模、工程特征、计划工期、合同工期、实际工期、施工现场及变化情况、施工组织设计的特点、自然地理条件、环境保护要求等。

2）编制依据等。

（3）投标报价：同最高投标限价总说明要求。

（4）竣工结算：同最高投标限价总说明要求。

（5）工程造价鉴定的说明应按《重庆计价规则》第14.3.5条第1款至第6款的规定填写。

第二节　分部分项工程量清单

本节配套数字资源及习题

一、编制相关规定

（一）五个要件

分部分项工程项目清单必须载明项目编码、项目名称、项目特征、计量单位和工程量五个要件，这五个要件在分部分项工程项目清单的组成中缺一不可。

（二）编制根据

分部分项工程项目清单必须根据相关工程现行《计量规范》和《本地区计量规则》规定的项目编码、项目名称、项目特征、计量单位和工程量计算规则进行编制。

（三）模板工程

（1）《计量规范》附录和《本地区计量规则》中现浇混凝土工程项目“工作内容”中包括模板工程的内容，同时又在“措施项目”中单列了现浇混凝土模板工程项目。

（2）招标人编制工程量清单可根据工程实际情况选用，若招标人在措施项目清单中未编列现浇混凝土模板项目清单，即表示现浇混凝土模板项目不单列，现浇混凝土工程项目的综合单价中应包括模板工程费用。

（四）预制混凝土构件

（1）现场制作。《计量规范》和《本地区计量规则》对预制混凝土构件按现场制作编制项目，“工作内容”中包括模板工程的内容，不再另列。

（2）成品预制。若采用成品预制混凝土构件时，构件成品价（包括模板、钢筋、混凝土等所有费用）应计入综合单价中。

（五）金属结构构件

《计量规范》和《本地区计量规则》对金属结构构件为成品编制项目，构件成品价应计入综合单价中，若采用现场制作，包括制作的所有费用。

（六）门窗工程

（1）成品。《计量规范》和《本地区计量规则》对门窗（橱窗除外）按成品编制项目，门窗成品价应计入综合单价中。

（2）现场制作。若采用现场制作，其制作安装、油漆应分别编码列项。

（七）专业工程界限划分

房屋建筑与装饰工程涉及电气、给排水、消防等安装工程的项目，按照通用安装工程的相应项目执行；涉及仿古建筑工程的项目，按仿古建筑工程的相应项目执行；涉及室外地（路）面、室外给排水等工程的项目，按市政工程的相应项目执行；采用爆破法施工的石方工程按照爆破工程的相应项目执行。

二、项目编码

（一）项目编码的设置

项目编码是分部分项工程量清单项目名称的数字标识，应采用十二位阿拉伯数字表示。一至九位应按附录的规定设置，十至十二位应根据拟建工程的工程量清单项目名称和项目特征设置，同一招标工程的项目编码不得有重码。其中一、二位为专业工程代码（01—房屋建筑与装饰工程、02—仿古建筑工程、03—通用安装工程工程、04—市政工程、05—园林工程、06—矿山工程、07—构筑物工程、08—城市轨道交通工程、09—爆破工程九个专业），三、四位为附录分类顺序码，五、六位为分部工程顺序码，七、八、九位为分项工程“项目名称”顺序码，十至十二位为“清单项目名称”顺序码。

各级编码代表含义如下：

××　××　××　×××　×××

第一级　第二级　第三级　第四级　第五级

（1）第一级表示专业工程代码（分两位）。房屋建筑与装饰工程为01，仿古建筑工程为02，通用安装工程为03，市政工程为04，园林工程为05等。

（2）第二级表示附录分类顺序码（分两位），如0104为房屋建筑与装饰工程第四章“砌筑工程”。

（3）第三级表示分部工程顺序码（分两位），如 010401 为房屋建筑与装饰工程第四章“砌筑工程”的第一节“砖砌体”。

（4）第四级表示分项工程“项目名称”顺序码（分三位），010401003 为第四章第一节“砖砌体”中的“实心砖墙”。

（5）第五级表示拟建工程清单项目顺序码（分三位）。由编制人依据项目特征和工程内容的区别，一般情况从 001 开始，共 999 个编码可供使用，如 010401003×××。

（二）第五级编码设置说明

当同一招标工程的一份工程量清单中含有多个单项或单位（以下简称单位）工程且工程量清单是以单位工程为编制对象时，在编制工程量清单时应特别注意对项目编码十至十二位的设置不得有重码的规定。例如一个标段（或合同段）的工程量清单中含有三个单位工程，每一单位工程中都有项目特征相同的实心砖墙砌体，在工程量清单中又需反映三个不同单位工程的实心砖墙砌体工程量时，此时工程量清单应以单位工程为编制对象，则第一个单位工程的实心砖墙的项目编码应为 010401003001，第二个单位工程的实心砖墙的项目编码应为 010401003002，第三个单位工程的实心砖墙的项目编码应为 010401003003，并分别列出各单位工程实心砖墙的工程量。

三、项目名称

工程量清单的项目名称应按国家计量规范附录和地区清单计量规则中的项目名称结合拟建工程的实际确定，也是就是要结合工程实际和本地区的常用名称确定，自己可以修改确定，以便于使用。分部分项工程量清单项目名称的设置应考虑三个因素，一是附录中的项目名称；二是附录中的项目特征；三是拟建工程的实际情况。工程量清单编制时，以附录中的项目名称为主体，考虑该项目的规格、型号、材质等特征要求，结合拟建工程的实际情况，使其工程量清单项目名称具体化、细化，能够反映影响工程造价的主要因素。例如计量规范中的“块料楼地面”可以命名为“地砖地面”或“防滑地砖楼面”等。

项目名称划分技巧：为了清单项目粗细适度和便于计价，应尽量与消耗量定额子目相结合，考虑该项目地区消耗量定额子目名称、定额的步距等影响综合单价的因素，根据具体项目情况可以进行命名。如柱截面不一定要描述具体尺寸，根据地区消耗量定额子目，可命名为矩形柱、构造柱、圆形柱、其他异形柱等；柱的模板，根据地区消耗量定额子目步距，断面周长 2m 以内、3m 以内或以上等。

四、项目特征

“项目特征”是相对于工程量清单计价而言，对构成工程实体的分部分项工程量清单项目和非实体的措施清单项目，反映其自身价值的特征进行的描述。

（一）描述的主要意义

项目特征描述的责任方是招标人，招标人在招标工程量清单中对项目特征的描述，应被认为是准确和全面的，并与实际施工要求相符合。

1. 项目特征是区分清单项目的依据

工程量清单项目特征是用来表述分部分项清单项目的实质内容，用于区分计价规范中同一清单条目下各个具体的清单项目。没有项目特征的准确描述，对于相同或相似的清单项目名称，就无从区分。

2. 项目特征是确定综合单价的前提

由于工程量清单项目的特征决定了工程实体项目的实质内容，必然直接决定了工程实体的自身价值。工程量清单项目特征描述得准确与否，直接关系到工程量清单项目综合单价的准确确定。因此，招标人对项目特征准确全面的描述，并与实际施工要求相符，投标人才能做出正确合理组价。

3. 项目特征是履行合同义务的基础

实行工程量清单计价，已标价工程量清单及其投标报价是施工合同的组成部分，因此，如果工程量清单项目特征的描述不清甚至漏项、错误，从而引起在施工过程中的更改，都会引起分歧，导致纠纷。

（二）描述应遵循的原则

分部分项工程量清单项目特征应按国家计量规范附录和地区清单计量规则中规定的项目特征，根据本地区计价定额子目划分要素，再结合拟建工程项目的实际进行修改描述。对涉及计量、结构及材质要求、施工工艺和方法、安装方式等影响组价的项目特征必须予以描述，不得视为图纸、图集已说明，或包含在已列和未列的工作内容中。编制人对规范附录的特征描述进行相应内容进行“增减修正”，从而达到项目特征得到准确全面的描述，但有些项目特征用文字往往又难以准确和全面的描述。为达到规范、简洁、准确、全面描述项目特征的要求，在描述工程量清单项目特征时应按以下原则进行：

1. 满足组价需要

项目特征描述的内容按《计量规范》、地区《计量规则》规定的内容，项目特征的表述按拟建工程的实际要求，能满足确定综合单价的需要。

2. 图纸、图集描述要求

若采用标准图集或施工图纸能够全部或部分满足项目特征描述的要求，项目特征描述可直接采用详见××图集或××图号的方式。对不能满足项目特征描述要求的部分，仍用文字描述。

3. 不能描述“品牌”

按招投法规定“招标文件不得要求或者标明特定的生产供应者”，因此，项目特征中不能描述材料、设备的“品牌”。

（三）“项目特征”与“工作内容”的区别

决定一个分部分项工程量清单项目价值大小的是“项目特征”，而非“工作内容”。理由是计价规范附录中“项目特征”与“工作内容”是两个不同性质的规定。

1. 项目特征必须描述，因为其讲的是工程项目的实质，直接决定工程的价值

例如砖砌体的实心砖墙，按照计价规范“项目特征”栏的规定，就必须描述砖的品种：是页岩砖、还是煤灰砖；砖的规格：是标砖还是非标砖，是非标砖就应注明规格尺寸；砖的强度等级：是 MU10、MU15 还是 MU20；因为砖的品种、规格、强度等级直接关系到砖的价格。必须描述墙体的厚度：是 1 砖（240mm），还是 1 砖半（370mm）等；墙体类型：是混水墙，还是清水墙，清水是双面，还是单面，或者是一斗一卧、围墙等；因为墙体的厚度、类型直接影响砌砖的工效以及砖、砂浆的消耗量。必须描述是否勾缝：是原浆，还是加浆勾缝；如是加浆勾缝，还需注明砂浆配合比。必须描述砌筑砂浆的种类：是混合砂浆，还是水泥砂浆；还应描述砂浆的强度等级：是 M5、M7.5 还是 M10 等，因为不同种类，不同

强度等级、不同配合比的砂浆，其价格是不同的。由此可见，这些描述均不可少，因为其中任何一项都影响了实心砖墙项目综合单价的确定。

2. “工作内容”无须描述，因为其主要讲的是操作程序

例如《计量规范》关于实心砖墙的“工作内容”中的“砂浆制作、运输，砌砖，勾缝，砖压顶砌筑，材料运输”就不必描述。因为，发包人没必要指出承包人要完成实心砖墙的砌筑还需要制作、运输砂浆，还需要砌砖、勾缝，还需要材料运输。不描述这些“工作内容”，承包人也必然要操作这些工序，才能完成最终验收的砖砌体。就好比我们购买汽车没必要了解制造商是否需要购买、运输材料，以及进行切割、车铣、焊接、加工零部件，进行组装等工序是一样的。由于在《计量规范》中，工程量清单项目与工程量计算规则，“工作内容”有一一对应的关系，当采用《计量规范》这一标准时，“工作内容”均有规定，无须描述。需要指出的是，《计量规范》中关于“工作内容”的规定来源于原工程预算定额，实行工程量清单计价后，由于两种计价方式的差异，清单计价对项目特征的要求才是必需的。

（四）“项目特征”描述技巧

1. 必须描述的特征

（1）涉及正确计量计价的必须描述：如门窗洞口尺寸或框外围尺寸；

（2）涉及结构要求的必须描述：如混凝土强度等级（C20 或 C30）、砌筑砂浆的种类和强度等级（M5 或 M10）；

（3）涉及施工难易程度的必须描述：如抹灰的墙体类型（砖墙或混凝土墙等）、天棚类型（现浇天棚或预制天棚等）；

（4）涉及材质要求的必须描述：如装饰材料、玻璃、油漆的品种、管材的材质（碳钢管、无缝钢管等）；

（5）涉及材料品种规格厚度要求的必须描述：如地砖、面砖的大小、抹灰砂浆的厚度等。

2. 可不详细描述的特征

（1）无法准确描述的可不详细描述：如土的类别可描述为综合（对工程所在具体地点来讲，应由投标人根据地勘资料确定土壤类别，决定报价）。

（2）施工图、标准图集标注明确的，可不再详细描述（可描述为见××图××节点）。

（3）还有一些项目可不详细描述，但清单编制人在项目特征描述中应注明由招标人自定，如土石方工程中的“取土运距”“弃土运距”等。首先由清单编制人决定在多远取土或取、弃土运往多远是困难的；其次由投标人根据在建工程施工情况统筹安排，自主决定取、弃土方的运距可以充分体现竞争的要求。

3. 可不描述的特征

（1）对项目特征或计量计价没有实质影响的内容可以不描述：如土石方沟槽开挖宽度、梁断面大小等；

（2）应由投标人根据施工方案确定的可不描述：如外运土运距、购土的距离等；

（3）应由投标人根据当地材料供应确定的可不描述：如混凝土拌和料使用的石子种类及粒径、砂子的种类等；

（4）应由施工措施解决的可不描述：如现浇混凝土板、梁的标高等。

4.《计量规范》规定多个计量单位的描述

（1）《计量规范》对“C.1 打桩”的“预制钢筋混凝土桩”计量单位有“m、m^3、根”3个计量单位，但是没有具体的选用规定，在编制该项目清单时，清单编制人可以根据具体情况选择其中之一作为计量单位。但在项目特征描述时，当以“根”为计量单位，单桩长度应描述为确定值，只描述单桩长度即可；当以“m”为计量单位，单桩长度可以按范围值描述，并注明根数。

（2）《计量规范》对“D.1 砖砌体”中的“零星砌砖”的计量单位为“m^3、m^2、m、个”四个计量单位，但是规定了砖砌锅台与炉灶可按外形尺寸以“个”计算，砖砌台阶可按水平投影面积以“m^2”计算，小便槽、地垄墙可按长度以“m”计算，其他工程量按“m^3”计算，所以在编制该项目的清单时，应将零星砌砖的项目具体化，并根据《计量规范》的规定选用计量单位，并按照选定的计量单位进行恰当的特征描述。

5. 规范没有要求，但又必须描述的特征

对规范中没有项目特征要求的个别项目，但又必须描述的应予以描述：由于《计量规范》难免在个别地方存在考虑不周的地方，需要我们在实际工作中来完善。例如 S.2“混凝土模板及支架”中的直形墙模板子目，计量规范以“m^2”作为计量单位，但又没有规定“墙体厚度”项目特征，“墙体厚度”就是影响报价的重要因素，因此，就必须描述，以便投标人准确报价。

五、计量单位

（1）分部分项工程量清单的计量单位应按《计量规范》中规定的计量单位确定。

（2）当附录规范中有两个或两个以上计量单位时，应结合拟建工程项目的实际情况，确定其中一个为计量单位。同一工程项目（或标段、合同段）的计量单位应一致。根据所编工程量清单项目的特征要求，选择最适宜表现该项目特征并方便计量的单位。例如《计量规范》中门窗工程的计量单位有“樘/m^2”两个计量单位，如实际工程若门窗类型较多，为减少清单编制子目数量，就应选择“m^2”最适宜的单位来表示。

六、工程数量

（一）计量依据

工程量计算除依据本地区规则执行，如《重庆计量规则》和国家《计量规范》的各项规定外，尚应依据以下文件：

（1）经审定通过的施工设计图纸及其说明。

（2）经审定通过的施工组织设计或施工方案。

（3）经审定通过的其他有关技术经济文件。

（二）有效位数

工程实施过程的计量应按照《计量规范》和本地区规则执行，如《重庆计量规则》的相关规定执行，工程计量时有效位数应遵守下列规定：

（1）以“t、km”为单位，应保留小数点后三位数字，第四位小数四舍五入；

（2）以“m、m^2、m^3、kg”为单位，应保留小数点后两位数字，第三位小数四舍五入；

（3）以“个、件、根、组、系统、台、套、株、丛、缸、支、只、块、座、对、份、樘、攒、榀”为单位，应取整数。

（三）清单工程量与组价工程量区别

（1）清单工程量指按工程量清单《计量规范》由招标人计算的工程量。

（2）组价工程量指按计价定额工程量计算规则结合所采用的施工方案所计算的工程量。招标人按此工程量确定招标控制价，投标人按此进行投标报价。需要说明的是，对于同一个清单项目，当招标人和不同投标人在计算组价工程量时，施工考虑所采用的施工方案不同或依据的计价定额工程量计算规则不同时，所计算的组价工程量就有可能不同。

七、缺项补充

随着科学技术日新月异的发展，工程建设中新材料、新技术、新工艺不断涌现，《计量规范》所列的工程量清单项目不可能包罗万象，更不可能包含随科技发展而出现的新项目。在实际编制工程量清单时，当出现《计量规范》和本地区未补充的项目，编制人应作补充，如《重庆计量规则》中未编制补充的清单项目时，编制人应作缺项补充处理。

（一）国家计量规范补充子目

（1）补充项目的编码必须按《计量规范》的规定进行。即由专业工程代码（01—房屋建筑与装饰工程）与 B 和三位阿拉伯数字组成，并应从 01B001 起顺序编制，同一招标工程的项目不得重码。

（2）在工程量清单中应附补充项目的项目名称、项目特征、计量单位、工程量计算规则和工作内容。不能计量的措施项目，需附有补充项目的名称、工作内容及包含范围。

（3）将编制的补充项目报省级或行业工程造价管理机构备案。

表 2 - 2 为国家《计量规范》补充项目示例。

表 2 - 2　　附录 M　墙、柱面装饰与隔断、幕墙工程补充项目

M. 11 隔墙（编码：011211）					
项目编码	项目名称	项目特征	计量单位	工程量计算规则	工作内容
01B001	成品 GRC 隔墙	1. 隔墙材料品种、规格 2. 隔墙厚度 3. 嵌缝、塞口材料品种	m^2	按设计图示尺寸以面积计算，扣除门窗洞口及单个≥0.3m^2 的孔洞所占面积	1. 骨架及边框安装 2. 隔板安装 3. 嵌缝、塞口

（二）《重庆计量规则》补充子目

（1）编制工程量清单出现本地区规则，如《重庆计量规则》和《计量规范》中未包括的项目，编制人应作补充清单项目，并报重庆市建设工程造价管理机构备案。

（2）补充清单项目的编码由本地区规则，如《重庆计量规则》和《计量规范》的专业代码 0X 与 B 和三位阿拉伯数字组成，并应从 0XB01 起顺序编制，同一招标工程的项目不得重码。

（3）补充的工程量清单项目中需附有补充项目的名称、项目特征、计量单位、工程量计算规则、工作内容。不能计量的措施项目，需附有补充项目的名称、工作内容及包含范围。

重庆地区补充编码和《计量规范》有区别，重庆地区 0X 为《计量规范》的前 6 位编码，6 位编码的组成是专业工程代码（两位）＋附录分类顺序码（两位）＋分部工程顺序码（两位），再加 B01 起顺序码三位，一共也是 9 位编码，表 2 - 3 为重庆地区补充项目示例。

表 2-3　　附录C　桩基工程补充项目

C.2　灌注桩（编码：010302）					
项目编码	项目名称	项目特征	计量单位	工程量计算规则	工作内容
010302B01001	机械钻孔灌注桩土方	1. 地层情况 2. 成孔方法 3. 桩深 4. 桩径	m	按设计图示尺寸以钻孔深度计算	1. 成孔 2. 场内运输

第三节　措施项目清单

措施项目清单根据能否准确计算工程量，将其划分为单价措施项目清单和总价措施项目清单两类。

一、单价措施项目清单

单价措施项目指措施项目中列出了项目编码、项目名称、项目特征、计量单位、工程量计算规则的项目，编制工程量清单时，应按照《计量规范》和《重庆计量规则》和分部分项工程的规定执行。工程量清单的编制方法与分部分项工程编制方法一致，编制工程量清单时必须列出项目编码、项目名称、项目特征、计量单位、工程数量五要素。例如单价措施项目清单，综合脚手架见表 2-4。

表 2-4　　分部分项工程和单价措施项目清单与计价表

工程名称：某工程

序号	项目编码	项目名称	项目特征	计量单位	工程量	金额（元）	
						综合单价	合价
1	011701001001	综合脚手架	1. 建筑结构形式：框架 2. 檐口高度：60m	m^2	6800.00		

二、总价措施项目清单

总价措施项目指措施项目仅列出项目编码、项目名称，未列出项目特征、计量单位和工程量计算规则的项目，编制工程量清单时，应照《计量规范》和《重庆计量规则》中相应措施项目规定的项目编码、项目名称确定。总价措施项目清单也就是定额计价模式下按费用定额规定的费率计算的措施费用。例如总价措施项目安全文明施工、夜间施工见表 2-5。

表 2-5　　总价措施项目清单与计价表

工程名称：某工程

序号	项目编码	项目名称	计算基础	费率（%）	金额（元）	调整费率（%）	金额（元）
1	011707001001	安全文明施工	定额基价				
2	011707002001	夜间施工	定额人工费				

三、重庆地区的分类

（一）技术措施项目

重庆地区将单价措施项目称为施工技术措施项目，包括：大型机械设备进出场及安拆、混凝土模板及支架、脚手架、施工排水及降水、垂直运输、超高降效、围堰及筑岛、挂篮、施工栈桥、洞内临时设施、建筑物垂直封闭、垂直防护架、水平防护架、安全防护通道、现场临时道路硬化、远程监控设备安装与使用及设施摊销费、地上和地下设施的临时保护措施、建筑垃圾清运费用及各专业工程技术措施项目。

（二）组织措施项目

重庆地区将总价措施项目称为施工组织措施项目，包括：安全文明施工专项费用、夜间施工、非夜间施工照明、二次搬运、冬雨季施工、行车行人干扰、已完工程及设备保护、临时设施、环境保护、工程定位复测点交及场地清理、材料检验试验、特殊检验试验及其他措施项目。组织措施费的计取应按照重庆市有关规定进行办理。

第四节　其他项目清单

本节配套数字资源及习题

其他项目清单是指除分部分项工程量清单、措施项目清单外的由于招标人的特殊要求而设置的项目清单。

一、其他项目清单内容及分类

（一）其他项目清单包含下列内容

（1）暂列金额；

（2）暂估价，包括材料暂估单价、工程设备暂估单价、专业工程暂估价；

（3）计日工；

（4）总承包服务费。

工程建设标准的高低、工程的复杂程度、工程的工期长短、工程的组成内容、发包人对工程管理要求等都直接影响其他项目清单的具体内容，《计价规范》仅提供 4 项内容作为列项参考。其不足部分，编制人可根据工程的具体情况进行补充，如竣工结算中的索赔、现场签证列入可其他项目清单中。

（二）其他项目清单内容分类

其他项目清单包括招标人部分（不可竞争费用）和投标人（可竞争费用）部分。

1. 招标人部分

（1）暂列金额：招标人在工程量清单中暂定并包括在合同价款中的一笔款项。用于施工合同签订时尚未确定或者不可预见的所需材料、设备、服务的采购，施工中可能发生的工程变更、合同约定调整因素出现时的工程价款调整以及发生的索赔、现场签证确认等的费用。

（2）暂估价：招标人在工程量清单中提供的用于支付必然发生但暂时不能确定的材料的单价以及专业工程的金额。

2. 投标人部分

（1）计日工：在施工过程中，完成发包人提出的工程合同范围以外的零星项目或工作，按合同中约定的单价计价。

（2）总承包服务费：总承包人为配合协调发包人进行的工程分包，自行采购的设备、材料等进行管理、服务以及施工现场管理、竣工资料汇总整理等服务所需的费用。

二、暂列金额

暂列金额的结算办法：只有按照合同约定程序实际发生后，才能成为中标人的应得金额，纳入合同结算价款中。扣除实际发生金额后的暂列金额余额仍属于招标人所有。

有一种错误的观念认为，暂列金额列入合同价格就属于承包人（中标人）所有了。事实上，即便是总价包干合同，也不是列入合同价格的任何金额都属于中标人的，是否属于中标人应得金额取决于具体的合同约定，暂列金额的定义是非常明确的，设立暂列金额并不能保证合同结算价格就不会再出现超过合同价格的情况，是否超出合同价格完全取决于工程量清单编制人对暂列金额预测的准确性，以及工程建设过程是否出现了其他事先未预测到的事件。

三、暂估价

（一）暂估价的性质

暂估价是指招标阶段直至签订合同协议时，招标人在招标文件中提供的用于支付必然要发生但暂时不能确定价格的材料以及需另行发包的专业工程金额。其类似于 FIDIC 合同条款中的 Prime Cost Items，在招标阶段预见肯定要发生，只是因为标准不明确或者需要由专业承包人完成，暂时无法确定其价格或金额。

（二）暂估价的形式

一般而言，为方便合同管理和计价，需要纳入分部分项工程量清单项目综合单价中的暂估价最好只是材料费，以方便投标人组价。以“项”为计量单位给出的专业工程暂估价一般应是综合暂估价，应当包括除规费、税金以外的管理费、利润等。

四、计日工

（一）计日工的性质

计日工是为了解决现场发生的零星工作的计价而设立的。国际上常见的标准合同条款中，大多数都设立了计日工（Daywork）计价机制。计日工以完成零星工作所消耗的人工工时、材料数量、机械台班进行计量，并按照计日工表中填报的适用项目的单价进行计价支付。计日工适用的所谓零星工作一般是指合同约定之外的或者因变更而产生的、工程量清单中没有相应项目的额外工作，尤其是那些时间不允许事先商定价格的额外工作。计日工为额外工作和变更的计价提供了一个方便快捷的途径。

（二）计日工的量与价

工程量清单中的计日工数，招标人应填写拟定数字。在以往的实践中，计日工经常被忽略。其中一个主要原因是因为计日工项目的单价水平一般要高于工程量清单项目单价的水平。理论上讲，合理的计日工单价水平一定是高于工程量清单的价格水平，其原因在于计日工往往是用于一些突发性的额外工作，缺少计划性，承包人在调动施工生产资源方面难免不影响已经计划好的工作，生产资源的使用效率也有一定的降低，客观上造成超出常规的额外投入。另一方面，计日工清单往往忽略给出一个暂定的工程量，无法纳入有效的竞争，也是造成计日工单价水平偏高的原因之一。因此，为了获得合理的计日工单价，计日工表中一定要给出暂定数量，并且需要根据经验，尽可能估算一个比较贴近实际的数量。当然，尽可能把项目列全，防患于未然，也是值得充分重视的工作。

五、总承包服务费

总承包服务费是为了解决招标人在法律、法规允许的条件下进行专业工程发包以及自行采购供应材料、设备时，要求总承包人对发包的专业工程提供协调和配合服务（如分包人使用总包人的脚手架、水电搭接等）；对供应的材料、设备提供收、发和保管服务以及对施工现场进行统一管理；对竣工资料进行统一汇总整理等发生并向总承包人支付的费用。招标人应当预计该项费用并按投标人的投标报价向投标人支付该项费用。

第五节 规费、税金项目清单

本节配套数字资源及习题

规费项目清单是根据省级政府或省级有关权力部门规定必须缴纳的，应计入建筑安装工程造价的费用项目明细清单。

税金项目清单是国家税法规定的应计入建筑安装工程造价内的增值税项目清单。

一、规费项目清单

（一）规费项目清单的内容

《计价规范》第 4.5.1 条规定，规费项目清单应包括下列内容：

（1）社会保险费：包括养老保险费、失业保险费、医疗保险费、工商保险费、生育保险费。

（2）住房公积金。

（3）工程排污费。工程排污费停止征收，改征环境保护税。依据的是 2018 年 1 月 1 日起实施的《中华人民共和国环境保护税法》（2018 年修正）第 27 条规定：依照本法规定征收环境保护税，不再征收排污费。

（二）规费的法律法规规定

规费是政府和有关权力部门根据国家法律、法规规定施工企业必须缴纳的费用，也是工程造价的组成部分，但是其费用内容和计取标准都不是发承包人能自主确定的，更不是由市场竞争决定的。主要法律法规依据如下：

（1）社会保险费。依据《中华人民共和国社会保险法》第二条规定：国家建立基本养老保险、基本医疗保险、工伤保险、失业保险、生育保险等社会保险制度，保障公民在年老、疾病、工伤、失业、生育等情况下依法从国家和社会获得物质帮助的权利。

（2）住房公积金。依据《住房公积金管理条例》（国务院令第 262 号）第 18 条规定：职工和单位住房公积金的缴存比例均不得低于职工上一年度月平均工资的 5%；有条件的城市，可以适当提高缴存比例。具体缴存比例由住房公积金管理委员会拟订，给本级人民政府审核后，报省、自治区、直辖市人民政府批准。

由上述法律、行政法规以及国务院文件可见，规费是由国家或省级、行业建设行政主管部门依据国家有关法律、法规以及省级政府或省级有关权力部门的规定。因此，规定了在工程造价计价时，规费应按国家或省级、行业建设主管部门的有关规定计算，并不得作为竞争性费用。

随着我国改革开放深入进行，国家财富迅速增长，党和政府把提高人民的生活水准、提供人民社会保障作为重要政策。随着《中华人民共和国社会保险法》的发布实施，进城务工的农村居民依法参加社会保险。社会保障体制的逐步完善以及劳动主管部门对违法企业劳动监察的加强，都对建筑施工企业的成本支出产生了重大影响。因此，规定规费不得竞争正是顺应了这一时代潮流。

二、税金项目清单

（一）税金项目清单的内容

根据原建设部、财政部“关于印发《建筑安装工程费用项目组成》的通知”（建标〔2013〕44号）和财政部、国家税务总局《关于全面推开营业税改征增值税试点的通知》〔2016〕36号文件的规定，目前国家税法规定应计入建筑安装工程造价内的税种为增值税。

（二）税金项目清单的法律法规规定

税金是国家按照税法预先规定的标准，强制地、无偿地要求纳税人缴纳的费用。同样是工程造价的组成部分，但是其费用内容和计取标准都按规定计取并缴纳，不进不出，没有盈利。

目前税金是增值税，国家税法发生变化或地方政府及税务部门依据职权对税种进行了调整，应对税金项目清单进行相应调整。自2016年5月1日起，根据财税〔2016〕36号文件，营业税改征增值税，税金项目清单进行了相应调整。

本章思考与习题

1. 编制工程量清单时，是否将施工方法列出来。例如土石方开挖，是否列开挖方式。

2. 在措施项目清单编制中，招标人提供的措施清单有可能不是最优的方案，投标人应如何处理？

3. 已标价工程量清单“计日工表”中的人工、材料、机械名称、相应数量和单价，承包人应如何获取表内已列、表外未列的费用？

第三章　工程量清单计价

学习目标

1. 执行计价规范编制规定，树立职业规范习惯。
2. 掌握单价法与费率法的组价原理，并会应用。
3. 比较工程造价改革试点省市的计价办法，拓展计价的视野和思维。

第一节　工程量清单计价概述

本节配套数字资源及习题

工程量清单计价在不同阶段的称谓不同，在招投标阶段招标人负责编制的是最高投标限价，投标人在投标文件经济标中填报的价格称为投标报价，中标双方签订合同时的价格称为签约合同价，竣工验收完成后双方办理结算称为竣工结算。工程计价活动过程中都应按相关规定编制，遵循合法、公平、公正和诚实信用的原则。

一、计价编制规定

（一）最高投标限价编制的一般规定

最高投标限价应遵守《计价规范》的编制一般规定和本地区的清单计价实施细则，最高投标限价不高估冒算、限价合理。

1. 编制主体

最高投标限价的编制主体是招标人，应由具有编制能力的招标人或受其委托具有相应能力的工程造价咨询人编制和复核。

2. 编制原则

（1）工程造价咨询人接受招标人委托编制最高投标限价，不得再就同一工程接受投标人委托编制投标报价。

（2）按照《计价规范》第 5.2.1 条的规定编制，不应上调或下浮。

（3）超过批准的概算时，招标人应将其报原概算审批部门审核。

（4）招标人应在发布招标文件时公布最高投标限价，同时应将最高投标限价及有关资料报送工程所在地（或有该工程管辖权的行业管理部门）工程造价管理机构备查。

（二）投标报价编制的一般规定

投标报价应遵守招标文件及其补遗中的对投标报价的要求，特别是限价和不可竞争费用的填报，投标报价时不弄虚作假、恶意杀价。

1. 编制主体

投标价的编制主体是投标人。投标人可以自行编制，投标人也可以委托具有相应资质的工程造价咨询人编制。

2. 报价原则

（1）投标报价编制和确定的最基本特征是投标人自主报价，它是市场竞争形成价格的体现。但投标人自主投标报价必须执行《计价规范》的强制性条文。

（2）投标报价的基本原则是不得低于工程成本。

（3）投标人必须按招标工程量清单填报价格。项目编码、项目名称、项目特征、计量单位、工程量必须与招标工程量清单一致。《计价规范》将“工程量清单”与“工程量清单计价表”两表合一，为避免出现差错，投标人最好按招标人提供的工程量清单与计价表直接填写价格。

（4）投标人的投标报价高于最高投标限价的应予废标。

（5）招标工程量清单与计价表中列明的所有需要填写单价和合价的项目，投标人均应填写且只允许有一个报价。未填写单价和合价的项目，视为此项费用已包含在已标价工程量清单中其他项目的单价和合价之中。当竣工结算时，此项目不得重新组价予以调整。

（6）投标总价应当与分部分项工程费、措施项目费、其他项目费和规费、税金的合计金额一致。实行工程量清单招标，投标人的投标总价应当与组成已标价工程量清单的分部分项工程费、措施项目费、其他项目费和规费、税金的合计金额相一致，即投标人在进行工程量清单招标的投标报价时，不能进行投标总价优惠（或降价、让利），投标人对投标报价的任何优惠（或降价、让利）均应反映在相应清单项目的综合单价中。

（三）竣工结算编制的一般规定

竣工结算办理应依法依规、遵守合同、公平公正、实事求是。竣工结算核对时，作为承包方不漫天要价、诚信为本，作为审核方合法合理、有理有据、客观公正。

1. 竣工结算责任主体

竣工结算由承包人编制，发包人核对。实行总承包的工程，由总承包人对竣工结算的编制负总责。根据《工程造价咨询企业管理办法》（住房和城乡建设部令第50号修正）的规定，承包人、发包人均可委托具有工程造价咨询资质的工程造价咨询企业编制或核对竣工结算。

2. 竣工结算办理的法律规定

工程完工后，发承包双方必须在合同约定时间内办理工程竣工结算。根据《中华人民共和国民法典》第799条“建设工程竣工后，……验收合格的，发包人应当按照约定支付价款”和《中华人民共和国建筑法》第十八条“发包单位应当按照合同的约定，及时拨付工程款项”，规定了工程完工后，发承包双方应在合同约定时间内办理竣工结算。合同中没有约定或约定不清的，按《计价规范》相关规定实施。

二、计价编制依据及区别

（一）编制依据

1. 最高投标限价的编制依据

《计价规范》第5.2.1条规定：最高投标限价应根据下列依据编制与复核：

（1）《计价规范》；

（2）国家或省级、行业建设主管部门颁发的计价定额和计价办法；

（3）建设工程设计文件及相关资料；

（4）拟定的招标文件及招标工程量清单；

（5）与建设项目相关的标准、规范、技术资料；

（6）施工现场情况、工程特点及常规施工方案；

（7）工程造价管理机构发布的工程造价信息，工程造价信息没有发布的，参照市场价。

2. 投标报价的编制依据

《计价规范》第 6.2.1 条规定：投标报价应根据下列依据编制和复核：

（1）《计价规范》；

（2）国家或省级、行业建设主管部门颁发的计价办法；

（3）企业定额，国家或省级、行业建设主管部门颁发的计价定额和计价办法；

（4）招标文件、招标工程量清单及其补充通知、答疑纪要；

（5）建设工程设计文件及相关资料；

（6）施工现场情况、工程特点及投标时拟定的施工组织设计或施工方案；

（7）与建设相关的标准、规范等技术资料；

（8）市场价格信息或工程造价管理机构发布的工程造价信息；

（9）其他相关资料。

3. 竣工结算的编制依据

《计价规范》第 11.2.1 条规定：竣工结算应根据下列依据编制：

（1）《计价规范》规范；

（2）工程合同；

（3）发承包双方实施过程中已确认的工程量及其结算的合同价款；

（4）发承包双方实施过程中已确认调整后追加（减）的合同价款；

（5）建设工程设计文件及相关资料；

（6）投标文件；

（7）其他依据。

（二）编制依据的区别

最高投标限价、投标报价、竣工结算的三者编制依据的主要区别，见表 3 - 1。

表 3 - 1　最高投标限价、投标报价和竣工结算的编制依据区别

序号	区分	最高投标限价	投标报价	竣工结算
1	文件	拟定的招标文件	招标文件及补遗	工程合同
2	图纸	经审批的设计图	招标人发布的设计图	竣工图
3	价格	信息价、指导价	市场自主询价报价	合同约定单价
4	方案	常规施工方案	拟定施工方案	经批准的施工方案

三、工程量清单计价的组成与计算办法

1. 单位工程造价的组成

工程量清单计价是指分部分项工程、单价措施项目按照国家建设工程工程量清单计价计量规范及本省有关规定进行项目划分及工程量计算。工程量清单计价实质上是将造价理论构成与定额等计价依据融合在一起的计价办法，工程量清单的“量、价、费”组成见表 3 - 2。

表 3-2　　工程量清单的“量、价、费”组成

<table>
<tr><th colspan="2">理论组成内容</th><th colspan="3">计价办法</th><th colspan="2">计价依据</th></tr>
<tr><td colspan="2" rowspan="3">分部分项工程费</td><td colspan="3">工程量</td><td rowspan="2">量</td><td>工程量清单计量规范</td></tr>
<tr><td rowspan="3">综合单价</td><td rowspan="2">人材机费</td><td>人材机消耗量</td><td>预算定额或消耗量定额</td></tr>
<tr><td>人材机单价</td><td rowspan="2">价</td><td>指导价和信息价</td></tr>
<tr><td rowspan="2">措施项目费</td><td>单价措施项目</td><td colspan="2">管理费、利润、风险费</td><td rowspan="5">取费标准
（费用定额）</td></tr>
<tr><td colspan="4">总价措施项目</td><td rowspan="4">费</td></tr>
<tr><td colspan="5">其他项目费</td></tr>
<tr><td colspan="5">规费</td></tr>
<tr><td colspan="5">税金</td></tr>
</table>

从表 3-2 可以看出，工程量清单计价办法和定额计价办法，项目划分依据不同，费用构成、取费基础和费率都是一样的。

2. 单位工程造价的计算办法

单位工程造价的计价程序应根据本省市的现行《费用定额》规定程序计算，含税工程造价按照分部分项工程费、措施项目费、其他项目费、规费和税金之和计算，其一般计算办法见表 3-3。

表 3-3　　单位工程造价的计算办法

序号	项目名称		计算办法
1	分部分项工程费		Σ（工程量×综合单价）
1.1	其中	人工费	Σ人工费
1.2		材料费	Σ材料费
1.3		施工机具使用费	Σ施工机具使用费
2	措施项目费		Σ总价措施项目取费基础×取费标准+Σ单价措施项目工程量×综合单价
2.1	其中单价措施	人工费	Σ人工费
2.2		材料费	Σ材料费
2.3		施工机具使用费	Σ施工机具使用费
3	其他项目费		暂列金额+专业工程暂估价+计日工+总承包服务费
3.1	其中	人工费	Σ人工费
3.2		材料费	Σ材料费
3.3		施工机具使用费	Σ施工机具使用费
4	规费		(1+2+3)或(1.1+2.1+3.1+1.3+2.3+3.3)或(1.1+2.1+3.1)×对应费率
5	税金		(1+2+3+4) × 增值税适用税率
6	含税工程造价		1+2+3+4+5

规费的计算基础选择：人材机之和、人机费之和、人工费等三种之一，根据本省市《费用定额》规定确定，有的省市按不同分部选择计算基础不同，有的省市是按不同专业工程选择不同计算基础，有的省市各专业统一按一个计算基础取费。

需要注意的是，计算基础包含分部分项工程费、单价措施费和其他项目费中所有的人材机。不同的基数对应的费率不一样，计算基础从大到小为“人材机之和＞人机费之和＞人工费”，其对应的费率大小就是相反的顺序，即计算基础越大，相应费率就越小。

本节配套数字资源及习题

第二节　综合单价法清单项目计价

单价项目清单是指具有项目编码、项目名称、项目特征、计量单位、工程量的清单，单价项目清单应编制综合单价，主要是分部分项工程和单价措施项目中的清单。

一、综合单价的编制规定

（一）最高投标限价的综合单价编制规定

（1）综合单价中应包括招标文件中划分的应由投标人承担的风险范围及其费用。招标文件中没有明确的，如是工程造价咨询人编制，应提请招标人明确；如是招标人编制，应予明确。

（2）分部分项工程和措施项目中的单价项目，应根据拟定的招标文件和招标工程量清单项目中的特征描述及有关要求确定综合单价计算。

（3）单价项目的计价原则：

1）采用的工程量应是招标工程量清单提供的工程量；

2）综合单价应按《计价规范》第 5.2.1 条规定的依据确定；

3）招标文件提供了暂估单价的材料，应按招标文件确定的暂估单价计入综合单价；

4）综合单价应当包括招标文件中招标人要求投标人所承担的风险内容及其范围（幅度）产生的风险费用。

（二）投标报价的综合单价编制规定

（1）综合单价中应包括招标文件中划分的应由投标人承担的风险范围及其费用，招标文件中没有明确的，应提请招标人明确。

（2）分部分项工程和措施项目中的单价项目，应根据招标文件和招标工程量清单项目中的特征描述确定综合单价计算。

（3）分部分项工程和措施项目中的单价项目最主要的是确定综合单价，单价项目综合单价的确定原则包括：

1）确定依据。确定分部分项工程和措施项目中的单价项目综合单价的最重要依据之一，是该清单项目的特征描述的主要内容，投标人投标报价时应依据招标工程量清单项目的特征描述确定清单项目的综合单价。在招投标过程中，当出现招标工程量清单特征描述与设计图纸不符时，投标人应以招标工程量清单的项目特征描述为准，确定投标报价的综合单价。当施工中施工图纸或设计变更与招标工程量清单项目特征描述不一致时，发承包双方应按实际施工的项目特征，依据合同约定重新确定综合单价。

2）材料、工程设备暂估价。招标工程量清单中提供了暂估单价的材料、工程设备，按暂估的单价进入综合单价。

3）风险费用。招标文件中要求投标人承担的风险内容和范围，投标人应考虑进入综合单价。在施工过程中，当出现的风险内容及其范围（幅度）在招标文件规定的范围内时，合同价款不做调整。

二、综合单价的计算办法

综合单价按是否含规费和税金分为全费用综合单价、不完全综合单价两种。其计价程序和计算办法均根据本省市的现行《费用定额》规定计算，计算方法大同小异。

（一）全费用综合单价的计算办法

全费用综合单价除人工费、材料设备费、施工机具使用费、企业管理费、风险费、利润之外，还包括规费和税金。国家推行全费用综合单价模式，湖北省2018版定额编制了工程量清单计价、定额计价、全费用基价表清单计价三种计价模式，以《湖北省建筑安装工程费用定额》（2018）全费用基价表清单计价模式为例，其一般计税法的全费用综合单价计算办法见表3-4。

表3-4　　综合单价的计算办法（湖北省2018版）

序号	费用项目	计算方法
1	人工费	Σ（人工费）
2	材料费	Σ（材料费）
3	施工机具使用费	Σ（施工机具使用费）
4	费用	4.1+4.2+4.3+4.4
4.1	总价措施费	（1+3）×费率
4.2	企业管理费	（1+3）×费率
4.3	利润	（1+3）×费率
4.4	规费	（1+3）×费率
5	增值税	（1+2+3+4）×适用税率
6	综合单价	1+2+3+4+5

从表3-4可以看出，全费用基价包含人工费、材料费、机械费、费用、增值税，其中费用包含总价措施费、企业管理费、利润、规费。

湖北省全价费用综合单价调整是按实时价格计算，在使用期是变化的，定额中的基价仅为参考。《湖北省建筑安装工程费用定额》关于工程计价时人工、材料、机械价格管理使用说明如下：

（1）人工价格由建设行政主管部门发布的定额人工单价（简称“发布价”）；材料（含工程设备）市场价格指发、承包人双方认定的价格，也可以是当地造价管理部门发布的市场信息价格。双方应在相关文件上约定；施工机械、施工仪表的市场价格按《湖北省施工机具使用费定额》计算。

（2）人工发布价是建设工程发承包及实施阶段的计价依据，也可供投标人参考。

（3）材料的市场价格由供应价格（含包装费）、运杂费、运输损耗费、采购保管费组成。

（4）施工机械的市场价格包括折旧费、检修费、维护费、安拆费及场外运输费、人工费、燃料动力费、其他费。人工费按发布价计算；施工机械台班价格按扣除燃料动力费后的除税价格计算；施工仪表的市场价格包括折旧费、维护费、校验费、动力费；大型机械安拆费及场外运输费按《湖北省施工机具使用费定额》相关规定计取。

（5）施工机械采用租赁方式的，其租赁的大型施工机械使用费按各专业定额总说明有关规定计算。施工机械采用租赁方式需经承发包双方约定。

（6）一般计税方法采用除税价，简易计税法采用含税价。除税价是指扣除进项税额的价格。含税价是指包含进项税额的价格。

（7）工程量清单计价时，人工以发布价，材料、施工机械、施工仪表以市场价格进入综合单价。

【例 3-1】《湖北省房屋建筑与装饰工程消耗量定额及全费用基价表（2018）》从 2018 年 4 月 1 日起实施，其中砖基础定额如图 3-1 所示，定额中的费用采用《湖北省建筑安装工程费用定额（2018）》一般计税法费率编制。房屋建筑工程费率：安全文明施工费费率 13.64%、其他总价措施费费率 0.7%、企业管理费费率 28.27%、利润 19.73%、规费 26.85%，编制期一般计税法适用的增值税税率为 11%。请验算该砖基础的全费用综合单价及组成过程。

一、砖砌体

1. 砖基础

工作内容：清理基槽坑，调、运、铺砂浆、运、砌砖　　　　计量单位：$10m^3$

定额编号				A1-1
项目				砖基础实心砖
				直形
全费用（元）				6104.16
其中	人工费（元）			1476.33
	材料费（元）			2621.11
	机械费（元）			44.96
	费用（元）			1356.84
	增值税（元）			604.92
名称		单位	单价（元）	数量
人工	普工	工日	92.00	2.511
	技工	工日	142.00	5.021
	高级技工	工日	212.00	2.511
材料	混凝土实心砖 240×115×53	千块	295.18	5.288
	干混砌筑砂浆 DM M10	t	257.35	4.078
	水	m^3	3.39	1.650
	电【机械】	kW·h	0.75	6.842
机械	干混砂浆罐式搅拌机 20000L	台班	187.32	0.240

图 3-1　湖北省 2018 版砖基础定额

解　根据已知条件，综合单价验算如下：

（1）人工费＝(92×2.511＋142×5.021＋212×2.511)＝1476.33 元

（2）材料费＝(295.18×5.288＋257.35×4.078＋3.39×1.65＋0.75×6.842)＝2621.11 元

（3）机械费＝187.32×0.24＝44.96 元

（4）企业管理费＝(1476.33＋44.96)×28.27%＝430.07 元

（5）利润=(1476.33+44.96)×19.73% =300.15 元

（6）总价措施费(1476.33+44.96)×(13.64%+0.7%)=218.15 元

（7）规费(1476.33+44.96) ×26.85%=408.47 元

（8）费用=(4)+(5)+(6)+(7)=1356.84 元

（9）增值税=(1)+(2)+(3)+(8)×11%=604.92 元

综合单价=[(1)+(2)+(3)+(8)+(9)]/10

=(1476.33+2621.11+44.96+1356.84+604.92)/10

=6104.16/10

=610.04 元/m^3

（二）不完全综合单价的计算办法

不完全综合单价按照人工费、材料设备费、施工机具使用费、企业管理费、风险费、利润之和计算，按照计算基础不同，分为以下三种。

1. 以人材机之和为计算基础

人材机之和即人工费、材料费、施工机具使用费三者之和，以《福建省建筑安装工程费用定额》(2016 版）为例，其综合单价计算办法见表 3-5。

表 3-5 综合单价的计算办法（福建省 2016 版）

序号	项目名称	计算办法
1	人工费	Σ（工日消耗量×日工资单价） 或人工费基价×人工费调整系数
2	材料设备费	Σ（材料消耗量×材料单价+设备数量×设备单价）
3	施工机具使用费	Σ（施工机械台班消耗量×台班预算单价）+ 仪器仪表使用费 或Σ（施工机械费基价×机械费调整系数）+ 仪器仪表使用费
4	企业管理费	（1+2+3−设备费）× 企业管理费费率
5	利润	（1+2+3+4−设备费）× 利润率
6	风险费	（1+2+3+4−设备费−甲供材料）× 风险费率
7	综合单价	1+2+3+4+5+6

注 设备费除了参与计算税金，其他费用都不参与计算；甲供材料参与计取各项费用。

福建省价差调整采用的是指数调整法，《福建省建筑安装工程费用定额》(2016 版）对表 3-5 使用说明如下：

（1）人工费。专业消耗量定额发布工日消耗量的，人工费按工日消耗量乘以人工预算单价计算；专业预算定额发布人工费基价的，人工费按人工费基价乘以人工费调整系数计算。人工预算单价和人工费调整系数由福建省建设行政主管部门发布。

（2）材料设备费，包括材料费和设备费。材料费按材料消耗量乘以材料单价计算，设备费按设备数量乘以设备单价计算。材料单价应当参照工程造价管理机构发布的价格信息并经市场询价后确定。各级工程造价管理机构应当按照福建省建设行政主管部门的有关规定编制和发布材料价格信息。

材料价格的规定突出材料价格是属于市场价属性，材料定价的主体责任是承发包双方及其委托的编制人，工程造价管理机构发布的信息价也是市场价；不再刻意称为材料预算单价，剔除行政指导价的色彩。

（3）施工机具使用费，包括施工机械使用费、仪器仪表使用费。专业消耗量定额列出机械台班消耗量的，施工机具使用费按照施工机械台班消耗量乘以施工机械台班单价加上仪器仪表使用费计算；专业预算定额列出施工机械费基价的，按照机械费基价乘以机械费调整系数加上仪器仪表使用费计算。施工机械台班预算单价和施工机械费调整系数由省建设行政主管部门发布，仪器仪表只有使用费。

（4）企业管理费、利润、风险费按照《福建省建筑安装工程费用定额》（2016 版）第四章规定的取费标准计算。

2. 以人机费之和、人工费为计算基础

人机费之和即人工费、施工机具使用费之和，以《重庆市建设工程费用定额》（2018 版）为例，根据专业工程不同，采用不同的计算基础，见表 3-6。这也是一种典型计算方法，在其他省市也有这类编制方法。

表 3-6　重庆市 2018 版取费计算基础

序号	计算基础	专业工程
1	人工费	装饰工程、幕墙工程、园林绿化工程、通用安装工程、市政安装工程、城市轨道交通安装工程、房屋安装修缮工程、房屋单拆除工程、人工土石方工程
2	人机费	房屋建筑工程，仿古建筑工程，构筑物工程，市政工程，城市轨道交通的盾构工程，高架桥工程，地下工程，轨道工程，机械（爆破）土石方工程，围墙工程，房屋建筑修缮工程

注　取费指企业管理费、组织措施费、利润、规费和风险费。

从表 3-6 可以看出，在重庆市一个单项工程，就会有多专业取费。例如本书第三篇的某人民法院编制实例，建筑工程和机械土石方工程采用人机费为基数取费，装饰工程和人工土石方工程采用人工费为基数取费，其取费计算程序见表 3-7。

表 3-7　定额综合单价计算程序表（重庆市 2018 版）

序号	费用名称	计费基础	
		定额人工费 +定额机械费	定额人工费
	定额综合单价	1 +2 +3 +4 +5 +6	1 +2 +3 +4 +5 +6
1	定额人工费		
2	定额材料费		
3	定额机械费		
4	企业管理费	（1 +3 ）×费率	1×费率
5	利 润	（1 +3 ）×费率	1×费率
6	一般风险费	（1 +3 ）×费率	1×费率

在《重庆市建设工程费用定额》（2018 版）中，不同的计税办法和计算基础，其综合单价的计算办法不同，但计算原理一样，差别就是基数仅仅是人工费。以人机费为计算基础，采用一般计税法时，其综合单价的计算办法见表 3-8。

表 3-8 综合单价的计算办法（重庆市 2018 版）

序号	项目名称	计算办法
1	人工费	1.1+1.2
1.1	人工费基价	定额人工费
1.2	人工费价差	合同价（信息价、市场价）一定额人工费
2	材料费	2.1+2.2
2.1	材料费基价	定额材料费
2.2	材料费价差	不含税合同价（信息价、市场价）一定额材料费
3	施工机具使用费	3.1+3.2
3.1	机具费基价	定额施工机具使用费
3.2	机具费价差	3.2.1+3.2.2
3.2.1	机上人工费价差	合同价（信息价、市场价）一定额机上人工费
3.2.2	燃料动力费价差	不含税合同价（信息价、市场价）一定额燃料动力费
4	企业管理费	（1.1+2.1+3.1）× 管理费率
5	利润	（1.1+2.1+3.1）× 利润费率
6	风险费	6.1+6.2
6.1	一般风险费	（1.1+2.1+3.1）× 一般风险费率
6.2	其他风险费	
7	综合单价	（1+2+3+4+5+6）/ 定额单位

重庆市价差调整是采用的单项价差调整法，2018 年《重庆市房屋建筑与装饰工计价定额》对表 3-8 使用说明如下：

（1）人才机价格调整。人工、材料、成品、半成品和机械燃（油）料价格是以定额编制期市场价格确定的，调整以建设项目实施阶段市场价格与定额价格不同时，可参照重庆市建设工程造价管理机构发布的工程所在地的信息价格或市场价格进行调整，价差不作为计取企业管理费、利润、一般风险费的计费基数。

（2）企业管理费、利润。定额企业管理费、利润的费用标准是按公共建筑工程取定的，使用时应按实际工程和《重庆市建设工程费用定额》所对应的专业工程分类及费用标准进行调整。

（3）风险费。风险费分为一般风险费和其他风险费。一般风险费是指工程施工期间因停水、停电，材料设备供应，材料代用等不可预见的一般风险因素影响正常施工而又不便计算的损失费用。其他风险费是指除一般风险费外，招标人根据《建设工程工程量清单计价规范》（GB 50500—2013）、《重庆市建设工程工程量清单计价规则》（CQJJGZ—2013）的有关规定，在招标文件中要求投标人承担的人工、材料、机械价格及工程量变化导致的风险费用。建筑与装饰工程定额除人工土石方定额项目外，均包含了《重庆市建设工程费用定额》所指的一般风险费，使用时不做调整。

【例 3-2】 背景：重庆市某法院新建工程，工程概况详见本书附录图纸。假设该工程在 2022 年 4 月编制最高投标限价，招标文件规定采用一般计税法编制，该工程混凝土采用商品混凝土，其他风险费暂不计算，实施过程中按实调整。2018 年《重庆市房屋建筑与装饰工计价定额》中有梁板子目，如图 3-2 所示。

问题：该怎样编制出该工程清单子目有梁板的综合单价？

E.1.5.1 有梁板（编码：010505001）

工作内容：1. 自拌混凝土：搅拌混凝土、水平运输、浇捣、养护等。
2. 商品混凝土：浇捣、养护等。

计量单位：$10m^3$

定额编号					AE0072	AE0073
项目名称					有梁板	
					自拌混凝土	商品混凝土
费用					4148.58	3259.00
	其中	人工费　(元)			849.85	348.45
		材料费　(元)			2770.54	2772.76
		施工机具使用费　(元)			129.08	2.57
		企业管理费　(元)			248.55	84.60
		利润　(元)			135.88	45.35
		一般风险费　(元)			14.68	5.27
	编码	名称	单位	单价（元）	消耗量	
人工	000300080	混凝土综合工	工日	115.00	7.390	3.030
材料	800211040	混凝土 C30（塑、特、碎 5-20、坍 35-50）	m^3	266.56	10.100	—
	840201140	商品混凝土	m^3	266.99	—	10.150
	341100100	水	m^3	4.42	6.095	2.595
	341100400	电	kW·h	0.70	3.780	3.780
	002000010	其他材料费	元	—	48.70	48.70
机械	990602020	双锥反转出料混凝土搅拌机 350L	台班	226.31	0.559	—
	990617010	混凝土抹平机 5.5kW	台班	23.38	0.110	0.110

图 3-2　重庆市 2018 版有梁板定额

解　第一步：做好计算前准备工作，熟悉图纸，查找定额和询价。

（1）查找费率：根据该工程图纸判断，法院属于公共建筑工程，根据 2018 年《重庆市建设工程费用定额》，查找到房屋建筑工程－公共建筑工程－一般计税法适用的各项费率：企业管理费 24.1%，利润 12.92%，一般风险费 1.5%。

（2）查找税率：在重庆工程造价信息网查找现行增值税依据为建办标〔2018〕20 号文件，规定工程造价计价依据中增值税现行税率为 9%。

（3）项目特征：结施图总说明查找出该有梁板混凝土强度等级为 C30。

（4）市场询价：根据《重庆工程造价信息》2022 年第 4 期刊登的人才机要素价格：混凝土综合工 121 元/工日，机械综合工 126 元/工日，工程所在地永川区 C30 商品混凝土 495 元/m^3。施工用水、用电经过工程所在地询价：永川区施工用水 5 元/m^3，电 0.9 元/（m^3kW·h）。

（5）通过 2018 年《重庆市建设工程施工机械台班定额》查找到 5.5kW 混凝土抹平机台班定额消耗量：机械综合用工 0 工日/台班、电 23.14kW·h/台班。

第二步：利用第一步查找出的计算依据，计算综合单价，见表 3-9。

表 3-9 某法院有梁板的综合单价计算

序号	项目名称	计算过程及结果 单位：元
1	人工费	1.1＋1.2＝366.63
1.1	人工费基价	定额人工费＝348.85
1.2	人工费价差	信息价－定额人工费＝3.03×121－348.85＝17.78
2	材料费	2.1＋2.2＝5089.33
2.1	材料费基价	定额材料费＝2772.76
2.2	材料费价差	商品混凝土：10.15×(495－266.99)＝2314.30 水：2.595×(5－4.42)＝1.51 电：3.78×(0.9－0.7)＝0.76 小计：2314.3＋1.51＋0.76＝2316.57
3	施工机具使用费	3.1＋3.2＝3.08
3.1	机具费基价	定额施工机具使用费＝2.57
3.2	机具费价差	3.2.1＋3.2.2＝0.51
3.2.1	机上人工费价差	0
3.2.2	燃料动力费价差	电：23.14×（0.9－0.7）×0.11＝0.51
4	企业管理费	（1.1＋2.1＋3.1）× 24.1%＝752.93
5	利润	（1.1＋2.1＋3.1）× 12.92%＝403.64
6	风险费	6.1＋6.2＝46.86
6.1	一般风险费	（1.1＋2.1＋3.1）× 1.5%＝46.86
6.2	其他风险费	0
7	综合单价	(1＋2＋3＋4＋5＋6)/10 ＝666.25

三、综合单价的组价方法

组价是指根据工程量清单的项目特征，匹配地区计价定额或消耗量定额，根据施工图计算组价工程量，然后乘以地区人材机要素价格的计价活动。

1. 组价的特点

清单项目组价不同于定额计价，它是工程量清单计价中一个环节，具有如下特点：

（1）内容丰富。清单项目组价内容包括可组价的计价定额项目或消耗量定额的选取确定、组价工程量计算，也包括人材机要素价格的计算、费用计取、汇总计算等工作。

（2）过程复杂。清单项目组价不仅要分析、复核工程量清单项目名称、项目编码、项目特征、计量单位、工程数量等，而且要根据计价规范或计价指引，选择相应的可组价的定额，直到组价工程量计算，定额套价或换算、费用计算、汇总以及综合单价分析等。整个组价过程中计算、分析的工作量大，涉及面较广。

（3）专业性强。清单项目组价必须严格按照招标工程量清单和招标文件进行，根据工程量清单项目特征描述、常规施工方案，如何匹配组价的定额子目，以及各定额子目综合单价计算。很难掌握组价的完整性、准确性、合理性，以及风险因素的考虑。对于投标人的投标报价来说，还要结合企业实际情况和投标经营策略综合考虑，价格过高不能中标，过低可能因低于成本价成为废标或导致亏损。因此，组价对专业技术人员提出了很高的要求，具有专业性强的特点。

2. 组价公式

一个完整的综合单价组价，需要匹配的计价定额子目或消耗量定额子目数量，与项目特

征的复杂性、组价定额子目的本身单价内包含的工作内容、工料机消耗量的组成情况等多种因素有关，但最基本的原理公式为

$$清单综合单价 = \sum(组价工程量 \times 综合单价) / 清单工程量 \quad (3-1)$$

综合单价主要常见的三类组价情形及公式见表 3-10。

表 3-10 清单组价公式表

类型	计量单位	工程量计算规则	项目特征与单个定额子目包含内容	组价公式
1	一致	一致	一致	一对一：清单综合单价＝定额综合单价
2	一致	一致	不一致	一对多：清单综合单价＝∑定额综合单价
3	不一致	不一致	不一致	一对多：清单综合单价＝(∑清单项目所包含各定额工程量×定额综合单价)/清单工程量

3. 组价实例

（1）第一类：当《计量规范》的计量单位、工程量计算规则与《消耗量定额》一致，清单项目特征与定额工作内容一致，只与一个定额子目对应时，其计算公式为

$$清单项目综合单价 = 消耗量定额综合单价 / 定额单位 \quad (3-2)$$

【例 3-3】 某工程有梁板的分部分项工程量清单计价表（招标）摘录见表 3-11，其余已知条件信息同［例 3-2］。试完成表 3-11 中该有梁板的综合单价和合价，作为主要清单子目限价。

表 3-11 分部分项工程量清单计价表（A.5 混凝土及钢筋混凝土工程）

项目编码	项目名称	项目特征	计量单位	工程量	综合单价（元）	合价（元）
0105050011001	有梁板	1. 混凝土种类：商品混凝土 2. 混凝土强度等级：C30	m^3	153.76		

解 有梁板的清单计量单位、工程量计算规则与 2018 年《重庆市房屋建筑与装饰工程计价定额》有梁板子目一致，该清单项目的特征与定额子目 AE0073 工作内容一致，只与一个定额子目 AE0073 对应，材料中的商品混凝土强度等级按照项目特征 C30 计算即可，利用表 3-9 的计算结果，综合单价分析计算见表 3-12。

表 3-12 综合单价分析表

<table>
<tr><td>项目编码</td><td colspan="2">0105050011001</td><td>项目名称</td><td colspan="4">有梁板</td><td colspan="2">计量单位</td><td>m^3</td><td>工程量</td><td>153.76</td></tr>
<tr><td colspan="14">清单综合单价组成明细</td></tr>
<tr><td rowspan="2">定额编号</td><td rowspan="2">定额名称</td><td rowspan="2">定额单位</td><td rowspan="2">数量</td><td colspan="5">定额综合单价</td><td colspan="5">清单项目合价</td></tr>
<tr><td>人工费</td><td>材料费</td><td>机械费</td><td>管理费利润</td><td>一般风险费</td><td>人工费</td><td>材料费</td><td>机械费</td><td>管理费利润</td><td>一般风险费</td></tr>
<tr><td>AE0073</td><td>有梁板</td><td>$10m^3$</td><td>15.376</td><td>366.63</td><td>5089.33</td><td>3.08</td><td>1156.57</td><td>46.86</td><td>563.73</td><td>7825.35</td><td>4.74</td><td>1778.34</td><td>72.051</td></tr>
<tr><td colspan="4">小计</td><td colspan="5">6662.47</td><td colspan="5">102442.60</td></tr>
<tr><td colspan="9">清单项目综合单价＝6662.47/10＝666.25</td><td colspan="5">清单项目合价＝666.25×153.76＝102442.60</td></tr>
</table>

根据表 3 - 12 综合单价和合价的计算结果，有梁板的分部分项工程量清单计价表（限价）见表 3 - 13。

表 3 - 13　　分部分项工程量清单计价表（有梁板限价）

项目编码	项目名称	项目特征	计量单位	工程量	综合单价（元）	合价（元）
0105050011001	有梁板	1. 混凝土种类：商品混凝土 2. 混凝土强度等级：C30	m^3	153.76	666.25	102442.60

（2）第二类：当《计量规范》的计量单位及工程量计算规则与《消耗量定额》一致，清单项目特征与定额工作内容不一致，需二个及以上的定额子目组成时，计算公式为

$$清单项目综合单价 = \sum(消耗量定额综合单价 / 定额单位) \quad (3-3)$$

【例 3 - 4】 重庆市某法院新建办公楼工程天棚油漆的分部分项工程量清单计价表（招标）摘录见表 3 - 14，试完成表 3 - 14 中该天棚抹灰面油漆项目的综合单价和合价，作为主要清单项目限价。

表 3 - 14　　分部分项工程量清单计价表（A. 14 油漆、涂料、裱糊工程）

项目编码	项目名称	项目特征	计量单位	工程量	综合单价（元）	合价（元）
0114060011002	天棚抹灰面油漆	1. 基层类型：抹灰面 2. 腻子种类：成品腻子粉 3. 油漆种类及遍数：乳胶漆二遍（一底一面）	m^2	47.64		

解 天棚抹灰面腻子、油漆的清单计量单位、工程量计算规则与 2018 年《重庆市房屋建筑与装饰工程计价定额》天棚抹灰面腻子、天棚油漆定额子目一致，根据项目特征需要腻子、油漆等多个定额子目组价，综合单价组价过程见表 3 - 15。

表 3 - 15　　分部分项工程量清单项目综合单价计算表　　单位：元

<table>
<tr><td>项目编码</td><td colspan="2">0114060011002</td><td>项目名称</td><td colspan="2">天棚抹灰面油漆</td><td colspan="2">计量单位</td><td>m²</td><td colspan="2">工程量</td><td>47.64</td></tr>
<tr><td colspan="12">清单综合单价组成明细</td></tr>
<tr><td rowspan="2">定额编号</td><td rowspan="2">定额名称</td><td rowspan="2">定额单位</td><td rowspan="2">数量</td><td colspan="6">定额项目综合单价</td><td>清单综合单价</td><td>合价</td></tr>
<tr><td>人工费</td><td>材料费</td><td>机械费</td><td>管理费利润</td><td>一般风险费</td><td>小计</td><td>25.12</td><td>1196.72</td></tr>
<tr><td>LE0153</td><td>天棚乳胶漆二遍换</td><td>10m²</td><td>4.764</td><td>93.53</td><td>35.23</td><td>0</td><td>22.34</td><td>1.59</td><td>152.69</td><td>15.269</td><td>727.42</td></tr>
<tr><td>LE0176</td><td>刮成品腻子粉换</td><td>10m²</td><td>4.764</td><td>61.78</td><td>20.93</td><td>0</td><td>14.75</td><td>1.05</td><td>98.51</td><td>9.851</td><td>469.30</td></tr>
<tr><td colspan="9">清单项目综合单价=(152.69+98.51)/10=25.12</td><td colspan="3">清单项目合价=47.64×25.12=1196.72</td></tr>
</table>

根据表 3 - 15 综合单价和合价的计算结果，有梁板的分部分项工程量清单计价表（限价）见表 3 - 16。

表 3-16　　分部分项工程量清单计价表（天棚抹灰面油漆限价）

项目编码	项目名称	项目特征	计量单位	工程量	综合单价（元）	合价（元）
0114060011002	天棚抹灰面油漆	1. 基层类型：抹灰面 2. 腻子种类：成品腻子粉 3. 油漆种类及遍数：乳胶漆二遍（一底一面）	m^2	47.64	25.12	1196.72

（3）第三类：清单工程量和计量单位与定额工程量、定额单位不一致时，清单综合单价计算公式为

$$清单综合单价 = (\sum 定额工程量 \times 消耗量定额综合单价)/清单工程量 \quad (3-4)$$

【例 3-5】 重庆市某法院新建办公楼工程散水的分部分项工程量清单计价表（招标）摘录见表 3-17，试完成表 3-17 中该散水项目的综合单价和合价，作为主要清单项目限价。

表 3-17　　分部分项工程量清单计价表（A.5 混凝土及钢筋混凝土工程）

项目编码	项目名称	项目特征	计量单位	工程量	综合单价（元）	合价（元）
010507001001	散水	1. 垫层材料厚度、种类：100 厚碎石 2. 面层厚度：60mm 3. 混凝土强度等级：C15 4. 混凝土种类：自拌混凝土 5. 填塞材料种类：沥青油灌缝	m^2	60.57		

解　散水清单的项目特征可以看出，综合单价由多个消耗量定额子目组价完成，并且消耗量定额与清单在计量单位、工程量上都存在差异，但组价原理都一样，按式（3-4）组价见表 3-18。

表 3-18　　分部分项工程量清单项目综合单价计算表　　单位：元

项目编码	010507001001		项目名称	散水			计量单位	m^2	工程量	62.19
清单综合单价组成明细										
定额编号	定额名称	定额单位	数量	定额项目综合单价					清单综合单价	合价
				人工费	材料费	机械费	管理费利润	一般风险费	小计	97.17	6043.00
AD0234	碎石干铺垫层	$10m^3$	0.6219	521.56	2357.42	8.03	184.65	7.48	3079.14	307.91	1914.92
AE0100	C15 自拌混凝土排水坡 60mm 换	$100m^2$	0.6219	1877.92	2740.36	171.92	719.94	29.17	5539.31	55.39	3444.90
AJ0040	沥青油灌缝	100m	0.6550	439.23	443.39	0	154.54	6.26	1043.42	10.43	683.44
清单综合单价＝(6.219×307.91＋62.19×55.39＋65.5×10.43)/62.19＝97.17										清单项目合价＝62.19×97.17＝6043.00	

根据表3-18综合单价和合价的计算结果，有梁板的分部分项工程量清单计价表（限价）见表3-19。

表3-19 分部分项工程量清单计价表（散水限价）

项目编码	项目名称	项目特征	计量单位	工程量	综合单价（元）	合价（元）
010507001001	散水	1. 垫层材料厚度、种类：100厚碎石 2. 面层厚度：60mm 3. 混凝土强度等级：C15 4. 混凝土种类：自拌混凝土 5. 填塞材料种类：沥青油灌缝	m^2	62.19	97.17	6043.00

四、组价消耗量定额的调整方法

消耗量定额的使用，除直接套用使用外，调整方式分为定额换算和定额补充两类。

（一）定额换算

当工程做法要求与定额内容不完全相同，且定额规定允许调整换算时，可以进行定额换算。常用的定额换算主要有材料种类换算、消耗量调整和系数调整三种情形。

1. 材料种类换算

当消耗量定额中的材料与施工图设计要求不同，定额规定允许可以换算时，换算前后该种材料的消耗量不变，只是材料的价格不同，其实质就是“材料和价格一并替换”。如消耗量定额编制的是20mm厚1∶3水泥砂浆找平层，若施工图中找平层设计采用1∶2.5水泥砂浆，则在套用该定额时需将1∶3的水泥砂浆换算成1∶2.5的水泥砂浆，消耗量不变。

材料换算公式为

换算后定额单价＝换算前定额单价＋(换入材料定额单价－换出材料定额单价)×材料定额消耗量

【例3-6】 2022年2月，重庆市永川区新建某高层建筑，首层200mm厚混凝土直形剪力墙设计采用C45商品混凝土。参照2018年《重庆市房屋建筑与装饰工程计价定额》项目设置，套用定额AE0052，定额综合单价是3297.81元/10m^3，混凝土定额消耗量为9.875m^3。重庆2018定额考虑的商品混凝土统一预算单价266.99元（不含税），查2022年2月《重庆工程造价信息》永川区商品混凝土不含税价为544元/m^3。调整后的定额单价计算过程为

调整后单价＝3297.81＋（544－266.99）× 9.875＝ 6033.28元/10m^3

2. 消耗量调整

当施工图设计做法与定额消耗量考虑的内容不同时，可以对定额材料消耗量按其规定的方法进行调整，不得超出定额规定的调整范围，从执行定额的角度，未规定调整的消耗量一律不得调整。如2018年《重庆市房屋建筑与装饰工程计价定额》中镶贴块料子目中，面砖分别按缝宽5mm和密缝考虑，如灰缝宽度不同时，其块料及灰缝材料（水泥砂浆1∶1）用量允许调整，其余不变。调整公式为

10m^2块料用量 ＝ 10m^2(1＋损耗率)/[(块料长＋灰缝宽)×(块料宽＋灰缝宽)]

10m^2灰缝砂浆用量 ＝ (10m^2－块料长×块料宽×10m^2相应灰缝的块料用量)×灰缝深×(1＋

损耗率）

上式中的面砖损耗及砂浆损耗率在密缝定额子目消耗量中查阅。

3. 系数调整

在消耗量定额中，由于设计图纸、施工条件和施工方法等不同，某些定额项目可以通过乘以换算系数来调整施工条件或方法的差异对定额消耗量的影响，满足实际使用消耗定额的需要，每个分部定额说明中都有系数的使用规定。乘以系数时首先要注意基数问题要正确；其次是遇到一个定额子目需要乘以两个及其以上的系数时，这两个系数是“相加”还是“连乘”的关系，这个关系根据地区消耗量定额的规定，如湖北 2018 定额总说明中规定“遇有两个或两个以上系数时，按连乘法计算。”2018 年《重庆市房屋建筑与装饰工程计价定额》系数调整方法摘录见表 3-20。

表 3-20 重庆 2018 定额系数调整方法（摘录）

序号	定额说明	设计图或施工条件	基数	换算后
1	凿打钢筋混凝土构件时，按相应人工凿坚硬岩定额子目乘以 1.8	遇到钢筋混凝土构件	定额子目	1.8×定额子目
2	机械开挖、运输淤泥、流砂时，按相应机械挖、运土方定额子目乘以系数 1.4	遇到淤泥	定额子目	1.4×定额子目
3	人工挖孔桩挖土石方定额子目未考虑边排水边施工的工效损失，如遇边排水边施工时，抽水机台班和排水用工按实签证，挖孔人工按相应挖孔桩土方定额子目，人工乘以系数 1.3，石方定额子目人工乘以系数 1.2	人工挖孔桩遇到边排水边施工	人工	土方：定额子目，1.3×定额人工 石方：定额子目，1.2×定额人工
4	沟槽、基坑垫层按楼地面工程垫层相应子目，人工乘以系数 1.2，材料乘以系数 1.05 执行	基础垫层	人工材料	定额子目，其中 1.4×定额人工、1.05×定额材料
5	跌级天棚基层及面层按平面相应定额子目，人工乘以系数 1.2	跌级天棚	人工	平面天棚定额子目，其中 1.2×定额人工

（二）定额补充

1. 补充定额子目材料

补充定额子目材料也是工程中比较常见的情况，例如混凝土、水泥砂浆中添加膨胀剂、防水剂等外加剂，按照设计、规范、经批准的施工组织设计等要求的外加剂品种、用量或掺入比例，用量按照理论用量加损耗计算。价格如果本地区材料要进入基价取费计算，按材料基价进入定额单价，然后再调市场价差；如果材料不作为取费基础，则直接按市场价进入定额单价。

2. 补充定额子目

当设计图纸中的项目，在消耗量定额中没有对应或通过换算解决的定额子目，可以做临时性的补充定额进行组价。补充方法有定额代换法和定额编制法两种。定额代换法是利用性质相似、材料大致相同，施工方法又很接近的定额项目，将类似项目分解套用或考虑增减定额系数调整使用。定额编制法是指材料用量按图纸的构造做法及相应的计算公式计算，并加入规定的损耗率。人工及机械台班使用量，可按照劳动定额、机械台班消耗定额计算。

第三节　费率法清单项目计价

费率清单项目是指清单五要素中只有项目编码和项目名称，无项目特征、工程量的工程量清单，一般以“项”为单位计价。如总价措施费、安全文明施工费、总承包服务费、规费和税金等。

一、费率标准的特点

1. 地区差异性

各地区的费率大小不同，存在地区差异性，主要原因有以下四点：

（1）各省市的经济水平、技术水平、工程特点、工料机要素价格等都存在地域性特点。

（2）各省市地区的费率计算基础不一致。人工费、人工费＋机具费、人材机之和等这三种计算基础中的一种或两种，所以费率标准有差异。

（3）各省市的《建筑安装工程费用项目组成》内容都存在地区差异化，在费用归属、地区费用项目都有不同的做法。例如安全文明施工费有的省市没有列入总价措施费，作为不可竞争费用列入规费；“营改增”后，城市建设维护税、教育费附加、地方教育费附加（简称附加税）并入企业管理费，有的省市把附加税和增值税一起放在税金项目清单中计算。

（4）各省市划分的要素、口径不一致。例如“工程类别”有的省市不区分，统一一个费率标准；通用“土石方工程”的取费口径各省市不同，有省市区分土石方工程量大小、施工方式不同进行单独取费的做法。

2. 适时动态性

各省市每个专业消耗量定额及基价表中的定额费率，是根据编制基期时人工、材料、机械价格水平进行测算的，使用过程中应根据国家、省市地区的最新政策文件要求，以及人工、机械台班市场价格的变化，会适时调整总价措施项目费、企业管理费、利润、规费等费率。

3. 计算口径一致性

（1）与计税方式的一致性。增值税的计税方式有一般计税法和简易计税法两种，因此管理费、利润、总价措施费、安全文明施工费、总承包服务费、规费等费率，各省市也编制了两种费率与之相对应，保持计算口径一致。

（2）与工作内容的一致性。有的费率是一个范围值，需要根据工作内容合理确定一个费率，使工作内容与费率大小保持一致性。例如总承包服务费就需要根据服务工作内容确定。

4. 专业工程的归属性

建筑安装工程中的费率一般是按单位工程取费，少数地区也有按分部取费的。不同专业工程有不同的费率，使用时一般是按单位工程的专业归属进行取费。例如房屋建筑、装饰工程、安装工程、市政工程等编制不同的费率，借用其他专业定额子目一般也是按本专业进行取费。

二、总价措施项目费的计价

（一）安全文明施工费

1. 安全文明施工费的计价原则

《计价规范》第 3.1.5 条规定，措施项目中的安全文明施工费必须按国家或省级、行业建设主管部门的规定计算，不得作为竞争性费用。所以各地区实施的费用计算细则不同，《计价规范》在各个阶段的计价原则如下：

（1）最高投标限价：按本省市主管部门规定计算安全文明施工费。

（2）投标报价：按招标文件公布的安全文明施工费金额填报，不得下浮。

（3）结算调整：①结算时按最新的文件规定应做相应调整；②按安全文明施工评定分数或等级做相应调整。

2. 安全文明施工费的计价办法

安全文明施工费的计价办法存在地区差异，以重庆市现行为例，安全文明施工费计算依据《重庆市建设工程安全文明施工费计取及使用管理规定》（渝建发〔2014〕25 号）、2018《重庆市建设工程费用定额》和《关于调整建设施工现场形象品质提升安全文明施工费计取的通知》（渝建管〔2020〕97 号）三个文件计算。计算办法见表 3-21。

表 3-21 重庆市安全文明施工费计算办法

专业工程	计算基础	一般计税法	简易计税法
住宅工程	工程造价	3.59%	3.74%
公共建筑工程			
工业建筑工程		3.41%	3.55%
土石方工程	开挖土石方量	0.77 元/m^3	0.85/m^3

（二）其他总价措施费

其他总价措施费包括夜间施工增加费、已完工程及设备保护、冬雨季施工增加费、工程定位复测费、二次搬运费等内容。

1. 其他总价措施费的计价原则

其他总价措施费的计价原则因施工组织设计不同，也存在计价差异，《计价规范》在各个阶段的计价原则如下：

（1）最高投标限价：依据拟定招标文件和常规施工方案计算，此时没有编制施工组织设计，只能按常规的方式考虑编制最高限价。

（2）投标报价：应根据招标文件及投标时拟定的施工组织设计或施工方案自主确定。由于各投标人拥有的施工装备、技术水平和采用的施工方法有所差异，招标人提出的措施项目清单是根据一般情况确定的，没有考虑不同投标人的“个性”，投标人投标时应根据自身编制的投标施工组织设计（或施工方案）确定措施项目，投标人根据投标施工组织设计（或施工方案）调整和确定的措施项目应通过评标委员会的评审。

（3）施工阶段：工程变更引起施工方案改变并使措施项目发生变化时，承包人提出调整措施项目费的，应事先将拟实施的方案提交发包人确认，并应详细说明与原方案措施项目相比的变化情况，拟实施的方案经发承包双方确认后执行。

（4）结算调整：依据合同约定，已标价工程量清单的措施项目和金额计算。发生调整的，应以发承包双方确认调整的金额计算，如经批准的施工组织设计按实发生的，双方应认可确认。

2. 其他总价措施费的计价办法

其他总价措施费的计价办法存在地区差异，以重庆市现行计价为例，其他总价措施费计算办法及费率见表 3 - 22。

表 3 - 22 其他总价措施费计算办法

专业工程	计算基础	一般计税法	简易计税法
住宅工程	人工费＋机械费	6.88%	7.31%
公共建筑工程		6.20%	6.61%
工业建筑工程		7.90%	8.42%
机械土石方工程		4.80%	5.11%
人工土石方工程	人工费	8.63%	9.19%
装饰工程	人工费	11.88%	12.37%

三、其他项目清单费的计价

其他项目清单中按费率计价的是计日工和总承包服务费。

（一）计日工的计价

1. 计日工的计价原则

（1）最高投标限价：编制最高投标限价时，对计日工中的人工单价和施工机械台班单价应按省级、行业建设主管部门或其授权的工程造价管理机构公布的单价计算；材料应按工程造价管理机构发布的工程造价信息中的材料单价计算，工程造价信息未发布材料单价的材料，其价格应按市场调查确定的单价计算。

（2）投标报价：计日工应按照招标工程量清单列出的项目和估算的数量，自主确定各项综合单价并计算费用。

（3）施工阶段：任一计日工项目实施结束后，承包人应按照确认的计日工现场签证报告核实该类项目的工程数量，并应根据核实的工程数量和承包人已标价工程量清单中的计日工单价计算，提出应付价款；已标价工程量清单中没有该类计日工单价的，由发承包双方按合同规定程序和办法商定计日工单价计算。

（4）结算阶段：计日工费用应按发包人实际签证确认的数量和相应项目综合单价计算。

2. 计日工的计价办法

计日工的数量从编制最高投标限价时的估算，到施工阶段通过现场签证确认，其计价办法以重庆为例，计日工的计价办法如下：

（1）计日工中的人工、材料、机械单价按建设项目实施阶段市场价格确定；计费基价人工执行 2018 年各专业工程计价定额中相应的工种单价标准，材料、机械执行各专业计价定额单价；市场价格与计费基价之间的价差单调。

（2）综合单价按相应专业工程费用标准及计算程序计算，但不再计取一般风险费。

（二）总承包服务费的计价

1. 总承包服务费的计价原则

（1）最高投标限价：总承包服务费应根据招标工程量清单列出的内容和要求估算。

（2）投标报价：总承包服务费应根据招标工程量列出的专业工程暂估价内容和供应材料、设备情况，按照招标人提出协调、配合与服务的要求和施工现场管理需要自主确定。

（3）结算阶段：总承包服务费应依据已标价工程量清单的金额计算，发承包双方依据合同约定对总承包服务费进行调整，应按调整后的金额计算。

2. 总承包服务费的计价办法

编制最高投标限价时，总承包服务费应按照省级或行业建设主管部门的规定计算，《计价规范》在条文说明中列出的标准供参考使用。

（1）当招标人仅要求总包人对其发包的专业工程进行施工现场协调和统一管理、对施工资料进行统一汇总整理等服务时，总包服务费按发包的专业工程估算造价的1.5%左右计算。

（2）当招标人要求总包人对其发包的专业工程既进行总承包管理和协调，又要求提供相应配合服务时，总承包服务费根据招标文件列出的配合服务内容，按发包的专业工程估算造价的3%～5%计算。

（3）招标人自行供应材料、设备的，按招标人供应材料、设备价值的1%计算。

以重庆为例，总承包服务费以分包工程的造价或人工费为计算基础，费用标准见表3-23。

表3-23　重庆市总承包服务费计算办法

分包工程	计算基础	一般计税方法	简易计税方法
房屋建筑工程	分包工程造价	2.82%	3%
装饰、安装工程	分包工程人工费	11.32%	12%

四、规费和税金的计价

（一）规费和税金的计价原则

1. 强制性原则

规费和税金的计取标准是依据有关法律、法规和政策规定制定的，具有强制性。投标人是法律、法规和政策的执行者，既不能改变，更不能制定，而必须按照法律、法规、政策的有关规定执行。招标人、投标人在投标报价时必须按照国家或省级、行业建设主管部门的有关规定计算规费和税金，这是投标人对规费和税金投标报价的原则。

2. 适用性原则

税金根据增值税的性质，分为一般计税法和简易计税法，但每种方法具有适用性原则的规定。简易计税法目前可以选择适用的情形是：老工程、清包工、甲供材（发包人提供的材料和工程设备）。如果没有清包工、甲供材的新工程难以适用简易计税法，还需要税务部门的审批和发包人的许可，仅可能适用于不需要抵扣增值税的发包人。

3. 真实性原则

真实性原则又称实际发生原则，例如规费中的环境保护税应按工程所在地环境保护部门规定的标准缴纳后按实列入。

刑法有虚开增值税专用发票罪。虚开增值税专用发票或者虚开用于骗取出口退税、抵扣税款的其他发票，是指有为他人虚开、为自己虚开、让他人为自己虚开、介绍他人虚开行为之一的，违反有关规定，使国家造成损失的行为。

（二）规费和税金的计价办法

1. 规费的计价办法

规费包含的费用内容具有显著的地区差异性。如四川按企业资质等级不同规费有差异，重庆、湖北等不分企业资质等级，只要资质等级允许范围内能承包该工程项目，无论哪家来承包，规费都一个标准计取。以重庆为例，规费的计算办法见表3-24。

表 3-24 规费的计算办法

<table>
<tr><th>专业工程</th><th>计算基础</th><th>规费费率</th></tr>
<tr><td>住宅工程</td><td rowspan="4">人工费＋机械费</td><td rowspan="3">10.32％</td></tr>
<tr><td>公共建筑工程</td></tr>
<tr><td>工业建筑工程</td></tr>
<tr><td>机械土石方工程</td><td>7.20％</td></tr>
<tr><td>人工土石方工程</td><td>人工费</td><td>15.13％</td></tr>
<tr><td>装饰工程</td><td>人工费</td><td>8.20％</td></tr>
</table>

2. 税金的计价办法

（1）一般计税法。一般纳税人发生应税行为适用一般计税方法计税，是指国家税法规定的应计入建筑安装工程造价内的增值税销项税。

一般计税法下，分部分项工程费、措施项目费、其他项目费等的组成内容为不含进项税的价格，计税基础为不含进项税额的不含税工程造价。

应纳税额＝当期销项税额－当期进项税额

当期销项税额＝销售额×增值税税率（9％）

销售额：是指纳税人发生应税行为取得的全部价款和价外费用。

（2）简易计税法。简易计税法适用小规模纳税人发生应税行为，其增值税指国家税法规定的应计入建筑安装工程造价内的应交增值税。

简易计税法下，分部分项工程费、措施项目费、其他项目费等的组成内容均为含进项税的价格，计税基础为含进项税额的不含税工程造价。

应纳税额＝销售额×征收率（3％）

销售额：指纳税人发生应税行为取得的全部价款和价外费用，扣除支付的分包款后的余额为销售额。应纳税额的计税基础是含进项税额的工程造价。

1. 比较最高投标限价、投标报价和竣工结算的编制一般规定和编制依据的异同点。
2. 最高投标限价中的综合单价法编制时，应查找的文件资料、已知条件或数据有哪些？
3. 列出本省市采用费率法计算清单子目，并列出费率和相对应的具体计算基数。

第二篇　工程量清单计价理论

第四章　房屋建筑工程工程量清单编制

学习目标

1. 重点掌握建筑工程专业清单规范及其应用说明。
2. 会清单项目设置、懂项目特征描述、能组综合单价。
3. 研讨造价改革省市的定额，树立科学探究精神。

第一节　土 石 方 工 程

本节配套数字资源及习题

一、清单工程量计算规范

（一）土方工程

土方工程量清单项目设置、项目特征描述的内容、计量单位及工程量计算规则，应按表4-1的规定执行。

表4-1　　土方工程（编号：010101）

项目编码	项目名称	项目特征	计量单位	工程量计算规则	工作内容
010101001	平整场地	1. 土壤类别 2. 弃土运距 3. 取土运距	m^2	按设计图示尺寸以建筑物首层建筑面积计算	1. 土方挖填 2. 场地找平 3. 运输
010101002	挖一般土方	1. 土壤类别 2. 挖土深度 3. 弃土运距	m^3	按设计图示尺寸以体积计算	1. 排地表水 2. 土方开挖 3. 围护（挡土板）、支撑 4. 基底钎探 5. 运输
010101003	挖沟槽土方			按设计图示尺寸以基础垫层底面积乘以挖土深度计算	
010101004	挖基坑土方				
010101005	冻土开挖	1. 冻土厚度 2. 弃土运距		按设计图示尺寸开挖面积乘以厚度以体积计算	1. 爆破 2. 开挖 3. 清理 4. 运输
010101006	挖淤泥、流砂	1. 挖掘深度 2. 弃淤泥、流砂距离		按设计图示位置、界限以体积计算	1. 开挖 2. 运输

续表

项目编码	项目名称	项目特征	计量单位	工程量计算规则	工作内容
010101007	管沟土方	1. 土壤类别 2. 管外径 3. 挖沟深度 4. 回填要求	1. m 2. m^3	1. 以米计量，按设计图示以管道中心线长度计算 2. 以立方米计量，按设计图示管底垫层面积乘以挖土深度计算；无管底垫层按管外径的水平投影面积乘以挖土深度计算。不扣除各类井的长度，井的土方并入管沟土方	1. 排地表水 2. 土方开挖 3. 围护（挡土板）、支撑 4. 运输 5. 回填

（二）石方工程

石方工程量清单项目设置、项目特征描述的内容、计量单位及工程量计算规则，应按表 4-2 的规定执行。

表 4-2　　石方工程（编号：010102）

项目编码	项目名称	项目特征	计量单位	工程量计算规则	工作内容
010102001	挖一般石方	1. 岩石类别 2. 开凿深度 3. 弃碴运距	m^3	按设计图示尺寸以体积计算	1. 排地表水 2. 凿石 3. 运输
010102002	挖沟槽石方			按设计图示尺寸沟槽底面积乘以挖石深度以体积计算	
010102003	挖基坑石方			按设计图示尺寸基坑底面积乘以挖石深度以体积计算	
010102004	挖管沟石方	1. 岩石类别 2. 管外径 3. 挖沟深度	1. m 2. m^3	1. 以米计量，按设计图示以管道中心长度计算 2. 以立方米计量，按设计图示截面积乘以长度计算	1. 排地表水 2. 凿石 3. 回填 4. 运输

（三）回填

回填工程量清单项目设置、项目特征描述的内容、计量单位及工程量计算规则，应按表 4-3 的规定执行。

表 4-3　回填（编号：010103）

项目编码	项目名称	项目特征	计量单位	工程量计算规则	工作内容
010103001	回填方	1. 密实度要求 2. 填方材料品种 3. 填方粒径要求 4. 填方来源、运距	m^3	按设计图示尺寸以体积计算 1. 场地回填：回填面积乘平均回填厚度 2. 室内回填：主墙间面积乘回填厚度，不扣除间隔墙 3. 基础回填：挖方体积减去自然地坪以下埋设的基础体积（包括基础垫层及其他构筑物）	1. 运输 2. 回填 3. 压实
010103002	余方弃置	1. 废弃料品种 2. 运距	m^3	按挖方清单项目工程量减利用回填方体积（正数）计算	余方点装料运输至弃置点

二、计量规范应用说明

（一）清单项目列项

根据土石方工程分部清单规范项目名称和项目特征可知，列项首先需要根据地勘资料划分土石成分，其次结合工程开挖部位属于一般土石方、沟槽、基坑等，最后按施工顺序开挖、回填、运输等进行清单项目设置。

（1）平整场地项目是指建筑物场地厚度≤±300mm 的挖、填、运、找平。建筑物场地厚度≤±300mm 的全挖、厚度>±300mm 的竖向布置挖土（石）或山坡切土（凿石）应按挖一般土方（石）项目编码列项。

（2）沟槽、基坑、一般土（石）方的划分：底宽≤7m，底长>3 倍底宽为沟槽；底长≤3 倍底宽、底面积≤150m^2 为基坑；超出上述范围则为一般土（石）方。

（3）土壤的分类应按表 4-4 确定，列项时土壤类别不能准确划分时，可以综合土壤分类编制清单。

表 4-4　土壤分类表

土壤分类	土壤名称	开挖方法
一、二类土	粉土、砂土（粉砂、细砂、中砂、粗砂、砾砂）、粉质黏土、弱中盐渍土、软土（淤泥质土、泥炭、泥炭质土）、软塑红黏土、冲填土	用锹、少许用镐、条锄开挖。机械能全部直接铲挖满载者
三类土	黏土、碎石土（圆砾、角砾）混合土、可塑红黏土、硬塑红黏土、强盐渍土、素填土、压实填土	主要用镐、条锄、少许用锹开挖。机械需部分刨松方能铲挖满载者或可直接铲挖但不能满载者
四类土	碎石土（卵石、碎石、漂石、块石）、坚硬红黏土、超盐渍土、杂填土	全部用镐、条锄挖掘、少许用撬棍挖掘。机械须普遍刨松方能铲挖满载者

（4）岩石的分类应按表 4 - 5 确定，列项时因岩石分类价格差异较大，一般结合本地区定额岩石分类情况，进行分类列项编制清单。根据地质勘探报告判断岩土类别时，出现岩石地层的坚硬程度等级与代表性岩石不一致时，可按该岩石地层的饱和单轴极限抗压强度判断坚硬程度等级，并依此坚硬程度等级判断岩土类别。

表 4 - 5　岩石分类表

岩石分类		代表性岩石	开挖方法
极软岩		1. 全风化的各种岩石 2. 各种半成岩	部分用手凿工具、部分用爆破法开挖
软质岩	软岩	1. 强风化的坚硬岩或较硬岩 2. 中等风化—强风化的较软岩 3. 未风化—微风化的页岩、泥岩、泥质砂岩等	用风镐和爆破法开挖
	较软岩	1. 中等风化—强风化的坚硬岩或较硬岩 2. 未风化—微风化的凝灰岩、千枚岩、泥灰岩、砂质泥岩等	用爆破法开挖
硬质岩	较硬岩	1. 微风化的坚硬岩 2. 未风化—微风化的大理岩、板岩、石灰岩、白云岩、钙质砂岩等	用爆破法开挖
	坚硬岩	未风化—风化的花岗岩、闪长岩、辉绿岩、玄武岩、安山岩、片麻岩、石英岩、石英砂岩、硅质砾岩、硅质石灰岩等	用爆破法开挖

（5）挖方出现流砂、淤泥时，如设计未明确，在编制工程量清单时，其工程数量可为暂估量，结算时应根据实际情况由发包人与承包人双方现场签证确认工程量。

（6）挖土方如需截桩头时，应按桩基工程截（凿）桩头项目（010301004）列项。

（7）挖沟槽土方适用于房屋建筑的基础沟槽开挖，管沟土（石）方项目适用于管道（给排水、工业、电力、通信）、光（电）缆沟［包括人（手）孔、接口坑］及连接井（检查井）等。

（8）管沟土（石）方项目编制清单时优先选用 m^3 为计量单位，减少清单编制子目数量，更适用于不同管径的挖方。

（9）回填方总工程量中若包括场内平衡和缺方内运两部分时，为便于区分报价，可分别编码列项。借土回填、淤泥、流砂和废泥浆外运时，可参考表 4 - 6 补充项目清单进行编制。

表 4 - 6　土石方分部补充（编号：01010B）

项目编码	项目名称	项目特征	计量单位	工程量计算规则	工作内容
01010B001	缺土购置	1. 土方来源 2. 运距	m^3	按挖方清单项目工程量减利用回填方体积（负数）计算	1. 土方购置 2. 取料点装土、运输至缺土点、卸土

续表

项目编码	项目名称	项目特征	计量单位	工程量计算规则	工作内容
01010B002	淤泥、流砂外运	1. 废弃料品种 2. 淤泥、流砂装料点运输至弃置点或运距	m^3	按设计图示位置、界限以体积计算	淤泥、流砂装料点运输至弃置点
01010B003	废泥浆外运	泥浆排运起点 至卸点或运距	m^3	按设计图示尺寸成孔（成槽）部分的体积计算	装卸泥浆、运输清理场地

（二）项目特征描述

（1）土壤类别。编制人根据招标人提供的地勘报告并按表 4 - 4 进行描述，可描述为“一类土、二类土、三类土、四类土”。如土壤类别不能准确划分时，招标人可描述为“综合”，由投标人根据地勘报告决定报价。

（2）岩石类别。可按表 4 - 5 的一级分类可描述为“极软岩、软质岩、硬质岩”，按二级分类可描述为“极软岩、软岩、较软岩、较硬岩、坚硬岩”，具体应用时可结合本地区定额划分方式，如重庆地区 2018 定额将岩石类别划分为：软质岩、较硬岩、坚硬岩三种类别。

（3）开挖深度。是指挖土深度或开凿深度，开挖起点标高是指交付施工场地标高确定，无交付施工场地标高时，应按自然地面标高确定；开挖沟槽（基坑）底标高是指基础垫层底表面的标高，注意不是室外地坪标高。室外地坪标高是指建筑物基本竣工完成后，施工建筑物室外周边环境形成的标高。

特征描述时，挖一般土（石）方多数定额子目划分特点，未区分挖土深度，“挖土深度”这个项目特征对组价不影响，因此可以不描述或描述为“综合”；挖沟槽土（石）方、挖基坑土（石）方清单中的项目特征“挖土深度（开凿深度）”可根据定额步距描述为：“2m 以内、4m 以内、6m 以内”等。

（4）平整场地若±30cm 以内的全挖方或填方，需外运土（石）方，应描述弃土（碴）运距或弃土（碴）地点；借土（石）回填时，应描述取土（石）运距。

（5）土石方运距，是指取土（石）运距或弃土（碴）运距，弃、取土运距可以不描述，但应注明由投标人根据施工现场实际情况自行考虑，决定报价。也可以区分场内外运距，场内运输取（弃）土运距还可以根据定额运输步距描述为“20m 以内、40m 以内、60m 以内”等；场外运输还可以按 km 为单位描述为“1km 以内、2km 以内、5km 以内”等。

（6）桩间挖土（石）不扣除桩的体积，并在项目特征中加以描述。

（7）填方密实度要求，在无特殊要求情况下，项目特征可描述为满足设计和规范的要求。

（8）填方材料品种可以不描述，但应注明由投标人根据设计要求验方后方可填入，并符合相关工程的质量规范要求。

（9）填方粒径要求，在无特殊要求情况下，项目特征可以不描述。

（10）如需买土回填应在项目特征填方来源中描述，并注明买土方数量。

（三）组价相关说明

（1）土石方体积的换算。清单中土石方开挖、运输工程量均为挖掘前的天然密实体积，土方回填工程量是竣工体积，若为非天然密实土方，应按表 4-7 系数折算，石方体积的折算可参考本地区定额规定的系数折算。

表 4-7 土石方体积换算系数表

名称	虚方	松填	天然密实	夯填
土方	1.00	0.83	0.77	0.67
	1.20	1.00	0.92	0.80
	1.30	L08	1.00	0.87
	1.50	1.25	1.15	1.00
石方	1.00	0.85	0.65	—
	1.18	1.00	0.76	—
	1.54	1.31	1.00	—
块石	1.75	1.43	1.00	（码方）1.67
砂夹石	1.07	0.94	1.00	

注 1. 虚方指未经碾压、堆积时间≤1 年的土壤。

2. 设计密实度超过规定的，填方体积按工程设计要求执行；无设计要求按各省、自治区、直辖市或行业建设行政主管部门规定的系数执行。

（2）余方弃置组价时，注意工程量计算规则中的“利用回填方体积”的理解，把回填的工程量在计算外运时，按表 4-7 中的系数换算为天然密实体积，即

余方运输体积＝挖方体积－回填方体积(换算为天然密实体积)

（3）考虑工作面和放坡增加的工程量地区规则。挖沟槽、基坑、一般土方因工作面和放坡增加的工程量（管沟工作面增加的工程量），是否并入各土方工程量中，按各省、自治区、直辖市或行业建设主管部门的规定实施，如并入各土方工程量中，办理工程结算时，按经发包人认可的施工组织设计规定计算，编制工程量清单时，可按表 4-8～表 4-10 规定计算。例如重庆市规定挖沟槽、基坑、管沟、一般土方因工作面和放坡增加的工程量并入各土方（清单）工程量中，即清单工程量等于组价定额工程量；上海市清单实施补充规定的土方工作面和放坡的工程量，要求投标人考虑在综合单价中。

表 4-8 放坡系数表

土类别	放坡起点（m）	人工挖土	机械挖土		
			在坑内作业	在坑上作业	顺沟槽在坑上作业
一、二类土	1.20	1∶0.5	1∶0.33	1∶0.75	1∶0.5
三类土	1.50	1∶0.33	1∶0.25	1∶0.67	1∶0.33
四类土	2.00	1∶0.25	1∶0.10	1∶0.33	1∶0.25

注 1. 沟槽、基坑中土类别不同时，分别按其放坡起点、放坡系数、依不同土类别厚度加权平均计算。

2. 计算放坡时，在交接处的重复工程量不予扣除，原槽、坑作基础垫层时，放坡自垫层上表面开始计算。

表 4-9 基础施工所需工作面宽度计算表

基础材料	每边各增加工作面宽度（mm）
砖基础	200
浆砌毛石、条石基础	150
混凝土基础垫层支模板	300
混凝土基础支模板	300
基础垂直面做防水层	1000（防水层面）

注 本表按《全国统一建筑工程预算工程量计算规则》（GJDGZ—101—95）整理。

表 4-10 管沟施工每侧所需工作面宽度计算表

管道结构宽（mm） 管沟材料	≤500	≤1000	≤2500	>2500
混凝土及钢筋混凝土管道（mm）	400	500	600	700
其他材质管道（mm）	300	400	500	600

注 1. 本表按《全国统一建筑工程预算工程量计算规则》（GJDGZ—101—95）整理。
2. 管道结构宽：有管座的按基础外缘，无管座的按管道外径。

（4）《计量规范》对石方工程挖沟槽、基坑、管沟、一般石方因工作面增加的工程量并未做出说明，重庆市补充做出规定石方工程挖沟槽、基坑、管沟、一般石方因工作面增加的工程量并入各石方工程量中。

（5）土石方的开挖方式、装车方式、运输方式等施工方式，应由投标人做出的施工方案来确定，投标人应根据拟定的施工方法投标报价。如招标文件对土石方开挖有特殊要求，在编制工程量清单时，可规定施工方法。如开挖方式要求是人工方式或机械方式，机械方式施工又区分为不同的机械种类。

（6）回填方如需缺方内运，且填方材料品种为土方时，是否在综合单价中计入购买土方的费用，由投标人根据工程实际情况自行考虑决定报价。

（7）废料及余方弃置清单项目中，如需发生弃置、堆放费用的，投标人应根据招标工程量清单和当地有关规定计取相应费用，并计入综合单价或其他项目清单中。

三、工程量清单编制实例

（一）背景资料

1. 设计说明

（1）重庆市某工程±0.000 以下条形基础平面、剖面大样图详如图 4-1 所示，室内外高差 450mm，本工程室外标高为－0.450。

（2）基础垫层为非原槽浇筑，垫层支模，混凝土强度等级为 C15。

（3）本工程建设方已经完成三通一平，施工场地交付标高 315.000，±0.000 相当于绝对标高 315.45。

（4）地勘资料显示标高 313.000～315.000 深度 2m 内均为三类土，均属天然密实土，无地下水。

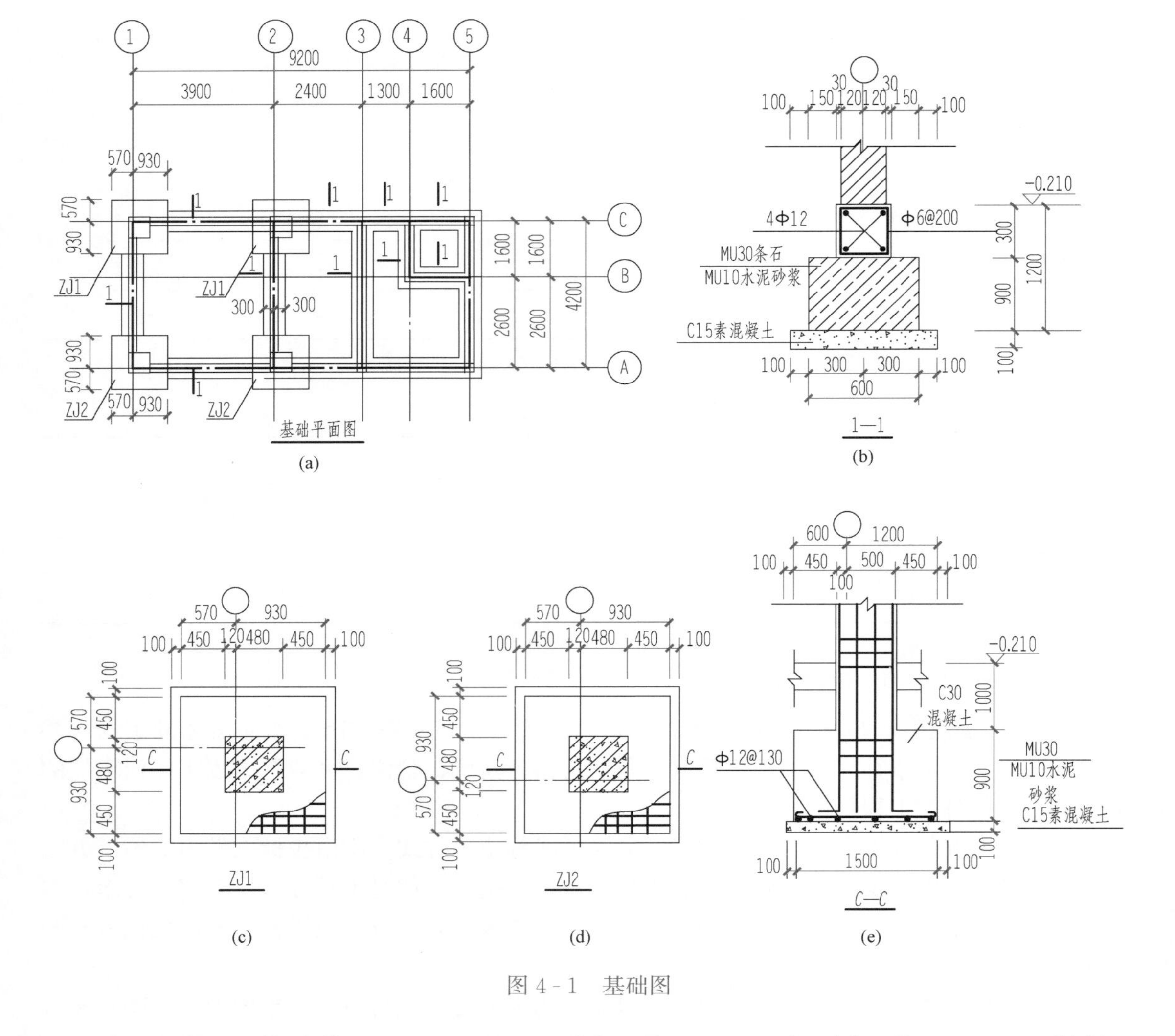

(a) (b) (c) (d) (e)

图 4-1 基础图

（5）室内地面构造从上（±0.000）至下为：①50mm 地砖面层，②80mm C15 混凝土垫层，③素土夯实。

2. 施工方案

（1）本基础工程土方为人工开挖，非桩基工程，不考虑基底钎探，不考虑支挡土板施工，工作面按垫层支模为 300mm，放坡起点为 1.50m，放坡系数为 0.33。

（2）开挖基础土方，其中一部分土壤考虑按挖方量的 30%进行现场运输、堆放，采用人力车运输，距离为 40m，另一部分土壤在基坑边 5m 内堆放。平整场地弃、取土运距为施工场内。弃土外运 5km，回填为夯填。

3. 计算说明

编制清单时，根据《重庆市建设工程量计算规则》（CQJLGZ—2013）A.1 土方工程中补注第 3 条说明“挖沟槽、基坑因工作面增加的工程量并入各石方工程量中，编制工程量清单和办理工程结算时，如设计或批准的施工组织设计（方案）有规定时按规定计算；无规定时，加宽工作面按表 4-5 规定计算。”

（二）问题

根据以上背景资料及国家标准《建设工程工程量清单计价规范》（GB 50500—2013）、《房屋建筑与装饰工程工程量计算规范》（GB 50854—2013），试列出该工程的平整场地、±0.000以下基础工程的挖沟槽、基坑、弃土外运、土方回填等项目的分部分项工程量清单。

清单工程量计算详见表4-11。

表4-11　清单工程量计算表

工程名称：某工程

序号	项目编码	清单项目名称	工程量计算式	工程量	计量单位
1	010101001001	平整场地	$S=(9.2+0.24)\times(4.2+0.24)=26.64$	41.91	m^2
2	010101003001	挖沟槽土方	$L_{外}=(9.2+4.2)\times2-(1.7+0.3\times2)\times2-(1.03+0.3)\times4=16.88$ $L_{内}=4.2-(1.03+0.3)\times2+4.2-(0.8+0.3\times2)+(1.6-0.4-0.3)\times2=6.14$ $H=315-(315.45-0.21-1.2-0.1)=1.06$ $V=B\times H\times L=(0.8+0.3\times2)\times1.06\times(16.88+6.14)=34.16$	34.16	m^3
3	010101004001	挖基坑土方	$H=315-(315.45-0.21-1-0.9-0.1)=1.76$ $S_{下}=(1.7+0.3\times2)^2=2.3^2$ $S_{上}=(1.7+0.3\times2+2\times0.33\times1.76)^2=3.46^2$ $V=\frac{1}{3}\times H\times(S_{上}+S_{下}+\sqrt{S_{上}S_{下}})\times4=\frac{1}{3}\times1.76\times(3.46^2+2.3^2+3.46\times2.3)\times4=59.18$	59.18	m^3
4	010103001001	土方回填	①基础垫层：$V=(19.28+7.94)\times0.8\times0.1+1.7\times1.7\times0.1\times4=3.33$ ②石基础：$V=(20.08+8.54)\times0.9\times0.6=15.45$ ③土下部分圈梁：$V=(23.68+10.04)\times0.3\times(0.21+0.3-0.45)=0.61$ ④混凝土基础及埋在土下的柱：$V=1.5\times1.5\times0.9\times4+0.6\times0.6\times(0.21+1-0.45)\times4=9.19$ 槽坑回填：$V=34.16+59.18-3.33-15.45-0.61-9.19=64.76$ 室内回填：$V=(3.66\times3.96+2.16\times3.96+2.66\times3.96-1.48\times0.24\times2)\times(0.45-0.13)=10.52$ 回填合计：$V=64.76+10.52=75.28$	75.28	m^3
5	010103002001	余方弃置	$V=34.16+59.18-75.28\times1.15$（换算系数）$=6.77$	6.77	m^3

根据表4-11的清单工程量和背景资料的有关信息，分部分项工程量清单如表4-12所示。

表 4-12　　　　分部分项工程量清单和单价措施项目清单与计价表

工程名称：某工程

序号	项目编码	项目名称	项目特征	计量单位	工程量	金额	
						综合单价	合价
1	010101001001	平整场地	1. 土壤类别：三类土 2. 弃土运距：场内 3. 取土运距：场内	m^2	41.91		
2	010101003001	挖沟槽土方	1. 土壤类别：三类土 2. 挖土深度：2m 以内 3. 弃土运距：40m 以内	m^3	34.16		
3	010101004001	挖基坑土方	1. 土壤类别：三类土 2. 挖土深度：2m 以内 3. 弃土运距：40m 以内	m^3	59.18		
4	010103001001	土方回填	1. 密实度要求：满足规范及设计 2. 填方材料品种：满足规范及设计 3. 填方粒径要求：满足规范及设计 4. 填方来源、运距：场内取土、运距投标人自行考虑	m^3	75.28		
5	010103002001	余方弃置	1. 废弃料品种：土方 2. 运距：5km	m^3	6.77		

第二节　地基处理与边坡支护工程

一、清单工程量计算规范

（一）地基处理

地基处理工程量清单项目设置、项目特征描述的内容、计量单位及工程量计算规则，应按表 4-13 的规定执行。

表 4-13　　　　地基处理（编号：010201）

项目编码	项目名称	项目特征	计量单位	工程量计算规则	工作内容
010201001	换填垫层	1. 材料种类及配比 2. 压实系数 3. 掺加剂品种	m^3	按设计图示尺寸以体积计算	1. 分层铺填 2. 碾压、振密或夯实 3. 材料运输

续表

项目编码	项目名称	项目特征	计量单位	工程量计算规则	工作内容
010201002	铺设土工合成材料	1. 部位 2. 品种 3. 规格	m^2	按设计图示尺寸以面积计算	1. 挖填锚固沟 2. 铺设 3. 固定 4. 运输
010201003	预压地基	1. 排水竖井种类、断面尺寸、排列方式、间距、深度 2. 预压方法 3. 预压荷载、时间 4. 砂垫层厚度		按设计图示尺寸以加固面积计算	1. 设置排水竖井、盲沟、滤水管 2. 铺设砂垫层、密封膜 3. 堆载、卸载或抽气设备安拆、抽真空 4. 材料运输
010201004	强夯地基	1. 夯击能量 2. 夯击遍数 3. 夯击点布置形式、间距 4. 地耐力要求 5. 夯填材料种类			1. 铺设夯填材料 2. 强夯 3. 夯填材料运输
010201005	振冲密实（不填料）	1. 地层情况 2. 振密深度 3. 孔距			1. 振冲加密 2. 泥浆运输
010201006	振冲桩（填料）	1. 地层情况 2. 空桩长度、桩长 3. 桩径 4. 填充材料种类	1. m 2. m^3	1. 以米计量，按设计图示尺寸以桩长计算 2. 以立方米计量，按设计桩截面乘以桩长以体积计算	1. 振冲成孔、填料、振实 2. 材料运输 3. 泥浆运输
010201007	砂石桩	1. 地层情况 2. 空桩长度、桩长 3. 桩径 4. 成孔方法 5. 材料种类、级配		1. 以米计量，按设计图示尺寸以桩长（包括桩尖）计算 2. 以立方米计量，按设计桩截面乘以桩长（包括桩尖）以体积计算	1. 成孔 2. 填充、振实 3. 材料运输
010201008	水泥粉煤灰碎石桩	1. 地层情况 2. 空桩长度、桩长 3. 桩径 4. 成孔方法 5. 混合料强度等级	m	按设计图示尺寸以桩长（包括桩尖）计算	1. 成孔 2. 混合料制作、灌注、养护 3. 材料运输

续表

项目编码	项目名称	项目特征	计量单位	工程量计算规则	工作内容
010201009	深层搅拌桩	1. 地层情况 2. 空桩长度、桩长 3. 桩截面尺寸 4. 水泥强度等级、掺量	m	按设计图示尺寸以桩长计算	1. 预搅下钻、水泥浆制作、喷浆搅拌提升成桩 2. 材料运输
010201010	粉喷桩	1. 地层情况 2. 空桩长度、桩长 3. 桩径 4. 粉体种类、掺量 5. 水泥强度等级、石灰粉要求			1. 预搅下钻、喷粉搅拌提升成桩 2. 材料运输
010201011	夯实水泥土桩	1. 地层情况 2. 空桩长度、桩长 3. 桩径 4. 成孔方法 5. 水泥强度等级 6. 混合料配比		按设计图示尺寸以桩长（包括桩尖）计算	1. 成孔、夯底 2. 水泥土拌和、填料、夯实 3. 材料运输
010201012	高压喷射注浆桩	1. 地层情况 2. 空桩长度、桩长 3. 桩截面 4. 注浆类型、方法 5. 水泥强度等级		按设计图示尺寸以桩长计算	1. 成孔 2. 水泥浆制作、高压喷射注浆 3. 材料运输
010201013	石灰桩	1. 地层情况 2. 空桩长度、桩长 3. 桩径 4. 成孔方法 5. 掺和料种类、配合比		按设计图示尺寸以桩长（包括桩尖）计算	1. 成孔 2. 混合料制作、运输、夯实
010201014	灰土（土）挤密桩	1. 地层情况 2. 空桩长度、桩长 3. 桩径 4. 成孔方法 5. 灰土级配			1. 成孔 2. 混合料制作、运输、填充、夯实
10201015	柱锤冲扩桩	1. 地层情况 2. 空桩长度、桩长 3. 桩径 4. 成孔方法 5. 桩体材料种类、配合比		按设计图示尺寸以桩长计算	1. 安拔套管 2. 冲孔、填料、夯实 3. 桩体材料制作、运输

续表

项目编码	项目名称	项目特征	计量单位	工程量计算规则	工作内容
010201016	注浆地基	1. 地层情况 2. 空钻深度、注浆深度 3. 注浆间距 4. 浆液种类及配比 5. 注浆方法 6. 水泥强度等级	1. m 2. m^3	1. 以米计量，按设计图示尺寸以钻孔深度计算 2. 以立方米计量，按设计图示尺寸以加固体积计算	1. 成孔 2. 注浆导管制作、安装 3. 浆液制作、压浆 4. 材料运输
010201017	褥垫层	1. 厚度 2. 材料品种及比例	1. m^2 2. m^3	1. 以平方米计量，按设计图示尺寸以铺设面积计算 2. 以立方米计量，按设计图示尺寸以体积计算	材料拌和、运输、铺设、压实

（二）基坑与边坡支护

基坑与边坡支护工程量清单项目设置、项目特征描述的内容、计量单位及工程量计算规则，应按表 4-14 的规定执行。

表 4-14　　基坑与边坡支护（编码：010202）

项目编码	项目名称	项目特征	计量单位	工程量计算规则	工作内容
010202001	地下连续墙	1. 地层情况 2. 导墙类型、截面 3. 墙体厚度 4. 成槽深度 5. 混凝土类别、强度等级 6. 接头形式	m^3	按设计图示墙中心线长乘以厚度乘以槽深以体积计算	1. 导墙挖填、制作、安装、拆除 2. 挖土成槽、固壁、清底置换 3. 混凝土制作、运输、灌注、养护 4. 接头处理 5. 土方、废泥浆外运 6. 打桩场地硬化及泥浆池、泥浆沟
010202002	咬合灌注桩	1. 地层情况 2. 桩长 3. 桩径 4. 混凝土类别、强度等级 5. 部位	1. m 2. 根	1. 以米计量，按设计图示尺寸以桩长计算 2. 以根计量，按设计图示数量计算	1. 成孔、固壁 2. 混凝土制作、运输、灌注、养护 3. 套管压拔 4. 土方、废泥浆外运 5. 打桩场地硬化及泥浆池、泥浆沟

续表

项目编码	项目名称	项目特征	计量单位	工程量计算规则	工作内容
010202003	圆木桩	1. 地层情况 2. 桩长 3. 材质 4. 尾径 5. 桩倾斜度	1. m 2. 根	1. 以米计量，按设计图示尺寸以桩长（包括桩尖）计算 2. 以根计量，按设计图示数量计算	1. 工作平台搭拆 2. 桩机移位 3. 桩靴安装 4. 沉桩
010202004	预制钢筋混凝土板桩	1. 地层情况 2. 送桩深度、桩长 3. 桩截面 4. 沉桩方法 5. 连接方式 6. 混凝土强度等级	1. m 2. 根	1. 以米计量，按设计图示尺寸以桩长（包括桩尖）计算 2. 以根计量，按设计图示数量计算	1. 工作平台搭拆 2. 桩机移位 3. 沉桩 4. 板桩连接
010202005	型钢桩	1. 地层情况或部位 2. 送桩深度、桩长 3. 规格型号 4. 桩倾斜度 5. 防护材料种类 6. 是否拔出	1. t 2. 根	1. 以吨计量，按设计图示尺寸以质量计算 2. 以根计量，按设计图示数量计算	1. 工作平台搭拆 2. 桩机竖拆、移位 3. 打（拔）桩 4. 接桩 5. 刷防护材料
010202006	钢板桩	1. 地层情况 2. 桩长 3. 板桩厚度	1. t 2. m^2	1. 以吨计量，按设计图示尺寸以质量计算 2. 以平方米计量，按设计图示墙中心线长乘以桩长以面积计算	1. 工作平台搭拆 2. 桩机竖拆、移位 3. 打拔钢板桩
010202007	锚杆（锚索）	1. 地层情况 2. 锚杆（索）类型、部位 3. 钻孔深度 4. 钻孔直径 5. 杆体材料品种、规格、数量 6. 预应力 7. 浆液种类、强度等级	1. m 2. 根	1. 以米计量，按设计图示尺寸以钻孔深度计算 2. 以根计量，按设计图示数量计算	1. 钻孔、浆液制作、运输、压浆 2. 锚杆、锚索索制作、安装 3. 张拉锚固 4. 锚杆、锚索施工平台搭设、拆除
010202008	土钉	1. 地层情况 2. 钻孔深度 3. 钻孔直径 4. 置入方法 5. 杆体材料品种、规格、数量 6. 浆液种类、强度等级	1. m 2. 根	1. 以米计量，按设计图示尺寸以钻孔深度计算 2. 以根计量，按设计图示数量计算	1. 钻孔、浆液制作、运输、压浆 2. 锚杆、土钉制作、安装 3. 锚杆、土钉施工平台搭设、拆除

续表

项目编码	项目名称	项目特征	计量单位	工程量计算规则	工作内容
010202009	喷射混凝土、水泥砂浆	1. 部位 2. 厚度 3. 材料种类 4. 混凝土（砂浆）类别、强度等级	m^2	按设计图示尺寸以面积计算	1. 修整边坡 2. 混凝土（砂浆）制作、运输、喷射、养护 3. 钻排水孔、安装排水管 4. 喷射施工平台搭设、拆除
010202010	混凝土支撑	1. 部位 2. 混凝土种类 3. 混凝土强度等级	m^3	按设计图示尺寸以体积计算	1. 模板（支架或支撑）制作、安装、拆除、堆放、运输及清理模内杂物、刷隔离剂等 2. 混凝土制作、运输、浇筑、振捣、养护
010202011	钢支撑	1. 部位 2. 钢材品种、规格 3. 探伤要求	t	按设计图示尺寸以质量计算。不扣除孔眼质量，焊条、铆钉、螺栓等不另增加质量	1. 支撑、铁件制作（摊销、租赁） 2. 支撑、铁件安装 3. 探伤 4. 刷漆 5. 拆除 6. 运输

二、计量规范应用说明

（一）清单项目列项

（1）地下连续墙和喷射混凝土的钢筋网及咬合灌注桩的钢筋笼制作安装、混凝土挡土墙按本章第五节中相关项目编码列项。

（2）本分部未列的基坑与边坡支护的排桩按本章第三节中相关项目编码列项。

（3）砖、石挡土墙、护坡按本章第四节中相关项目编码列项。

（4）水泥土墙、坑内加固按表 4 - 13 中相关项目编码列项。

（5）项目特征中成孔方法、预压方法、注浆类型和方法等不同时，应按方法分开列项。

（二）项目特征描述

（1）地层情况按表 4 - 4 和表 4 - 5 的规定，并根据岩土工程勘察报告按单位工程各地层所占比例（包括范围值）进行描述。对无法准确描述的地层情况，招标人可注明由投标人根据岩土工程勘察报告自行决定报价。

（2）项目特征中的桩长应包括桩尖，空桩长度＝孔深－桩长，孔深为自然地面至设计桩底的深度。

（3）高压喷射注浆类型包括旋喷、摆喷、定喷，高压喷射注浆方法包括单管法、双重管法、三重管法。

（4）土钉置入方法包括钻孔置入、打入或射入等。

（5）混凝土种类：指清水混凝土、彩色混凝土等，如在同一地区既使用预拌（商品）混凝土，又允许现场搅拌混凝土时，也应注明。

（6）对地层情况的项目特征描述，为避免描述内容与实际地质情况有差异而造成重新组价，可采用以下方法处理：

1）描述各类土石的比例及范围值。

2）分不同土石类别分别列项。

3）直接描述“详见勘察报告”。

（7）为避免“空桩长度、桩长”的描述引起重新组价，可采用以下方法处理：

1）描述“空桩长度、桩长”的范围值，或描述空桩长度、桩长所占比例及范围值。

2）空桩部分单独列项。

（三）组价相关说明

（1）如采用泥浆护壁成孔，工作内容包括土方、废泥浆外运，如采用沉管灌注成孔，工作内容包括桩尖制作、安装。

（2）“预压地基”“强夯地基”和“振冲密实（不填料）”项目的工程量按设计图示处理范围以面积计算，即根据每个点所代表的范围乘以点数计算。

（3）灌注桩成孔时，若出现地下水、垮塌、流砂、钢筋混凝土块无法成孔等施工情况而采取的各项施工措施所发生的费用，根据项目特征可以考虑在单价内或填报在措施费中。

三、工程量清单编制实例

（一）背景资料

（1）某学校公寓配套边坡支护工程采用锚杆支护，根据岩土工程勘察报告，边坡为岩质边坡：坡高约11m，边坡倾向为170°，岩体为三叠系须家河组中风化砂岩，岩体较完整，属硬性结构面，边坡岩体类型为Ⅳ类，边坡安全等级为三级，场内共发育两组裂隙：其中一组产状为305°∠43°；另一组产状为59°∠58°。此段边坡破坏模式：沿裂隙平面滑移破坏。岩质：中等风化带砂岩天然重度经验值取24.0kN/m^2；结构面抗剪强度：C=0.53MPa，ϕ=34°；地基承载力特征值：中风化带砂岩取7.4MPa，砂岩基底摩擦系数取0.50；等效内摩擦角取45°，岩体破裂角取18°。

（2）图4-2中为AD段一组锚杆的剖面图，本边坡支护工程共设锚杆12组共计48根，长度4.5～15.0m，锚杆倾角20°。

（3）注浆浆液采用M30水泥混合浆液，配比按水泥：水：水玻璃：膨胀剂=1：0.5：0.3：0.05，锚杆采用HRB400钢筋。

（4）锚孔施工应符合下列规定：

1）锚孔定位偏差不宜大于20.0mm；

2）锚孔偏斜度不应大于2%；

3）钻孔深度超过锚杆设计长度不应小于0.5m。

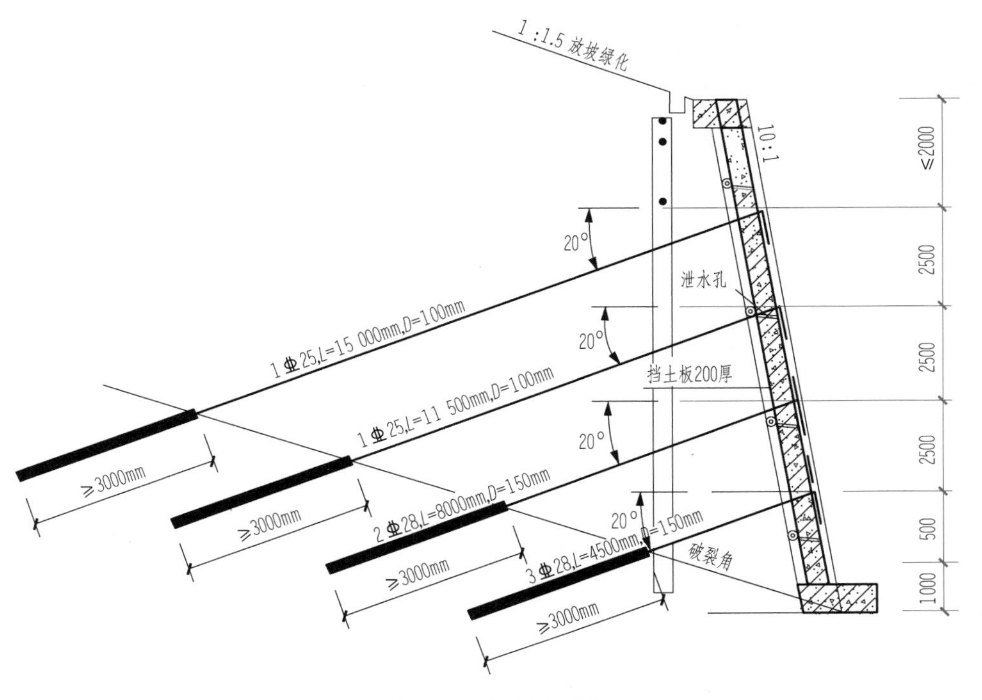

图 4-2　边坡剖面图

（二）问题

根据以上背景资料及国家标准《建设工程工程量清单计价规范》（GB 50500—2013）、《房屋建筑与装饰工程工程量计算规范》（GB 50854—2013），试列出该工程锚杆项目的分部分项工程量清单。

解　清单工程量计算详见表 4-15。

表 4-15　清单工程量计算表

工程名称：某工程

序号	项目编码	清单项目名称	工程量计算式	工程量	计量单位
1	010202007001	锚杆	单根长 L=4500mm，N=12 根	12	根
2	010202007002	锚杆	单根长 L=8000mm，N=12 根	12	根
3	010202007003	锚杆	单根长 L=11500mm，N=12 根	12	根
4	010202007004	锚杆	单根长 L=15000mm，N=12 根	12	根

根据表 4-15 的清单工程量和背景资料的有关信息，分部分项工程量清单见表 4-16。

表 4-16　　分部分项工程量清单和单价措施项目清单与计价表

工程名称：某工程

序号	项目编码	项目名称	项目特征	计量单位	工程量	金额	
						综合单价	合价
1	010202007001	锚杆	1. 地层情况：较软岩 2. 锚杆（索）类型、部位：非预应力锚杆、*AD* 段边坡 3. 钻孔深度：5m 4. 钻孔直径：150mm 5. 杆体材料品种、规格、数量：3 根 HRB335，直径 28mm 钢筋 6. 浆液种类、强度等级：M30 水泥混合浆液	根	12		
2	010202007002	锚杆	1. 地层情况：较软岩 2. 锚杆（索）类型、部位：非预应力锚杆、*AD* 段边坡 3. 钻孔深度：8.5m 4. 钻孔直径：150mm 5. 杆体材料品种、规格、数量：2 根 HRB335，直径 28mm 钢筋 6. 浆液种类、强度等级：M30 水泥混合浆液	根	12		
3	010202007003	锚杆	1. 地层情况：较软岩 2. 锚杆（索）类型、部位：非预应力锚杆、*AD* 段边坡 3. 钻孔深度：12m 4. 钻孔直径：100mm 5. 杆体材料品种、规格、数量：1 根 HRB335，直径 25mm 钢筋 6. 浆液种类、强度等级：M30 水泥混合浆液	根	12		
4	010202007004	锚杆	1. 地层情况：较软岩 2. 锚杆（索）类型、部位：非预应力锚杆、*AD* 段边坡 3. 钻孔深度：15.5m 4. 钻孔直径：100mm 5. 杆体材料品种、规格、数量：1 根 HRB335，直径 25mm 钢筋 6. 浆液种类、强度等级：M30 水泥混合浆液	根	12		

第三节　桩　基　工　程

本节配套数字资源及习题

一、清单工程量计算规范

（一）打桩

打桩工程量清单项目设置、项目特征描述的内容、计量单位及工程量计算规则，应按表4-17的规定执行。

表4-17　打桩（编号：010301）

项目编码	项目名称	项目特征	计量单位	工程量计算规则	工作内容
010301001	预制钢筋混凝土方桩	1. 地层情况 2. 送桩深度、桩长 3. 桩截面 4. 沉桩方法 5. 接桩方式 6. 桩倾斜度 7. 混凝土强度等级	1. m 2. m^3 3. 根	1. 以米计量，按设计图示尺寸以桩长（包括桩尖）计算 2. 以立方米计算，按设计图示截面积乘以桩长（包括桩尖）以实体积 3. 以根计量，按设计图示数量计算	1. 工作平台搭拆 2. 桩机竖拆、移位 3. 沉桩 4. 接桩 5. 送桩
010301002	预制钢筋混凝土管桩	1. 地层情况 2. 送桩深度、桩长 3. 桩外径、壁厚 4. 桩倾斜度 5. 沉桩方法 6. 桩尖类型 7. 混凝土强度等级 8. 填充材料种类 9. 防护材料种类			1. 工作平台搭拆 2. 桩机竖拆、移位 3. 沉桩 4. 接桩 5. 送桩 6. 桩尖的制作安装 7. 填充材料、刷防护材料
010301003	钢管桩	1. 地层情况 2. 送桩深度、桩长 3. 材质 4. 管径、壁厚 5. 桩倾斜度 6. 沉桩方法 7. 填充材料种类 8. 防护材料种类	1. t 2. 根	1. 以吨计量，按设计图示尺寸以质量计算 2. 以根计量，按设计图示数量计算	1. 工作平台搭拆 2. 桩机竖拆、移位 3. 沉桩 4. 接桩 5. 送桩 6. 切割钢管、精割盖帽 7. 管内取土 8. 填充材料、刷防护材料
010301004	截（凿）桩头	1. 桩类型 2. 桩头截面、高度 3. 混凝土强度等级 4. 有无钢筋	1. m^3 2. 根	1. 以立方米计量，按设计桩截面乘以桩头长度以体积计算 2. 以根计量，按设计图示数量计算	1. 截桩头 2. 凿平 3. 废料外运

（二）灌注桩

灌注桩工程量清单项目设置、项目特征描述的内容、计量单位及工程量计算规则，应按表 4－18 的规定执行。

表 4－18 灌注桩（编号：010302）

项目编码	项目名称	项目特征	计量单位	工程量计算规则	工作内容
010302001	泥浆护壁成孔灌注桩	1. 地层情况 2. 空桩长度、桩长 3. 桩径 4. 成孔方法 5. 护筒类型、长度 6. 混凝土类别、强度等级	1. m 2. m^3 3. 根	1. 以米计量，按设计图示尺寸以桩长（包括桩尖）计算 2. 以立方米计量，按不同截面在桩上范围内以体积计算 3. 以根计量，按设计图示数量计算	1. 护筒埋设 2. 成孔、固壁 3. 混凝土制作、运输、灌注、养护 4. 土方、废泥浆外运 5. 打桩场地硬化及泥浆池、泥浆沟
010302002	沉管灌注桩	1. 地层情况 2. 空桩长度、桩长 3. 复打长度 4. 桩径 5. 沉管方法 6. 桩尖类型 7. 混凝土类别、强度等级			1. 打（沉）拔钢管 2. 桩尖制作、安装 3. 混凝土制作、运输、灌注、养护
010302003	干作业成孔灌注桩	1. 地层情况 2. 空桩长度、桩长 3. 桩径 4. 扩孔直径、高度 5. 成孔方法 6. 混凝土类别、强度等级			1. 成孔、扩孔 2. 混凝土制作、运输、灌注、振捣、养护
010302004	挖孔桩土（石）方	1. 土（石）类别 2. 挖孔深度 3. 弃土（石）运距	m^3	按设计图示尺寸（含护壁）截面积乘以挖孔深度以立方米计算	1. 排地表水 2. 挖土、凿石 3. 基底钎探 4. 运输
010302005	人工挖孔灌注桩	1. 桩芯长度 2. 桩芯直径、扩底直径、扩底高度 3. 护壁厚度、高度 4. 护壁混凝土类别、强度等级 5. 桩芯混凝土类别、强度等级	1. m^3 2. 根	1. 以立方米计量，按桩芯混凝土体积计算 2. 以根计量，按设计图示数量计算	1. 护壁制作 2. 混凝土制作、运输、灌注、振捣、养护

续表

项目编码	项目名称	项目特征	计量单位	工程量计算规则	工作内容
010302006	钻孔压浆桩	1. 地层情况 2. 空钻长度、桩长 3. 钻孔直径 4. 水泥强度等级	1. m 2. 根	1. 以米计量，按设计图示尺寸以桩长计算 2. 以根计量，按设计图示数量计算	钻孔、下注浆管、投放骨料、浆液制作、运输、压浆
010302007	桩底注浆	1. 注浆导管材料、规格 2. 注浆导管长度 3. 单孔注浆量 4. 水泥强度等级	孔	按设计图示以注浆孔数计算	1. 注浆导管制作、安装 2. 浆液制作、运输、压浆
010302B02（重庆）	机械钻孔灌注桩混凝土	1. 混凝土种类 2. 混凝土强度等级	m^3	按设计断面面积乘以长度（桩芯混凝土长度加600mm）以体积计算	混凝土制作、运输、灌注、振捣、养护
010302B03（重庆）	人工挖孔灌注桩护壁混凝土	1. 混凝土种类 2. 混凝土强度等级	m^3	按设计图示尺寸以体积计算	
010302B04（重庆）	人工挖孔灌注桩桩芯混凝土	1. 混凝土种类 2. 混凝土强度等级	m^3		

二、计量规范应用说明

（一）清单项目列项

（1）挖孔桩土（石）方与灌注桩应分开列项，孔深和桩长在每一个地基位置可能不一样，另外土方和石方价格差异大，可分开列项区分单价。如福建省规定遇较软岩、较硬岩、坚硬岩类型土质时，应另列出岩层增加费清单。

（2）对沉桩方法、成孔方法、沉管方法不同时，应分开列项。

（3）混凝土灌注桩的钢筋笼制作安装、声测管分别按本书第五节钢筋笼（010515004）、声测管（010515010）编码列项。

（4）打试验桩和打斜桩应按相应项目编码单独列项，并应在项目特征中注明试验桩或斜桩（斜率）。

（5）截（凿）桩头项目适用于本章第二节、第三节所列桩的桩头截（凿）。

（6）预制混凝土管桩桩顶与承台的连接构造图 4 - 3 所示，图 4 - 3 中桩顶与承台的连接部分钢筋和混凝土按本章第五节相关项目列项。

（7）泥浆护壁成孔灌注桩是指在泥浆护壁条件下成孔，采用水下灌注混凝土的桩，其成孔方法包括冲击钻成孔、冲抓锥成孔、回旋钻成孔、潜水钻成孔、泥浆护壁的旋挖成孔等。

（8）干作业成孔灌注桩是指不用泥浆护壁和套管护壁的情况下，用钻机成孔后，下钢筋笼，灌注混凝土的桩，适用于地下水位以上的土层使用。其成孔方法包括螺旋钻成孔、螺旋钻成孔扩底、干作业的旋挖成孔等。

（二）项目特征描述

（1）地层情况按表 4 - 4 和表 4 - 5 的规定，并根据岩土工程勘察报告按单位工程各地层所占比例（包括范围值）进行描述。对无法准确描述的地层情况，招标人可注明由投标人根

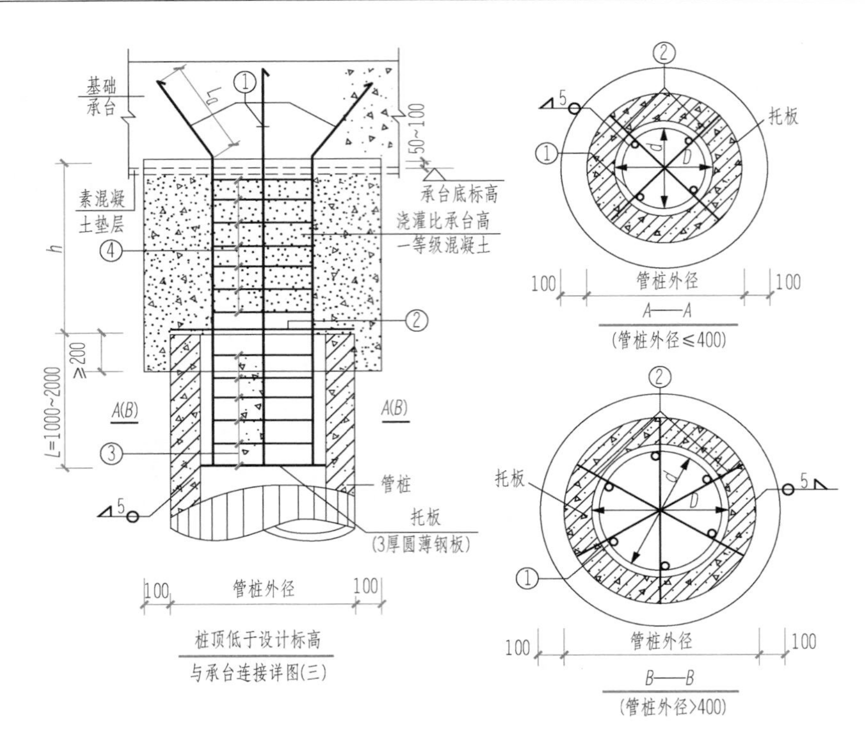

图 4-3 某工程桩顶与承台的连接构造图

据岩土工程勘察报告自行决定报价。

为避免"地层情况"项目特征内容与实际地质情况有差异而造成重新组价，可采用以下方法处理：

1）描述各类土石的比例及范围值，例如可描述为"三类土 30%厚 2～3m，极软岩 40%厚 3～4m，软岩 30%厚 2m"。

2）分不同土石类别分别列项。例如可描述为"三类土、极软岩、软岩"等土石分类名称。

3）直接描述为"详见勘察报告"。

（2）项目特征中的桩截面、桩径、混凝土强度等级、桩类型等可直接用标准图代号或设计桩型进行描述，如"桩类型：WKZ－1"。

（3）混凝土种类指清水混凝土、彩色混凝土等，如在同一地区既使用预拌（商品）混凝土，又允许现场搅拌混凝土时，也应注明。

（4）"空桩长度、桩长"项目特征描述时，与计量单位有关系。

1）计量单位是"m^3"时，"空桩长度、桩长"项目特征可不描述。

2）计量单位是"m"时，每根"空桩长度"可能不一致，项目特征可采取范围值描述；"桩长"根据设计长度具体描述。"空桩长度、桩长"可描述为"1～2m、8m"。

（5）沉管灌注桩的沉管方法包括锤击沉管法、振动沉管法、振动冲击沉管法、内夯沉管法等。

（三）组价相关说明

（1）项目特征中的桩长应包括桩尖，空桩长度＝孔深－桩长，孔深为自然地面至设计桩底的深度。但灌注桩的加（超）灌长度是在综合单价中考虑，还是并入清单工程量中，按地区规定组价。

（2）灌注桩的混凝土充盈量组价时考虑在综合单价中，还是并入清单工程量中，按地区规定组价。因地质原因引起的冲钻孔灌注桩的充盈系数与定额不同的，可以根据现场施工记录由甲乙双方签证确认后调整，充盈系数调整公式为

充盈系数＝实际灌注混凝土（或砂、石）量/按设计图计算混凝土（或砂、石）量

（3）预制钢筋混凝土管桩以成品桩编制，应包括成品桩购置费，如果用现场预制，应包括现场预制桩的所有费用。

三、工程量清单编制实例

（一）背景资料

（1）某工程桩基础为人工挖孔混凝土灌注桩（图 4－4），自然地面标高－0.6m，桩顶标高－0.75m，设计桩长含桩尖 5.85m，土方为 3m，软质岩深度为 3m，桩直径 800mm，共计 60 根。

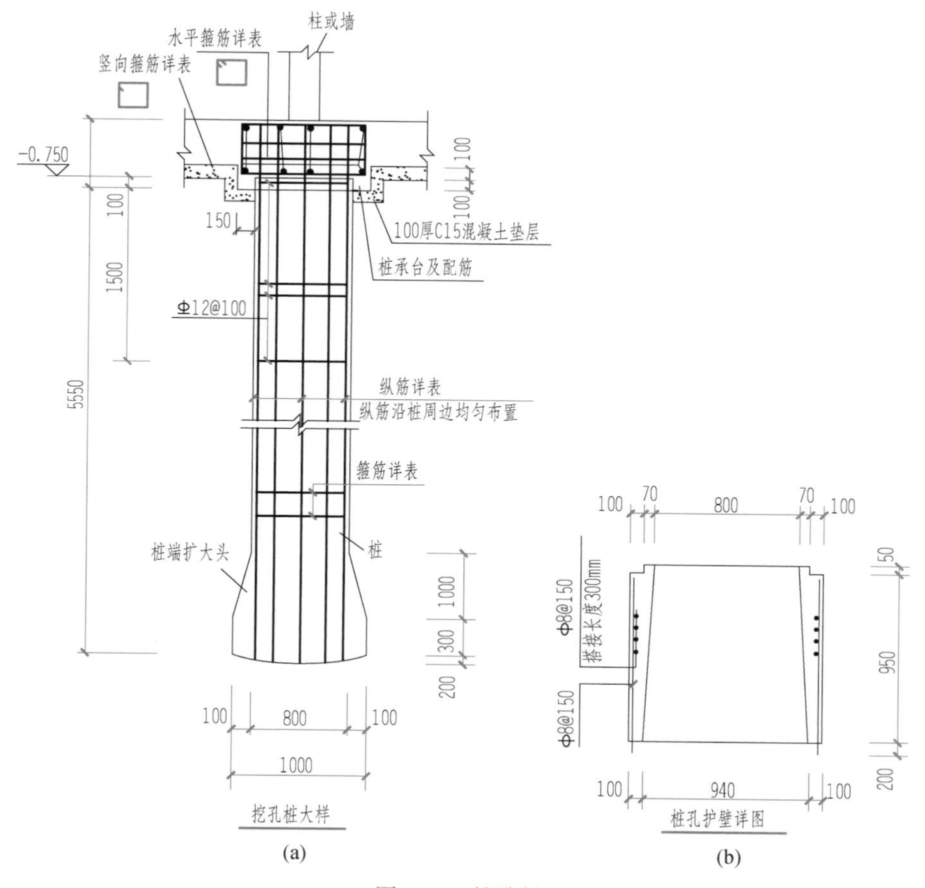

图 4－4　挖孔桩

（a）挖孔桩 ZJ1 详图；（b）ZJ1 护壁详图

（2）桩芯为 C25 商品混凝土，护壁为 C15 现场搅拌混凝土。

（二）问题

根据以上背景资料及国家标准《建设工程工程量清单计价规范》（GB 50500—2013）、《房屋建筑与装饰工程工程量计算规范》（GB 50854—2013），试列出该工程锚杆项目的分部

分项工程量清单。

解 由设计图可看出：桩长的分解：设计桩长 5.85m（伸入承台 0.1m+5.55m+桩尖 0.2m），从底往上可分解为 L=0.2m(桩尖)+0.3m(扩大头直段)+1m(扩大头斜段)+1.5m(无护壁直段)+2.85m(有护壁直段)=5.85m。

孔深的分解：孔深=5.85m+(0.75−0.6)=6m，从底往上可分解为 H=0.2m(桩尖)+0.3m(扩大头直段)+1m(扩大头斜段)+1.5m(无护壁直段)+3m(有护壁直段)=6m。

清单工程量计算详见表 4-19。

表 4-19 清单工程量计算表

工程名称：某工程

序号	项目编码	清单项目名称	工程量计算式	工程量	计量单位
1	010302004001	挖孔桩土方	$3.14\times(0.4+0.17)^2\times3\times60=183.63\text{m}^3$	183.63	m^3
2	010302004002	挖孔桩石方	(1) 挖石方直段： $3.14\times0.4^2\times1.5\times60=45.22\text{m}^3$ (2) 扩大头斜段： $\frac{1}{3}\times(0.4^2+0.5^2+0.4\times0.5)\times3.14\times1\times60=38.31\text{m}^3$ (3) 扩大头直段： $3.14\times0.5^2\times0.3\times60=14.13\text{m}^3$ (4) 锅底石方量： $\frac{1}{6}\times3.14\times(3\times0.5^2+0.2^2)\times0.2\times60=4.96\text{m}^3$ (5) 石方工程量合计 $=45.22+38.31+14.13+4.96=102.62\text{m}^3$	102.62	m^3
3	010302005001	人工挖孔桩桩芯混凝土	(1) 桩芯混凝土（带护壁段）： $\frac{1}{3}\times3.14\times(0.4^2+0.47^2+0.4\times0.47)\times2.85\times60=101.82\text{m}^3$ (2) 桩芯混凝土（无护壁段）： $3.14\times0.4^2\times1.5\times60=45.22\text{m}^3$ (3) 桩芯混凝土（扩大头斜段）： $\frac{1}{3}\times3.14\times(0.5^2+0.4^2+0.5\times0.4)\times1\times60=38.31\text{m}^3$ (4) 桩芯混凝土（扩大头直段）： $3.14\times0.5^2\times0.3\times60=14.13\text{m}^3$ (5) 锅底混凝土（球缺）： $\frac{1}{6}\times3.14\times0.2\times(3\times0.5^2+0.2^2)\times60=4.96\text{m}^3$ (6) 合计桩芯混凝土： $101.82+45.22+38.31+14.13+4.96=204.44\text{m}^3$	204.44	m^3
4	010302005002	人工挖孔桩护壁混凝土	$3.14\times3\times0.57^2\times60-101.82\times\frac{3}{2.85}=76.45\text{m}^3$	76.45	m^3

根据表 4-19 的清单工程量和背景资料的有关信息，分部分项工程量清单见表 4-20。

表 4-20　分部分项工程量清单和单价措施项目清单与计价表

工程名称：某工程

序号	项目编码	项目名称	项目特征	计量单位	工程量	金额	
						综合单价	合价
1	010302004001	挖孔桩土方	1. 地层情况：土方 2. 挖孔深度：6m 以内 3. 弃土运距：投标人自行考虑	m^3	183.63		
2	010302004002	挖孔桩石方	1. 地层情况：较软岩 2. 挖孔深度：6m 以内 3. 弃土运距：投标人自行考虑	m^3	102.62		
3	010302005001	人工挖孔桩桩芯混凝土	1. 混凝土种类：商品混凝土 2. 混凝土强度等级：C25	m^3	204.44		
4	010302005002	人工挖孔桩护壁混凝土	1. 混凝土种类：自拌混凝土 2. 混凝土强度等级：C15	m^3	76.45		

第四节　砌　筑　工　程

一、清单工程量计算规范

（一）砖砌体

砖砌工程按建筑材料分为砖砌体、砌块砌体、石砌体三个部分，砌体又按构件部位划分为基础、墙、柱。砖砌体工程量清单项目设置、项目特征描述的内容、计量单位及工程量计算规则，应按表 4-21 的规定执行。

表 4-21　砖砌体（编码：010401）

项目编码	项目名称	项目特征	计量单位	工程量计算规则	工作内容
010401001	砖基础	1. 砖品种、规格、强度等级 2. 基础类型 3. 砂浆强度等级 4. 防潮层材料种类	m^3	按设计图示尺寸以体积计算。包括附墙垛基础宽出部分体积，扣除地梁（圈梁）、构造柱所占体积，不扣除基础大放脚 T 形接头处的重叠部分及嵌入基础内的钢筋、铁件、管道、基础砂浆防潮层和单个面积≤0.3m^2 的孔洞所占体积，靠墙暖气沟的挑檐不增加 基础长度：外墙按外墙中心线，内墙按内墙净长线计算	1. 砂浆制作、运输 2. 砌砖 3. 防潮层铺设 4. 材料运输
010401002	砖砌挖孔桩护壁	1. 砖品种、规格、强度等级 2. 砂浆强度等级		按设计图示尺寸以立方米计算	1. 砂浆制作、运输 2. 砌砖 3. 材料运输

续表

项目编码	项目名称	项目特征	计量单位	工程量计算规则	工作内容
010401003	实心砖墙	1. 砖品种、规格、强度等级 2. 墙体类型 3. 砂浆强度等级、配合比	m^3	按设计图示尺寸以体积计算。 扣除门窗洞口、过人洞、空圈、嵌入墙内的钢筋混凝土柱、梁、圈梁、挑梁、过梁及凹进墙内的壁龛、管槽、暖气槽、消火栓箱所占体积，不扣除梁头、板头、檩头、垫木、木楞头、沿缘木、木砖、门窗走头、砖墙内加固钢筋、木筋、铁件、钢管及单个面积≤0.3m^2 的孔洞所占的体积。凸出墙面的腰线、挑檐、压顶、窗台线、虎头砖、门窗套的体积亦不增加。凸出墙面的砖垛并入墙体体积内计算 1. 墙长度：外墙按中心线、内墙按净长计算 2. 墙高度： （1）外墙：斜（坡）屋面无檐口天棚者算至屋面板底；有屋架且室内外均有天棚者算至屋架下弦底另加 200mm；无天棚者算至屋架下弦底另加 00mm，出檐宽度超过 600mm 时按实砌高度计算；与钢筋混凝土楼板隔层者算至板顶。平屋顶算至钢筋混凝土板底 （2）内墙：位于屋架下弦者，算至屋架下弦底；无屋架者算至天棚底另加 100mm；有钢筋混凝土楼板隔层者算至楼板顶；有框架梁时算至梁底 （3）女儿墙：从屋面板上表面算至女儿墙顶面（如有混凝土压顶时算至压顶下表面） （4）内、外山墙：按其平均高度计算 3. 框架间墙：不分内外墙按墙体净尺寸以体积计算 4. 围墙：高度算至压顶上表面（如有混凝土压顶时算至压顶下表面），围墙柱并入围墙体积内	1. 砂浆制作、运输 2. 砌砖 3. 刮缝 4. 砖压顶砌筑 5. 材料运输
010401004	多孔砖墙				
010401005	空心砖墙				

续表

项目编码	项目名称	项目特征	计量单位	工程量计算规则	工作内容
010401006	空斗墙	1. 砖品种、规格、强度等级 2. 墙体类型 3. 砂浆强度等级、配合比	m^3	按设计图示尺寸以空斗墙外形体积计算。墙角、内外墙交接处、门窗洞口立边、窗台砖、屋檐处的实砌部分体积并入空斗墙体积内	1. 砂浆制作、运输 2. 砌砖 3. 装填充料 4. 刮缝 5. 材料运输
010401007	空花墙			按设计图示尺寸以空花部分外形体积计算，不扣除空洞部分体积	
010401008	填充墙	1. 砖品种、规格、强度等级 2. 墙体类型 3. 填充材料种类及厚度 4. 砂浆强度等级、配合比		按设计图示尺寸以填充墙外形体积计算	
010401009	实心砖柱	1. 砖品种、规格、强度等级 2. 柱类型 3. 砂浆强度等级、配合比		按设计图示尺寸以体积计算。扣除混凝土及钢筋混凝土梁垫、梁头所占体积	1. 砂浆制作、运输 2. 砌砖 3. 刮缝 4. 材料运输
010401010	多孔砖柱				
010401011	砖检查井	1. 井截面 2. 垫层材料种类、厚度 3. 底板厚度 4. 井盖安装 5. 混凝土强度等级 6. 砂浆强度等级 7. 防潮层材料种类	座	按设计图示数量计算	1. 砂浆制作、运输 2. 铺设垫层 3. 底板混凝土制作、运输、浇筑、振捣、养护 4. 砌砖 5. 刮缝 6. 井池底、壁抹灰 7. 抹防潮层 8. 材料运输

续表

项目编码	项目名称	项目特征	计量单位	工程量计算规则	工作内容
010401012	零星砌砖	1. 零星砌砖名称、部位 2. 砖品种、规格、强度等级 3. 砂浆强度等级、配合比	1. m^3 2. m^2 3. m 4. 个	1. 以立方米计量，按设计图示尺寸截面积乘以长度计算 2. 以平方米计量，按设计图示尺寸水平投影面积计算 3. 以米计量，按设计图示尺寸长度计算 4. 以个计量，按设计图示数量计算	1. 砂浆制作、运输 2. 砌砖 3. 刮缝 4. 材料运输
010401013	砖散水、地坪	1. 砖品种、规格、强度等级 2. 垫层材料种类、厚度 3. 散水、地坪厚度 4. 面层种类、厚度 5. 砂浆强度等级	m^2	按设计图示尺寸以面积计算	1. 土方挖、运 2. 地基找平、夯实 3. 铺设垫层 4. 砌砖散水、地坪 5. 抹砂浆面层
010401014	砖地沟、明沟	1. 砖品种、规格、强度等级 2. 沟截面尺寸 3. 垫层材料种类、厚度 4. 混凝土强度等级 5. 砂浆强度等级	m	以米计量，按设计图示以中心线长度计算	1. 土方挖、运 2. 铺设垫层 3. 底板混凝土制作、运输、浇筑、振捣、养护 4. 砌砖 5. 刮缝、抹灰 6. 材料运输

（二）砌块砌体

砌块砌体工程量清单项目设置、项目特征描述的内容、计量单位及工程量计算规则，应按表 4－22 的规定执行。

表 4-22　砌块砌体（编码：010402）

项目编码	项目名称	项目特征	计量单位	工程量计算规则	工作内容
010402001	砌块墙	1. 砌块品种、规格、强度等级 2. 墙体类型 3. 砂浆强度等级	m^3	按设计图示尺寸以体积计算。扣除门窗洞口、过人洞、空圈、嵌入墙内的钢筋混凝土柱、梁、圈梁、挑梁、过梁及凹进墙内的壁龛、管槽、暖气槽、消火栓箱所占体积，不扣除梁头、板头、檩头、垫木、木楞头、沿缘木、木砖、门窗走头、砌块墙内加固钢筋、木筋、铁件、钢管及单个面积≤0.3m^2 的孔洞所占的体积。凸出墙面的腰线、挑檐、压顶、窗台线、虎头砖、门窗套的体积亦不增加。凸出墙面的砖垛并入墙体体积内计算 1. 墙长度：外墙按中心线、内墙按净长计算 2. 墙高度： （1）外墙：斜（坡）屋面无檐口天棚者算至屋面板底；有屋架且室内外均有天棚者算至屋架下弦底另加 200mm；无天棚者算至屋架下弦底另加 300mm，出檐宽度超过 600mm 时按实砌高度计算；与钢筋混凝土楼板隔层者算至板顶；平屋面算至钢筋混凝土板底 （2）内墙：位于屋架下弦者，算至屋架下弦底；无屋架者算至天棚底另加 100mm；有钢筋混凝土楼板隔层者算至楼板顶；有框架梁时算至梁底 （3）女儿墙：从屋面板上表面算至女儿墙顶面（如有混凝土压顶时算至压顶下表面） （4）内、外山墙：按其平均高度计算 3. 框架间墙：不分内外墙按墙体净尺寸以体积计算 4. 围墙：高度算至压顶上表面（如有混凝土压顶时算至压顶下表面），围墙柱并入围墙体积内	1. 砂浆制作、运输 2. 砌砖、砌块 3. 勾缝 4. 材料运输

续表

项目编码	项目名称	项目特征	计量单位	工程量计算规则	工作内容
010402002	砌块柱	1. 砌块品种、规格、强度等级 2. 墙体类型 3. 砂浆强度等级	m^3	按设计图示尺寸以体积计算。 扣除混凝土及钢筋混凝土梁垫、梁头、板头所占体积	1. 砂浆制作、运输 2. 砌砖、砌块 3. 勾缝 4. 材料运输
010402B01（重庆）	零星砌块	1. 零星砌砖名称、部位 2. 砖品种、规格、强度等级 3. 砂浆强度等级、配合比		按设计图示尺寸以体积计算	1. 砂浆制作、运输 2. 砌块砌筑 3. 材料运输

（三）*石砌体*

石砌体工程量清单项目设置、项目特征描述的内容、计量单位及工程量计算规则，应按表 4-23 的规定执行。

表 4-23 石砌体（编码：010403）

项目编码	项目名称	项目特征	计量单位	工程量计算规则	工作内容
010403001	石基础	1. 石料种类、规格 2. 基础类型 3. 砂浆强度等级	m^3	按设计图示尺寸以体积计算。包括附墙垛基础宽出部分体积，不扣除基础砂浆防潮层及单个面积≤0.3m^2 的孔洞所占体积，靠墙暖气沟的挑檐不增加体积。基础长度：外墙按中心线，内墙按净长计算	1. 砂浆制作、运输 2. 吊装 3. 砌石 4. 防潮层铺设 5. 材料运输
010403002	石勒脚	1. 石料种类、规格 2. 石表面加工要求 3. 勾缝要求 4. 砂浆强度等级、配合比		按设计图示尺寸以体积计算。扣除单个面积＞0.3m^2 的孔洞所占的体积	1. 砂浆制作、运输 2. 吊装 3. 砌石 4. 石表面加工 5. 勾缝 6. 材料运输

续表

项目编码	项目名称	项目特征	计量单位	工程量计算规则	工作内容
010403003	石墙	1. 石料种类、规格 2. 石表面加工要求 3. 勾缝要求 4. 砂浆强度等级、配合比	m^3	按设计图示尺寸以体积计算。扣除门窗洞口、过人洞、空圈、嵌入墙内的钢筋混凝土柱、梁、圈梁、挑梁、过梁及凹进墙内的壁龛、管槽、暖气槽、消火栓箱所占体积，不扣除梁头、板头、檩头、垫木、木楞头、沿缘木、木砖、门窗走头、石墙内加固钢筋、木筋、铁件、钢管及单个面积≤0.3m^2 的孔洞所占的体积。凸出墙面的腰线、挑檐、压顶、窗台线、虎头砖、门窗套的体积亦不增加。凸出墙面的砖垛并入墙体体积内计算 1. 墙长度：外墙按中心线、内墙按净长计算 2. 墙高度： （1）外墙：斜（坡）屋面无檐口天棚者算至屋面板底；有屋架且室内外均有天棚者算至屋架下弦底另加 200mm；无天棚者算至屋架下弦底另加 300mm，出檐宽度超过 600mm 时按实砌高度计算；平屋顶算至钢筋混凝土板底 （2）内墙：位于屋架下弦者，算至屋架下弦底；无屋架者算至天棚底另加 100mm；有钢筋混凝土楼板隔层者算至楼板顶；有框架梁时算至梁底 （3）女儿墙：从屋面板上表面算至女儿墙顶面（如有混凝土压顶时算至压顶下表面） （4）内、外山墙：按其平均高度计算 3. 围墙：高度算至压顶上表面（如有混凝土压顶时算至压顶下表面），围墙柱并入围墙体积内	1. 砂浆制作、运输 2. 吊装 3. 砌石 4. 石表面加工 5. 勾缝 6. 材料运输

续表

项目编码	项目名称	项目特征	计量单位	工程量计算规则	工作内容
010403004	石挡土墙	1. 石料种类、规格 2. 石表面加工要求 3. 勾缝要求 4. 砂浆强度等级、配合比	m^3	按设计图示尺寸以体积计算	1. 砂浆制作、运输 2. 吊装 3. 砌石 4. 变形缝、泄水孔、压顶抹灰 5. 滤水层 6. 勾缝 7. 材料运输
010403005	石柱	1. 石料种类、规格 2. 石表面加工要求 3. 勾缝要求 4. 砂浆强度等级、配合比	m^3	按设计图示尺寸以体积计算	1. 砂浆制作、运输 2. 吊装 3. 砌石 4. 石表面加工 5. 勾缝 6. 材料运输
010403006	石栏杆		m	按设计图示以长度计算	
010403007	石护坡	1. 垫层材料种类、厚度 2. 石料种类、规格 3. 护坡厚度、高度 4. 石表面加工要求 5. 勾缝要求 6. 砂浆强度等级、配合比	m^3	按设计图示尺寸以体积计算	
010403008	石台阶				1. 铺设垫层 2. 石料加工 3. 砂浆制作、运输 4. 砌石 5. 石表面加工 6. 勾缝 7. 材料运输
010403009	石坡道		m^2	按设计图示以水平投影面积计算	
010403010	石地沟、明沟	1. 沟截面尺寸 2. 土壤类别、运距 3. 垫层材料种类、厚度 4. 石料种类、规格 5. 石表面加工要求 6. 勾缝要求 7. 砂浆强度等级、配合比	m	按设计图示以中心线长度计算	1. 土方挖、运 2. 砂浆制作、运输 3. 铺设垫层 4. 砌石 5. 石表面加工 6. 勾缝 7. 回填 8. 材料运输

（四）垫层

垫层工程量清单项目设置、项目特征描述的内容、计量单位及工程量计算规则，应按表4－24的规定执行。

表4－24　垫层（编码：010404）

项目编码	项目名称	项目特征	计量单位	工程量计算规则	工作内容
010404001	垫层	垫层材料种类、配合比、厚度	m^3	按设计图示尺寸以立方米计算	1. 垫层材料的拌制 2. 垫层铺设 3. 材料运输

二、计量规范应用说明

（一）砖砌体

（1）“砖基础”项目适用于各种类型砖基础：柱基础、墙基础、管道基础等。

（2）基础与墙（柱）身使用同一种材料时，以设计室内地面为界（图4－5），有地下室者，以地下室室内设计地面为界（图4－6），以下为基础，以上为墙（柱）身。

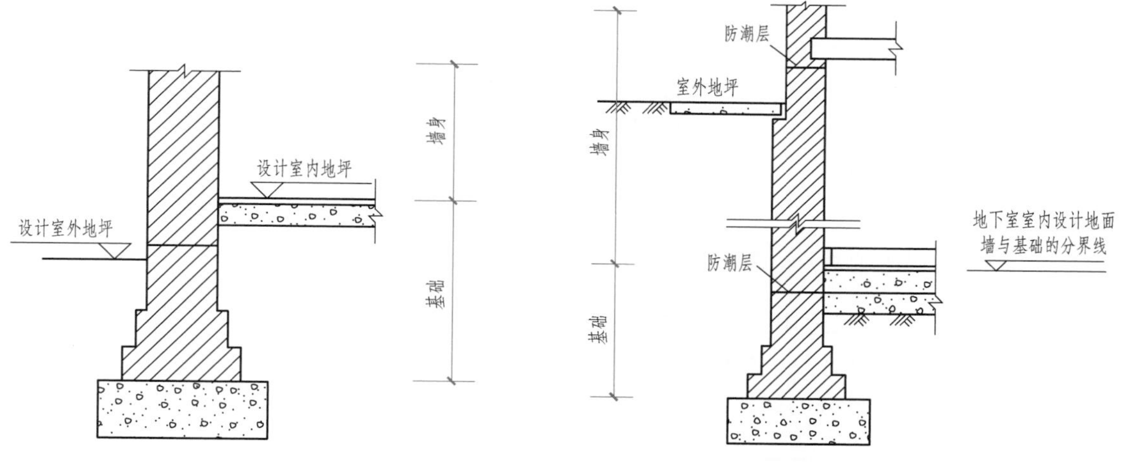

图4－5　基础与墙身划分示意图　　图4－6　地下室的基础与墙身划分示意图

（3）基础与墙身使用不同材料时，位于设计室内地面高度≤±300mm时，以不同材料为分界线［图4－7（a）］，高度＞±300mm时，以设计室内地面为分界线［图4－7（b）］。

（4）砖围墙以设计室外地坪为界，以下为基础，以上为墙身，如图4－8所示。

（5）框架外表面的镶贴砖部分，按零星项目编码列项。

（6）附墙烟囱、通风道、垃圾道、应按设计图示尺寸以体积（扣除孔洞所占体积）计算并入所依附的墙体体积内。当设计规定孔洞内需抹灰时，应按本书第五章中零星抹灰项目编码列项。

（7）空斗墙的窗间墙、窗台下、楼板下、梁头下等的实砌部分（图4－9），按零星砌砖项目编码列项。

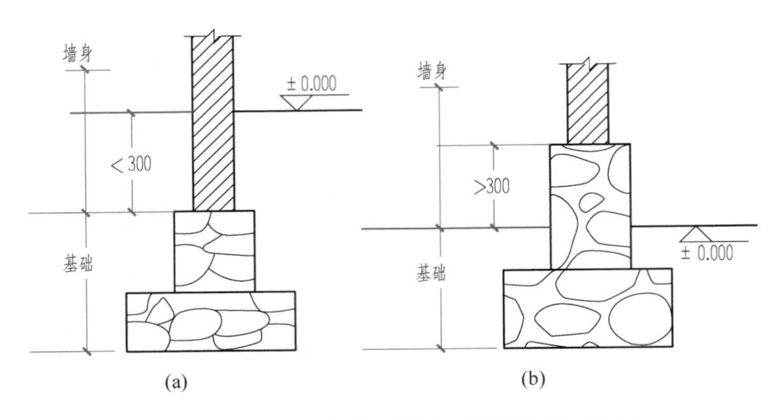

图 4-7 基础与墙身使用不同材料划分示意图
（a）以不同材料为分界线；（b）以设计室内地面为分界线

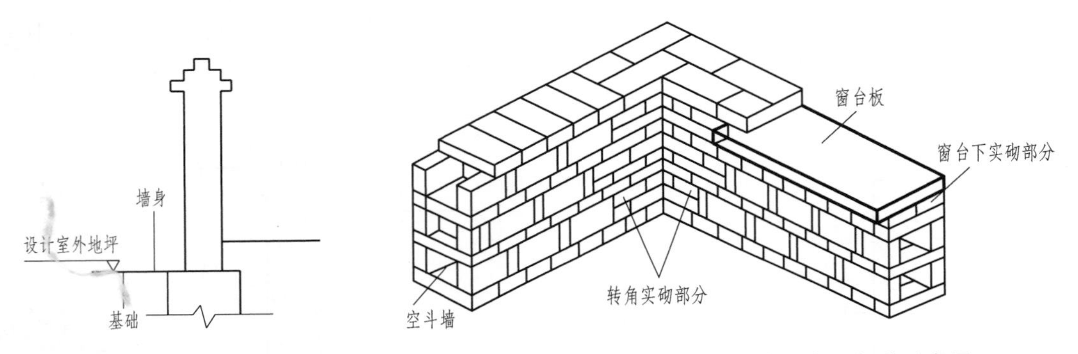

图 4-8 围墙基础与墙身划分示意图　　图 4-9 空斗墙转角及窗台下实砌部分示意图

（8）“空花墙”项目适用于各种类型的空花墙，使用混凝土花格砌筑的空花墙，实砌墙体与混凝土花格应分别计算，如图 4-10 所示。混凝土花格按本章第五节混凝土及钢筋混凝土中预制构件相关项目编码列项。

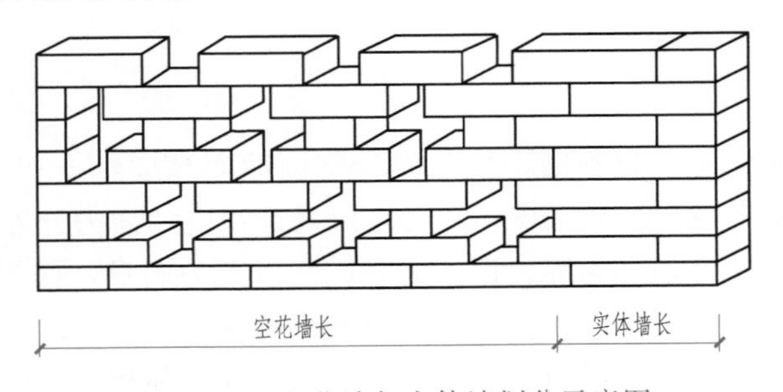

图 4-10 空花墙与实体墙划分示意图

（9）台阶（图 4-11）、台阶挡墙（图 4-12）、梯带、锅台、炉灶、蹲台（图 4-13）、池槽、水槽腿（图 4-14）、砖胎模、花台、花池、楼梯栏板、阳台栏板、地垄墙（图 4-15）、$\leqslant$0.3m^2 的孔洞填塞等，应按零星砌砖项目编码列项。砖砌锅台与炉灶可按外形尺寸以个计算，砖砌台阶可按水平投影面积以平方米计算，小便槽、地垄墙可按长度计算、其他工程按立方米计算。

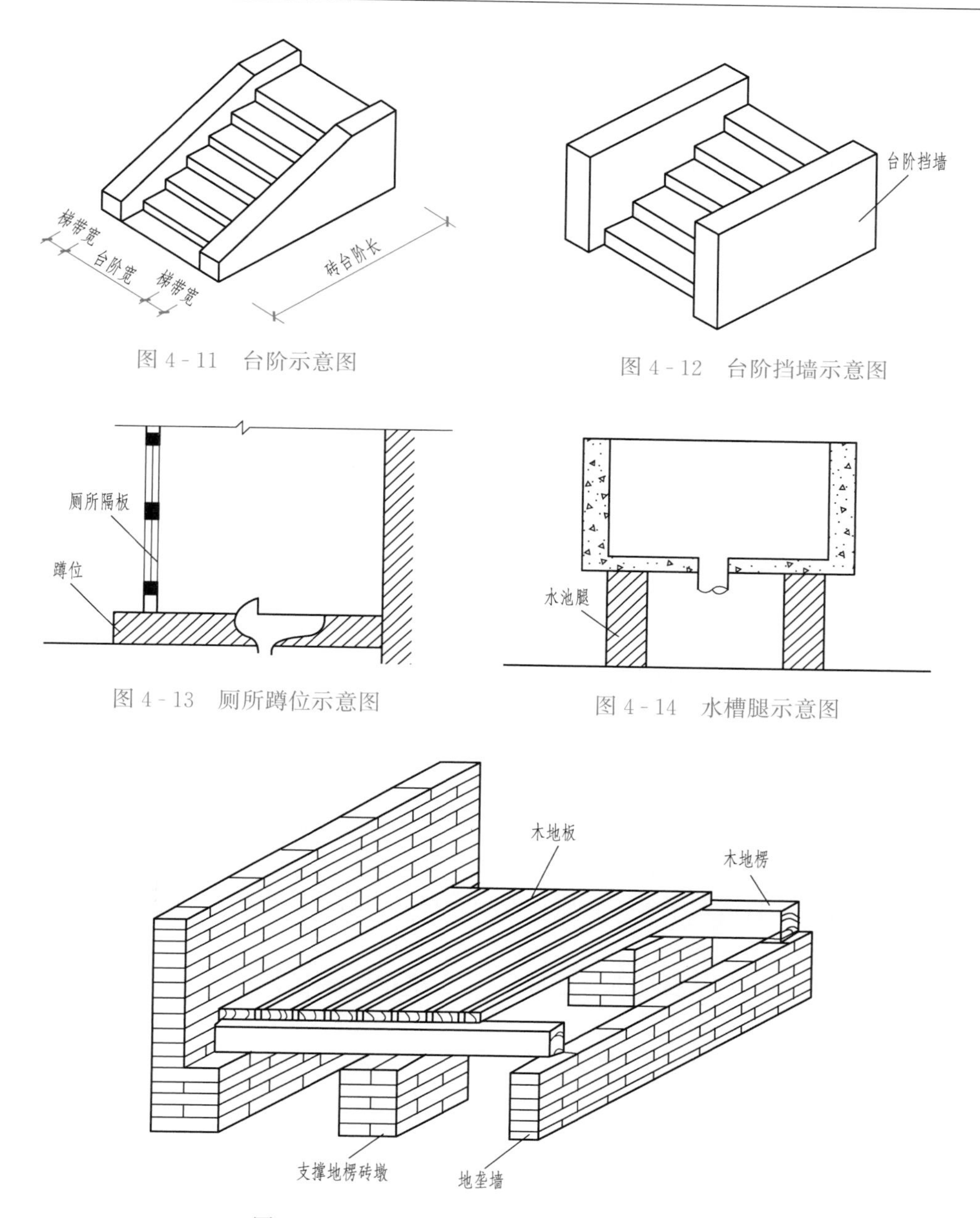

图 4-11　台阶示意图

图 4-12　台阶挡墙示意图

图 4-13　厕所蹲位示意图

图 4-14　水槽腿示意图

图 4-15　地垄墙及支撑地楞木的砖墩示意图

（10）砖砌体内钢筋加固，应按本章第五节钢筋工程（010515）中相关项目编码列项。

（11）砖砌体勾缝按本书第五章中相关项目编码列项。

（12）检查井内的爬梯按本章第五节中相关项目编码列项；井、池内的混凝土构件按本章第五节中混凝土及钢筋混凝土预制构件编码列项。

（13）如施工图设计标注做法见标准图集时，应注明标注图集的编码、页号及节点大样，例如：详见西南 11J312 第 32 页 3 大样。

（14）重庆市补充规定：零星砌砖项目适用于砌筑小便池槽、厕所蹲台、水槽腿、垃圾箱、台阶、梯带、阳台栏杆（栏板）、花台、花池、屋顶烟囱、污水斗、锅台、架空隔热板砖墩，以及石墙的门窗立边或单个体积在 0.3m³ 以内的砌体。

（二）砌块砌体

（1）砌体内加筋、墙体拉结的制作、安装，应按本章第五节钢筋工程（010515）中相关项目编码列项。

（2）砌块排列应上、下错缝搭砌，如果搭错缝长度满足不了规定的压搭要求，应采取压砌钢筋网片的措施，具体构造要求按设计规定。若设计无规定时，应注明由投标人根据工程实际情况自行考虑。钢筋网片按本章第六节金属结构工程中相关项目编码列项。

（3）砌体垂直灰缝宽＞30mm 时，采用 C20 细石混凝土灌实。灌注的混凝土应按本章第四节混凝土工程相关项目编码列项。

（三）石砌体

（1）石基础、石勒脚、石墙的划分：基础与勒脚应以设计室外地坪为界。勒脚与墙身应以设计室内地面为界。石围墙内外地坪标高不同时，应以较低地坪标高为界，以下为基础；内外标高之差为挡土墙时，挡土墙以上为墙身。

（2）“石基础”项目适用于各种规格（粗料石、细料石等）、各种材质（砂石、青石等）和各种类型（柱基、墙基、直形、弧形等）基础。

（3）“石勒脚”“石墙”项目适用于各种规格（粗料石、细料石等）、各种材质（砂石、青石、大理石、花岗石等）和各种类型（直形、弧形等）勒脚和墙体。

（4）“石挡土墙”项目适用于各种规格（粗料石、细料石、块石、毛石、卵石等）、各种材质（砂石、青石、石灰石等）和各种类型（直形、弧形、台阶形等）挡土墙。

（5）“石柱”项目适用于各种规格、各种石质、各种类型的石柱。

（6）“石栏杆”项目适用于无雕饰的一般石栏杆。

（7）“石护坡”项目适用于各种石质和各种石料（粗料石、细料石、片石、块石、毛石、卵石等）。

（8）“石台阶”项目包括石梯带（垂带），不包括石梯膀，石梯膀应按表 4-23 中石挡土墙项目（010403004）编码列项。

（9）如施工图设计标注做法见标准图集时，应注明标注图集的编码、页号及节点大样。

（10）重庆市补充规定：

1）零星砌块项目适用于砌筑小便池槽、厕所蹲台、水槽腿、垃圾箱、台阶、梯带、阳台栏杆（栏板）、花台、花池、屋顶烟囱、污水斗、锅台、架空隔热板砖墩，以及石墙的门窗立边或单个体积在 0.3m³ 以内的砌体。

2）砌块墙体顶部及底部与墙体材质不同的实心砖，应按表 4-21 中砖砌体相关项目编码列项。

（四）垫层

除混凝土垫层应按本章第五节垫层（010501001）项目编码列项外，没有包括垫层要求的清单项目应按表 4-24 垫层项目编码列项。

（五）项目特征描述

（1）墙体类型可以不描述，计价时一般不需要区分内外墙。根据砖的种类，可以增加“墙体厚度”项目特征满足组价需要。标准砖 240mm×115mm×53mm 墙厚度应按表 4-25

计算；非标准砖砌体厚度应按砖实际规格和设计厚度计算，如设计厚度与实际规格不同时按实际规格计算。

表 4-25　标准墙计算厚度表

砖数（厚度）	$\frac{1}{4}$	$\frac{1}{2}$	$\frac{3}{4}$	1	$1\frac{1}{2}$	2	$2\frac{1}{2}$	3
计算厚度（mm）	53	115	180	240	365	490	615	740

（2）可以增加“墙体高度”项目特征，特别是墙体高度超过 3.6m 的砌体墙应进行墙体高度描述，便于提示投标人计算超高费。

（3）砂浆种类描述时根据设计图纸区分水泥砂浆和混合砂浆，如果地区同时存在现拌砂浆、干混商品砂浆、湿拌商品砂浆等情形，描述时也应注明。

（4）“石表面加工要求”可描述为扁光、倒水扁光、整石扁光、打钻路、钉麻石（粗面、细面）等。

（5）“勾缝要求”可描述为：加浆勾缝、原浆勾缝、平缝、凹缝、凸缝、开槽勾缝。

（6）砌体墙是弧形时，描述时应注明，以区分直形墙和弧形墙的报价。

（六）组价相关说明

（1）砌体工程组价主要按照砌体种类、墙厚、砌体砂浆种类和强度等级等进行组价，由于工程实际应用中砂浆强度等级、砂浆种类较多，定额子目编制了部分代表性子目，根据设计砂浆强度等级、定额使用说明进行换算。如重庆地区砂浆强度等级只编制了 M5，不同时需要砂浆强度等级换算；砖砌体、砌块砌体的砌筑砂浆编制了现拌砂浆、干混商品砂浆、湿拌商品砂浆各类相应定额子目，对石砌体及预制块砌体按现拌砂浆进行编制，若采用干混商品砌筑砂浆、湿拌商品砌筑砂浆，按以下方法调整：

1）采用干混商品砂浆时，人工按砌筑砂浆扣减 0.382 工日/m^3；扣减现拌砂浆定额子目中的现拌砂浆，增加干混商品砌筑砂浆，耗量按 1.7T/m^3；水按砌筑砂浆增加 0.5T/m^3；扣减 200L 灰浆搅拌机台班；增加干混砂浆罐式搅拌机，耗量按砌筑砂浆 0.1 台班/m^3。

2）采用湿拌预拌砂浆时，人工按砌筑砂浆扣减 0.582 工日/m^3；扣减现拌砂浆定额子目中的现拌砂浆，湿拌商品砌筑砂浆耗量增加 2%，扣减灰浆搅拌机 200L 台班。

（2）若砌体规格与消耗量定额不一致时，应根据砌块规格尺寸、灰缝大小等进行消耗量换算。

（3）消耗量定额若未单独编制弧形定额子目，可按各类砖、砌块及石砌体的直形相应定额人工用量乘以系数 1.10，砖、砌块、石砌体及砂浆（黏结剂）等材料用量乘以系数 1.03 计算，地区有规定从其规定系数。

三、工程量清单编制实例

（一）背景资料

（1）某工程±0.000 以下条形基础平面、剖面大样图详见图 4-16 所示，室内外高差 150mm。

（2）基础垫层为原槽浇筑，清条石 1000mm×300mm×300mm，基础使用水泥砂浆 M7.5 砌筑，页岩标砖，砖强度等级 MU7.5，基础为 M7.5 水泥砂浆砌筑。

（3）本工程室外标高为−0.150。

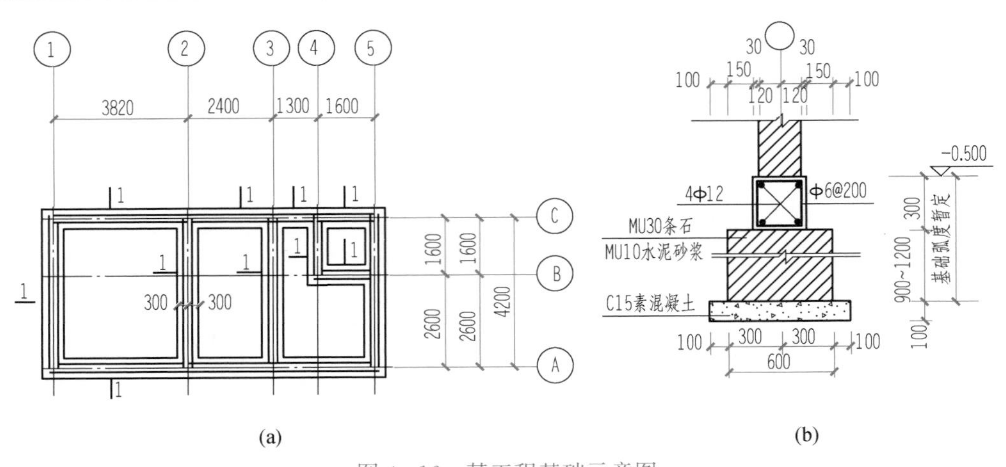

图 4-16 某工程基础示意图

(a) 基础平面图；(b) 1-1 剖面图

(4) 垫层为 C15 素混凝土，现场自拌混凝土。

(5) 地圈梁为 C30 混凝土，商品混凝土。

(二) 问题

根据以上背景资料及国家标准《建设工程工程量清单计价规范》(GB 50500—2013)、《房屋建筑与装饰工程工程量计算规范》(GB 50854—2013)，试列出该工程基础垫层、石基础、地圈梁、砖基础的分部分项工程量清单。

解 (1) 条石基础高度设计为 900～1200mm，编制清单时按上限取为 1200mm 计算。

(2) 砖墙与基础采用不同的材料，并且高差−0.500≥0.3m，基础与墙身的分界按计算规则，以室内地坪±0.000 为界，砖基础高度为 0.5m。

(3) 清单工程量计算详见表 4-26。

表 4-26 清单工程量计算表

工程名称：某工程

序号	项目编码	清单项目名称	工程量计算式	工程量	计量单位
1	010501001001	基础垫层	$L_{外}$=(9.12+4.2)×2=26.64 $L_{内}$=(4.2−0.8)×2+(1.6−0.4)×2=9.2 V=(26.64+9.2)×0.8×0.1=2.87	2.87	m^3
2	010403001001	石基础	$L_{外}$=26.64 $L_{内}$=(4.2−0.6)×2+(1.6−0.3)×2=9.8 V=(26.64+9.8)×0.6×1.2=26.24	26.24	m^3
3	010401001001	砖基础	$L_{外}$=26.64 $L_{内}$=(4.2−0.24)×2+(1.6−0.12)×2=10.88 V=(26.64+10.88)×0.24×0.5=0.54	4.50	m^3
4	010503004001	地圈梁	$L_{外}$=26.64 $L_{内}$=(4.2−0.3)×2+(1.6−0.15)×2=10.7 V=(26.64+10.7)×0.3×0.3=0.54	3.36	m^3

根据表 4-26 的清单工程量和背景资料的有关信息，分部分项工程量清单见表 4-27。

表 4-27　　分部分项工程量清单和单价措施项目清单与计价表

工程名称：某工程

序号	项目编码	项目名称	项目特征	计量单位	工程量	金额	
						综合单价	合价
1	010501001001	基础垫层	1. 混凝土种类：自拌混凝土 2. 混凝土强度等级：C15	m³	2.87		
2	010403001001	石基础	1. 石料种类、规格：清条石1000mm×300mm×300mm 2. 基础类型：条形基础 3. 砂浆强度等级：M7.5 水泥砂浆	m³	26.24		
3	010401001001	砖基础	1. 砖品种、规格、强度等级：240mm×115mm×53mm、MU7.5 2. 基础类型：条形 3. 砂浆强度等级：M5 水泥砂浆	m³	4.50		
4	010503004001	地圈梁	1. 混凝土种类：商品混凝土 2. 混凝土强度等级：C30	m³	3.36		

第五节　混凝土及钢筋混凝土工程

本节配套数字资源及习题

一、清单工程量计算规范

（一）现浇混凝土基础

现浇混凝土基础工程量清单项目设置、项目特征描述的内容、计量单位及工程量计算规则，应按表 4-28 的规定执行。

表 4-28　　现浇混凝土基础（编号：010501）

项目编码	项目名称	项目特征	计量单位	工程量计算规则	工作内容
010501001	垫层	1. 混凝土类别 2. 混凝土强度等级	m³	按设计图示尺寸以体积计算。不扣除构件内钢筋、预埋铁件和伸入承台基础的桩头所占体积	1. 模板及支撑制作、安装、拆除、堆放、运输及清理模内杂物、刷隔离剂等 2. 混凝土制作、运输、浇筑、振捣、养护
010501002	带形基础				
010501003	独立基础				
010501004	满堂基础				
010501005	桩承台基础				
010501006	设备基础	1. 混凝土类别 2. 混凝土强度等级 3. 灌浆材料及其强度等级			

（二）现浇混凝土柱

现浇混凝土柱工程量清单项目设置、项目特征描述的内容、计量单位及工程量计算规则，应按表 4-29 的规定执行。

表 4-29 现浇混凝土柱（编号：010502）

项目编码	项目名称	项目特征	计量单位	工程量计算规则	工作内容
010502001	矩形柱	1. 混凝土类别 2. 混凝土强度等级	m^3	按设计图示尺寸以体积计算。不扣除构件内钢筋，预埋铁件所占体积。型钢混凝土柱扣除构件内型钢所占体积 柱高： 1. 有梁板的柱高，应自柱基上表面（或楼板上表面）至上一层楼板上表面之间的高度计算 2. 无梁板的柱高，应自柱基上表面（或楼板上表面）至柱帽下表面之间的高度计算 3. 框架柱的柱高：应自柱基上表面至柱顶高度计算 4. 构造柱按全高计算，嵌接墙体部分（马牙槎）并入柱身体积 5. 依附柱上的牛腿和升板的柱帽，并入柱身体积计算	1. 模板及支架（撑）制作、安装、拆除、堆放、运输及清理模内杂物、刷隔离剂等 2. 混凝土制作、运输、浇筑、振捣、养护
010502002	构造柱				
010502003	异形柱	1. 柱形状 2. 混凝土类别 3. 混凝土强度等级			

（三）现浇混凝土梁

现浇混凝土梁工程量清单项目设置、项目特征描述的内容、计量单位及工程量计算规则，应按表 4-30 的规定执行。

表 4-30 现浇混凝土梁（编号：010503）

项目编码	项目名称	项目特征	计量单位	工程量计算规则	工作内容
010503001	基础梁	1. 混凝土类别 2. 混凝土强度等级	m^3	按设计图示尺寸以体积计算 伸入墙内的梁头、梁垫并入梁体积内 梁长： 1. 梁与柱连接时，梁长算至柱侧面 2. 主梁与次梁连接时，次梁长算至主梁侧面	1. 模板及支架（撑）制作、安装、拆除、堆放、运输及清理模内杂物、刷隔离剂等 2. 混凝土制作、运输、浇筑、振捣、养护
010503002	矩形梁				
010503003	异形梁				
010503004	圈梁				
010503005	过梁				
010503006	弧形、拱形梁	1. 混凝土类别 2. 混凝土强度等级	m^3	按设计图示尺寸以体积计算。不扣除构件内钢筋、预埋铁件所占体积，伸入墙内的梁头、梁垫并入梁体积内 梁长： 1. 梁与柱连接时，梁长算至柱侧面 2. 主梁与次梁连接时，次梁长算至主梁侧面	1. 模板及支架（撑）制作、安装、拆除、堆放、运输及清理模内杂物、刷隔离剂等 2. 混凝土制作、运输、浇筑、振捣、养护

（四）现浇混凝土墙

现浇混凝土墙工程量清单项目设置、项目特征描述的内容、计量单位及工程量计算规则，应按表 4-31 的规定执行。

表 4-31　现浇混凝土墙（编号：010504）

项目编码	项目名称	项目特征	计量单位	工程量计算规则	工作内容
010504001	直形墙	1. 混凝土类别 2. 混凝土强度等级	m^3	按设计图示尺寸以体积计算。 扣除门窗洞口及单个面积>0.3m^2 的孔洞所占体积，墙垛及突出墙面部分并入墙体体积计算内	1. 模板及支架（撑）制作、安装、拆除、堆放、运输及清理模内杂物、刷隔离剂等 2. 混凝土制作、运输、浇筑、振捣、养护
010504002	弧形墙				
010504003	短肢剪力墙				
010504004	挡土墙				

（五）现浇混凝土板

现浇混凝土板工程量清单项目设置、项目特征描述的内容、计量单位及工程量计算规则，应按表 4-32 的规定执行。

表 4-32　现浇混凝土板（编号：010505）

项目编码	项目名称	项目特征	计量单位	工程量计算规则	工作内容
010505001	有梁板	1. 混凝土类别 2. 混凝土强度等级	m^3	按设计图示尺寸以体积计算，不扣除构件内钢筋、预埋铁件及单个面积≤0.3m^2 的柱、垛以及孔洞所占体积。压形钢板混凝土楼板扣除构件内压形钢板所占体积 有梁板（包括主、次梁与板）按梁、板体积之和计算，无梁板按板和柱帽体积之和计算，各类板伸入墙内的板头并入板体积内，薄壳板的肋、基梁并入薄壳体积内计算	1. 模板及支（撑）制作、安装、拆除、堆放、运输及清理模内杂物、刷隔离剂等 2. 混凝土制作、运输、浇筑、振捣、养护
010505002	无梁板				
010505003	平板				
010505004	拱板				
010505005	薄壳板				
010505006	栏板				
010505007	天沟（檐沟）、挑檐板			按设计图示尺寸以体积计算	
010505008	雨篷、悬挑板、阳台板			按设计图示尺寸以墙外部分体积计算。包括伸出墙外的牛腿和雨篷反挑檐的体积	

续表

<table>
<tr><th>项目编码</th><th>项目名称</th><th>项目特征</th><th>计量单位</th><th>工程量计算规则</th><th>工作内容</th></tr>
<tr><td>010505009</td><td>空心板</td><td rowspan="2">1. 混凝土类别
2. 混凝土强度等级</td><td rowspan="2">m³</td><td>按设计图示尺寸以体积计算。空心板（GBF 高强薄壁蜂巢芯板等）应扣除空心部分体积</td><td rowspan="2">1. 模板及支（撑）制作、安装、拆除、堆放、运输及清理模内杂物、刷隔离剂等
2. 混凝土制作、运输、浇筑、振捣、养护</td></tr>
<tr><td>010505010</td><td>其他板</td><td>按设计图示尺寸以体积计算</td></tr>
</table>

（六）现浇混凝土楼梯

现浇混凝土楼梯工程量清单项目设置、项目特征描述的内容、计量单位及工程量计算规则，应按表 4－33 的规定执行。

表 4－33 现浇混凝土楼梯（编号：010506）

<table>
<tr><th>项目编码</th><th>项目名称</th><th>项目特征</th><th>计量单位</th><th>工程量计算规则</th><th>工作内容</th></tr>
<tr><td>010506001</td><td>直形楼梯</td><td rowspan="2">1. 混凝土类别
2. 混凝土强度等级</td><td rowspan="2">1. m²
2. m³</td><td rowspan="2">1. 以平方米计量，按设计图示尺寸以水平投影面积计算。不扣除宽度≤500mm 的楼梯井，伸入墙内部分不计算
2. 以立方米计量，按设计图示尺寸以体积计算</td><td rowspan="2">1. 模板及支架（撑）制作、安装、拆除、堆放、运输及清理模内杂物、刷隔离剂等
2. 混凝土制作、运输、浇筑、振捣、养护</td></tr>
<tr><td>010506002</td><td>弧形楼梯</td></tr>
</table>

（七）现浇混凝土其他构件

现浇混凝土其他构件工程量清单项目设置、项目特征描述的内容、计量单位及工程量计算规则，应按表 4－34 的规定执行。

表 4－34 现浇混凝土其他构件（编号：010507）

<table>
<tr><th>项目编码</th><th>项目名称</th><th>项目特征</th><th>计量单位</th><th>工程量计算规则</th><th>工作内容</th></tr>
<tr><td>010507001</td><td>散水、坡道</td><td>1. 垫层材料种类、厚度
2. 面层厚度
3. 混凝土类别
4. 混凝土强度等级
5. 变形缝填塞材料种类</td><td rowspan="2">m²</td><td rowspan="2">以平方米计量，按设计图示尺寸以面积计算。不扣除单个≤0.3m² 的孔洞所占面积</td><td rowspan="2">1. 地基夯实
2. 铺设垫层
3. 模板及支撑制作、安装、拆除、堆放、运输及清理模内杂物、刷隔离剂等
4. 混凝土制作、运输、浇筑、振捣、养护
5. 变形缝填塞</td></tr>
<tr><td>010507002</td><td>室外地坪</td><td>1. 地坪厚底
2. 混凝土强度等级</td></tr>
</table>

续表

项目编码	项目名称	项目特征	计量单位	工程量计算规则	工作内容
010507003	电缆沟、地沟	1. 土壤类别 2. 沟截面净空尺寸 3. 垫层材料种类、厚度 4. 混凝土类别 5. 混凝土强度等级 6. 防护材料种类	m	按设计图示以中心线长计算	1. 挖填、运土石方 2. 铺设垫层 3. 模板及支撑制作、安装、拆除、堆放、运输及清理模内杂物、刷隔离剂等 4. 混凝土制作、运输、浇筑、振捣、养护 5. 刷防护材料
010507004	台阶	1. 踏步高、宽 2. 混凝土类别 3. 混凝土强度等级	1. m^2 2. m^3	1. 以平方米计量，按设计图示尺寸水平投影面积计算 2. 以立方米计量，按设计图示尺寸以体积计算	1. 模板及支撑制作、安装、拆除、堆放、运输及清理模内杂物、刷隔离剂等 2. 混凝土制作、运输、浇筑、振捣、养护
010507005	扶手、压顶	1. 断面尺寸 2. 混凝土类别 3. 混凝土强度等级	1. m 2. m^3	1. 以米计量，按设计图示的延长米计算 2. 以立方米计量，按设计图示尺寸以体积计算	1. 模板及支架（撑）制作、安装、拆除、堆放、运输及清理模内杂物、刷隔离剂等 2. 混凝土制作、运输、浇筑、振捣、养护
010507006	化粪池、检查井	1. 部位 2. 混凝土强度等级 3. 防水、抗渗要求	m^3	按设计图示尺寸以体积计算。不扣除构件内钢筋、预埋铁件所占体积	
010507007	其他构件	1. 构件的类型 2. 构件规格 3. 部位 4. 混凝土类别 5. 混凝土强度等级	m^3		

（八）后浇混凝土

后浇带工程量清单项目设置、项目特征描述的内容、计量单位及工程量计算规则，应按表 4-35 中 010508001 编码项目的规定执行，010508B01～010508B04 为装配式后浇混凝土补充清单编制参考示例。

表 4-35 后浇混凝土 编号：（010508）

项目编码	项目名称	项目特征	计量单位	工程量计算规则	工作内容
010508001	后浇带	1. 混凝土类别 2. 混凝土强度等级	m^3	按设计图示尺寸以体积计算	1. 模板及支（撑）制作、安装、拆除、堆放、运输及清理模内杂物、刷隔离剂等 2. 混凝土制作、运输、浇筑、振捣、养护及混凝土交接面、钢筋等的清理
010508B01	叠合梁板	1. 混凝土种类 2. 混凝土强度等级 3. 浇筑方式			
010508B02	叠合剪力墙				
010508B03	装配构件梁、柱连接				
010508B04	装配构件墙、柱连接				

（九）预制混凝土柱

预制混凝土柱工程量清单项目设置、项目特征描述的内容、计量单位及工程量计算规则，应按表 4-36 的规定执行。

表 4-36 预制混凝土柱（编号：010509）

项目编码	项目名称	项目特征	计量单位	工程量计算规则	工作内容
010509001	矩形柱	1. 图代号 2. 单件体积 3. 安装高度 4. 混凝土强度等级 5. 砂浆（细石混凝土）强度等级、配合比	1. m^3 2. 根	1. 以立方米计量，按设计图示尺寸以体积计算 2. 以根计量，按设计图示尺寸以数量计算	1. 模板的制作、安装、拆除、堆放、运输及清理模内杂物、隔离剂等 2. 混凝土的制作、运输、浇筑、振捣、养护 3. 构件的运输、安装 4. 砂浆的制作、运输 5. 接头灌浆、养护
010509002	异形柱				

（十）预制混凝土梁

预制混凝土梁工程量清单项目设置、项目特征描述的内容、计量单位及工程量计算规则，应按表 4-37 的规定执行。

表 4-37 预制混凝土梁（编号：010510）

项目编码	项目名称	项目特征	计量单位	工程量计算规则	工作内容
010510001	矩形梁	1. 图代号 2. 单件体积 3. 安装高度 4. 混凝土强度等级 5. 砂浆（细石混凝土）强度等级、配合比	1. m^3 2. 根	1. 以立方米计量，按设计图示尺寸以体积计算 2. 以根计量，按设计图示尺寸以数量计算	1. 模板的制作、安装、拆除、堆放、运输及清理模内杂物、隔离剂等 2. 混凝土的制作、运输、浇筑、振捣、养护 3. 构件的运输、安装 4. 砂浆的制作、运输 5. 接头灌浆、养护
010510002	异形梁				
010510003	过梁				
010510004	拱形梁				
010510005	鱼腹式吊车梁				
010510006	其他梁				

（十一）预制混凝土屋架

预制混凝土屋架工程量清单项目设置、项目特征描述的内容、计量单位及工程量计算规则，应按表4-38的规定执行。

表4-38　预制混凝土屋架（编号：010511）

项目编码	项目名称	项目特征	计量单位	工程量计算规则	工作内容
010511001	折线型	1. 图代号 2. 单件体积 3. 安装高度 4. 混凝土强度等级 5. 砂浆强度等级、配合比	1. m^3 2. 榀	1. 以立方米计量，按设计图示尺寸以体积计算 2. 以榀计量，按设计图示尺寸以数量计算	1. 模板的制作、安装、拆除、堆放、运输及清理模内杂物、隔离剂等 2. 混凝土的制作、运输、浇筑、振捣、养护 3. 构件的运输、安装 4. 砂浆的制作、运输 5. 接头灌浆、养护
010511002	组合				
010511003	薄腹				
010511004	门式刚架				
010511005	天窗架				

（十二）预制混凝土板

预制混凝土板工程量清单项目设置、项目特征描述的内容、计量单位及工程量计算规则，应按表4-39的规定执行。

表4-39　预制混凝土板（编号：010512）

项目编码	项目名称	项目特征	计量单位	工程量计算规则	工作内容
010512001	平板	1. 图代号 2. 单件体积 3. 安装高度 4. 混凝土强度等级 5. 砂浆（细石混凝土）强度等级、配合比	1. m^3 2. 块	1. 以立方米计量，按设计图示尺寸以体积计算。不扣除单个面积在≤300mm×300mm的孔洞所占体积，扣除空心板空洞体积 2. 以块计量，按设计图示尺寸以数量计算	1. 模板的制作、安装、拆除、堆放、运输及清理模内杂物、隔离剂等 2. 混凝土的制作、运输、浇筑、振捣、养护 3. 构件的运输、安装 4. 砂浆的制作、运输 5. 接头灌浆、养护
010512002	空心板				
010512003	槽形板				
010512004	网架板				
010512005	折线板				
010512006	带肋板				
010512007	大型板				
010512008	沟盖板、井盖板、井圈	1. 单件体积 2. 安装高度 3. 混凝土强度等级 4. 砂浆强度等级、配合比	1. m^3 2. 块（套）	1. 以立方米计量，按设计图示尺寸以体积计算。不扣除构件内钢筋、预埋铁件所占体积 2. 以块计量，按设计图示尺寸以数量计算	

（十三）预制混凝土楼梯

预制混凝土楼梯工程量清单项目设置、项目特征描述的内容、计量单位及工程量计算规则，应按表4-40的规定执行。

表 4-40　预制混凝土楼梯（编号：010513）

项目编码	项目名称	项目特征	计量单位	工程量计算规则	工作内容
010513001	楼梯	1. 楼梯类型 2. 单件体积 3. 混凝土强度等级 4. 砂浆（细石混凝土）强度等级	1. m^3 2. 块	1. 以立方米计量，按设计图示尺寸以体积计算。扣除空心踏步板空洞体积 2. 以段计量，按设计图示数量计算	1. 模板的制作、安装、拆除、堆放、运输及清理模内杂物、隔离剂等 2. 混凝土的制作、运输、浇筑、振捣、养护 3. 构件的运输、安装 4. 砂浆的制作、运输 5. 接头灌浆、养护

（十四）其他预制构件

其他预制构件工程量清单项目设置、项目特征描述的内容、计量单位及工程量计算规则，应按表 4-41 的规定执行。

表 4-41　其他预制构件（编号：010514）

项目编码	项目名称	项目特征	计量单位	工程量计算规则	工作内容
010514001	垃圾道、通风道、烟道	1. 单件体积 2. 混凝土强度等级 3. 砂浆强度等级	1. m^3 2. m^2 3. 根（块）	1. 以立方米计量，按设计图示尺寸以体积计算。不扣除单个面积≤300mm×300mm的孔洞所占体积，扣除烟道、垃圾道、通风道的孔洞所占体积 2. 以平方米计量，按设计图示尺寸以面积计算。不扣单个面积≤300mm×300mm的孔洞所占面积 3. 以根计量，按设计图示尺寸以数量计算	1. 模板的制作、安装、拆除、堆放、运输及清理模内杂物、隔离剂等 2. 混凝土的制作、运输、浇筑、振捣、养护 3. 构件的运输、安装 4. 砂浆的制作、运输 5. 接头灌浆、养护
010514002	其他构件	1. 单件体积 2. 构件的类型 3. 混凝土强度等级 4. 砂浆强度等级			

（十五）钢筋工程

钢筋工程工程量清单项目设置、项目特征描述的内容、计量单位及工程量计算规则，应按表 4-42 的规定执行。

表 4-42　钢筋工程（编号：010515）

项目编码	项目名称	项目特征	计量单位	工程量计算规则	工作内容
010515001	现浇构件钢筋	钢筋种类、规格	t	按设计图示钢筋（网）长度（面积）乘单位理论质量计算	1. 钢筋制作、运输 2. 钢筋安装 3. 焊接（绑扎）

续表

项目编码	项目名称	项目特征	计量单位	工程量计算规则	工作内容
010515002	预制构件钢筋	钢筋种类、规格	t	按设计图示钢筋（网）长度（面积）乘单位理论质量计算	1. 钢筋网制作、运输 2. 钢筋网安装 3. 焊接（绑扎）
010515003	钢筋网片				
010515004	钢筋笼				1. 钢筋笼制作、运输 2. 钢筋笼安装 3. 焊接（绑扎）
010515005	先张法预应力钢筋	1. 钢筋种类、规格 2. 锚具种类		按设计图示钢筋长度乘单位理论质量计算	1. 钢筋制作、运输 2. 钢筋张拉
010515006	后张法预应力钢筋	1. 钢筋种类、规格 2. 钢丝种类、规格 3. 钢绞线种类、规格 4. 锚具种类 5. 砂浆强度等级		按设计图示钢筋（丝束、绞线）长度乘单位理论质量计算 1. 低合金钢筋两端均采用螺杆锚具时，钢筋长度按孔道长度减 0.35m 计算，螺杆另行计算 2. 低合金钢筋一端采用镦头插片、另一端采用螺杆锚具时，钢筋长度按孔道长度计算，螺杆另行计算 3. 低合金钢筋一端采用镦头插片、另一端采用帮条锚具时，钢筋增加 0.15m 计算；两端均采用帮条锚具时，钢筋长度按孔道长度增加 0.3m 计算 4. 低合金钢筋采用后张混凝土自锚时，钢筋长度按孔道长度增加 0.35m 计算 5. 低合金钢筋（钢绞线）采用 JM、XM、QM 型锚具，孔道长度≤20m 时，钢筋长度增加 1m 计算，孔道长度＞20m 时，钢筋长度增加 1.8m 计算 6. 碳素钢丝采用锥形锚具，孔道长度≤20m 时，钢丝束长度按孔道长度增加 1m 计算，孔道长度＞20m 时，钢丝束长度按孔道长度增加 1.8m 计算 7. 碳素钢丝采用镦头锚具时，钢丝束长度按孔道长度增加 0.35m 计算	1. 钢筋、钢丝、钢绞线制作、运输 2. 钢筋、钢丝、钢绞线安装 3. 预埋管孔道铺设 4. 锚具安装 5. 砂浆制作、运输 6. 孔道压浆、养护
010515007	预应力钢丝				
010515008	预应力钢绞线				

续表

项目编码	项目名称	项目特征	计量单位	工程量计算规则	工作内容
010515009	支撑钢筋（铁马）	1. 钢筋种类 2. 规格	t	按设计钢筋长度乘单位理论质量计算	钢筋制作、焊接、安装
010515010	声测管	1. 材质 2. 规格型号		按设计图示尺寸以质量计算	1. 检测管截断、封头 2. 套管制作、焊接 3. 定位、固定

（十六）螺栓、铁件

螺栓、铁件工程量清单项目设置、项目特征描述的内容、计量单位及工程量计算规则，应按表 4-43 的规定执行。

表 4-43　　螺栓、铁件（编号：010516）

项目编码	项目名称	项目特征	计量单位	工程量计算规则	工作内容
010516001	螺栓	1. 螺栓种类 2. 规格	t	按设计图示尺寸以质量计算	1. 螺栓、铁件制作、运输件 2. 螺栓、铁件安装
010516002	预埋铁件	1. 钢材种类 2. 规格 3. 铁件尺寸			
010516003	机械连接	1. 连接方式 2. 螺纹套筒种类 3. 规格	个	按数量计算	1. 钢筋套丝 2. 套筒连接
010516B01（重庆）	植筋连接	1. 植筋胶泥种类 2. 植筋长度	个	按设计数量计算	1. 钻孔及清孔 2. 灌注胶泥
010516B02（重庆）	电渣压力焊	钢筋规格	个		电渣压力焊接

（十七）装配式预制混凝土构件

装配式预制混凝土构件工程量清单项目设置、项目特征描述的内容、计量单位及工程量计算规则可参考表 4-44 补充编制项目清单。

表 4-44　　装配式预制混凝土构件（编号：01050B）

<table>
<tr><th>项目编码</th><th>项目名称</th><th>项目特征</th><th>计量单位</th><th>工程量计算规则</th><th>工作内容</th></tr>
<tr><td>01050B001</td><td>实心柱</td><td>1. 构件规格或图号
2. 安装高度
3. 混凝土强度等级
4. 钢筋连接方式</td><td rowspan="5">m^3</td><td rowspan="5">按成品构件设计图示尺寸以体积计算。不扣除构件内钢筋、预埋铁件、配管、套管、线盒及单个面积≤0.3m² 的孔洞、线箱等所占体积，构件外露钢筋体积亦不再增加</td><td rowspan="5">1. 构件就位、安装
2. 支撑杆件搭、拆
3. 灌缝材料制作、运输
4. 接头灌缝、养护
5. 套筒注浆
6. 构件运输</td></tr>
<tr><td>01050B002</td><td>单梁</td><td rowspan="2">1. 构件规格或图号
2. 安装高度
3. 混凝土强度等级
4. 钢筋连接方式</td></tr>
<tr><td>01050B003</td><td>叠合梁</td></tr>
<tr><td>01050B004</td><td>整体板</td><td rowspan="2">1. 类型
2. 构件规格或图号
3. 安装高度
4. 混凝土强度等级</td></tr>
<tr><td>01050B005</td><td>叠合板</td></tr>
<tr><td>01050B006</td><td>实心剪力墙板</td><td rowspan="3">1. 部位
2. 构件规格或图号
3. 安装高度
4. 混凝土强度等级
5. 钢筋连接方式
6. 填缝料材质</td><td rowspan="5">m^3</td><td rowspan="5">按成品构件设计图示尺寸以体积计算。不扣除构件内钢筋、预埋铁件、配管、套管、线盒及单个面积≤0.3m² 的孔洞、线箱等所占体积，构件外露钢筋体积亦不再增加</td><td rowspan="5">1. 构件就位、安装
2. 支撑杆件搭、拆
3. 灌缝材料制作、运输
4. 接头灌缝、养护
5. 套筒注浆
6. 构件运输</td></tr>
<tr><td>01050B007</td><td>夹心保温剪力墙板</td></tr>
<tr><td>01050B008</td><td>叠合剪力墙板</td></tr>
<tr><td>01050B009</td><td>外挂墙板</td><td rowspan="2">1. 构件规格或图号
2. 安装高度
3. 混凝土强度等级
4. 钢筋连接方式
5. 填缝料材质</td></tr>
<tr><td>01050B010</td><td>女儿墙</td></tr>
<tr><td>01050B011</td><td>楼梯</td><td>1. 楼梯类型
2. 构件规格或图号
3. 混凝土强度等级
4. 灌缝材质</td><td rowspan="6">m^3</td><td rowspan="6">按成品构件设计图示尺寸以体积计算。不扣除构件内钢筋、预埋铁件、配管、套管、线盒及单个面积 0.3m² 以内的孔洞、线箱等所占体积，构件外露钢筋体积亦不再增加</td><td rowspan="6">1. 构件就位、安装
2. 支撑杆件搭、拆
3. 灌缝材料制作、运输
4. 接头灌缝、养护
5. 套筒注浆
6. 构件运输</td></tr>
<tr><td>01050B012</td><td>阳台</td><td rowspan="5">1. 构件类型
2. 构件规格或图号
3. 混凝土强度等级
4. 灌缝材质</td></tr>
<tr><td>01050B013</td><td>凸（飘）窗</td></tr>
<tr><td>01050B014</td><td>空调板</td></tr>
<tr><td>01050B015</td><td>压顶</td></tr>
<tr><td>01050B016</td><td>其他构件</td></tr>
</table>

二、计量规范应用说明

（一）清单项目列项

（1）有肋带形基础、无肋带形基础应按现浇混凝土基础表 4-28 中相关项目列项，并注明肋高。凡有肋（梁）带形混凝土基础，其肋高（指基础扩大顶面至梁顶面的高）与肋宽之比在 4∶1 以内的按有梁式带形基础计算。超过 4∶1 时，起肋部分（扩大顶面以上部分）按混凝土墙计算，肋以下按无梁式带形基础计算，因为当梁（肋）高大于梁（肋）宽（即厚）的四倍时，其梁就形似于墙了，故不能按有梁式基础计算，如图 4-17 所示。重庆地区规定的肋高与肋宽之比是 5∶1。

（2）箱式满堂基础（图 4-18）中柱、梁、墙、板按表 4-29～表 4-32 相关项目分别编码列项；箱式满堂基础底板按满堂基础项目（010501004）列项。

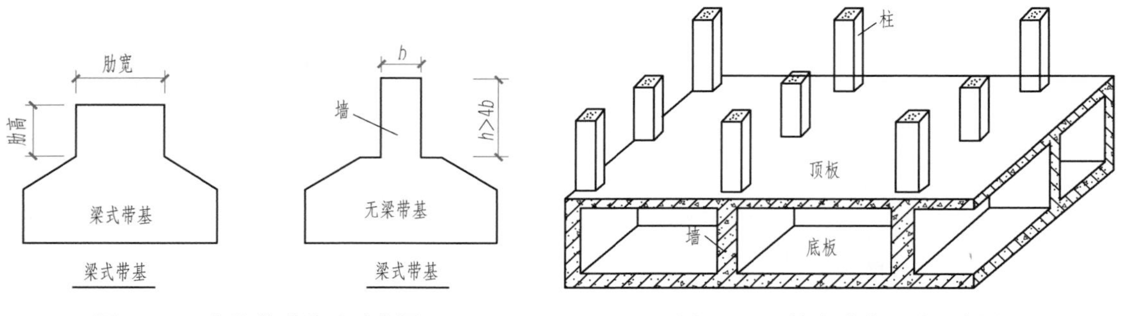

图 4-17　有肋带形基础示意图　　图 4-18　箱式满堂基础示意图

（3）框架式设备基础中柱、梁、墙、板分别按表 4-29～表 4-32 相关项目编码列项；基础部分按表 4-28 相关项目编码列项。

（4）短肢剪力墙是指截面厚度不大于 300mm、各肢截面高度与厚度之比的最大值大于 4 但不大于 8 的剪力墙；各肢截面高度与厚度之比的最大值不大于 4 的剪力墙按柱项目编码列项，如图 4-19 所示。

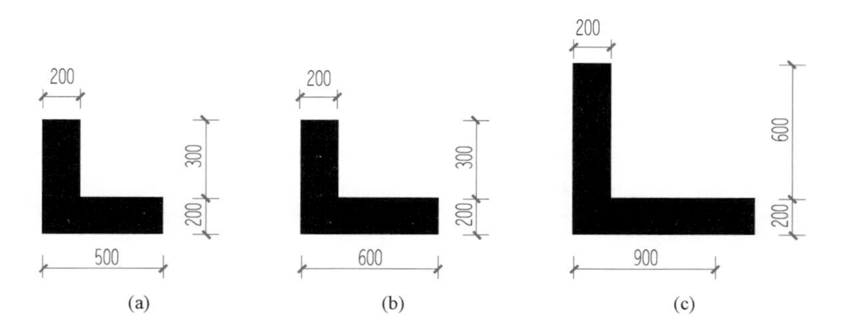

图 4-19　某工程现浇混凝土墙示意图

（a）柱；（b）短肢剪力墙；（c）直形墙

注：图示（a）墙净长＝500＋300＝800　800/200＝4，应按柱算。

图示（b）墙净长＝600＋300＝900　900/200＝4.5，应按短肢剪力墙算。

图示（c）墙净长＝900＋600＋200＝1500　1500/200＝8.5，应按直形墙算。

其 T、Z、十字形的划分方法与 L 形相同

（5）现浇混凝土其他构件（010507）如表 4-34 中现浇混凝土小型池槽、垫块、门框等，应按其他构件项目（010507007）编码列项。架空式混凝土台阶，按现浇楼梯计算。

（6）三角形屋架应按表 4-38 中折线型屋架项目 1010511001 编码列项。

（7）不带肋的预制遮阳板、雨篷板、挑檐板、拦板等，应按表 4-39 中平板项目（010512001）编码列项。预制 F 形板、双 T 形板、单肋板和带反挑檐的雨篷板、挑檐板、遮阳板等，应按表 4-39 中带肋板项目（010512006）编码列项。预制大型墙板、大型楼板、大型屋面板等，应按表 4-39 中大型板项目（010512007）编码列项。

（8）预制钢筋混凝土小型池槽、压顶、扶手、垫块、隔热板、花格等，按表 4-41 中其

他构件项目（010507007）编码列项。

（9）现浇挑檐、天沟板、雨篷、阳台与板（包括屋面板、楼板）连接时，以外墙外边线为分界线；与圈梁（包括其他梁）连接时，以梁外边线为分界线。外边线以外为挑檐、天沟、雨篷或阳台。

（10）整体楼梯（包括直形楼梯、弧形楼梯）水平投影面积包括休息平台、平台梁、斜梁和楼梯的连接梁。当整体楼梯与现浇楼板无梯梁连接时，以楼梯的最后一个踏步边缘加300mm为界。如图4-20所示。

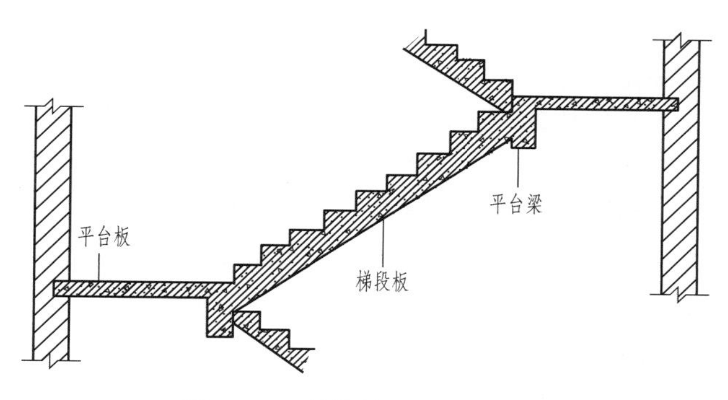

图4-20　整体楼梯组成示意图

（11）预制混凝土构件或预制钢筋混凝土构件适用于现场预制的混凝土构件，工厂预制的按装配式工程补充项目编码列项，可参考表4-44补充编制清单。

（12）钢筋工程可结合钢筋材料市场价格分类方式、地区消耗量定额的分类标准进行列项，如《重庆工程造价信息》中的钢筋市场信息价，热轧带肋钢筋直径16～25mm的HRB400E价格相同，就可以编制成一个清单项目，不需要按每一个直径编制清单。

（二）项目特征描述

（1）如为毛石混凝土基础，项目特征应描述毛石所占比例。

（2）混凝土种类指防水混凝土、抗渗混凝土、清水混凝土、彩色混凝土等，如在同一地区既使用预拌（商品）混凝土，又允许现场搅拌混凝土时，也应注明。特别是混凝土中掺加外加剂时应描述清楚。

（3）现浇混凝土可增加项目特征“输送方式”，输送方式分为自流和泵送方式，泵送机械又可按种类分为汽车泵、臂架泵、电动泵、车载泵等。

（4）钢筋种类应按标准《钢筋混凝土用钢》（GB/T 1499）中由“HPB、HRB、HRBF＋屈服强度特征值”的方式进行规范描述，如HPB300。不应按工程造价软件中的ABC来描述钢筋种类。

（5）预制混凝土构件必须描述单件体积的情况：

1）预制混凝土柱、预制混凝土梁如以根计量，必须描述单件体积；

2）预制混凝土屋架以榀计量，必须描述单件体积；

3）预制混凝土板以块、套计量，必须描述单件体积；

4）预制混凝土楼梯以块计量，必须描述单件体积；

5）其他预制构件以块、根计量，必须描述单件体积。

（6）预制混凝土构件或预制钢筋混凝土构件，如施工图设计标注做法见标准图集时，项目特征注明标准图集的编码、页号及节点大样即可，如 GL-4121 详见图集《13G322-1》P16③大样。

（三）组价相关说明

（1）现浇或预制混凝土和钢筋混凝土构件，不扣除构件内钢筋、螺栓、预埋铁件、张拉孔道所占体积，但应扣除劲性骨架的型钢所占体积。

（2）阳台板等悬挑构件的单价相对较高，组价时注意界限的划分。例如重庆（2018）、湖北（2018）、北京（2021）的规定如下：

1）重庆：混凝土结构施工中三面挑出墙（柱）外的阳台板（含边梁、挑梁）执行悬挑板定额子目，注意是指混凝土施工中，不是竣工状态或砌体结构施工后的状态。

2）湖北：凸出混凝土柱、梁的线条并入相应柱、梁构件内；凸出混凝土外墙面、阳台梁、栏板外侧≤300mm 的装饰线条执行扶手、压顶项目；凸出混凝土外墙、梁外侧＞300mm 的板按伸出外墙的梁、板体积合并计算执行悬挑板项目；阳台不包括阳台栏板及压顶内容。

3）北京：凸阳台以凸出外墙外侧为分界线，凸出悬挑的梁和板执行阳台板子目；凹阳台分别执行梁、板子目。

（3）现浇楼梯形式不同时的组价。如湖北 2018 定额规定了不同楼梯形式的调整系数，按建筑物一个自然层双跑楼梯考虑编制楼梯的混凝土消耗量，如单坡直行楼梯（即一个自然层、无休息平台）按相应项目定额乘以系数 1.2，三跑楼梯（即一个自然层、两个休息平台）按相应项目定额乘以系数 0.9，四跑楼梯（即一个自然层、三个休息平台）按相应项目定额乘以系数 0.75。

（4）现浇楼梯的平均厚度不同时的组价，平均厚度是否包括踏步三角部分的混凝土，是否包括投影面积范围的梯梁和平台板，以下列三个省市的规定为例进行说明：

1）北京 2021：楼梯踏步板（含三角）平均厚度按 200mm 编制，设计厚度不同时，按相应部分的水平投影面积执行每增减 10mm（梯段厚度）子目；每 $10m^2$ 直行楼梯的商品混凝土消耗量为 $2.44m^3$，每增减 10mm 的商品混凝土消耗量为 $0.119m^3$。

2）湖北 2018：当图纸设计板式楼梯梯段底板（不含踏步三角）厚度大于 150mm、梁式楼梯梯段底板（不含踏步三角）厚度大于 80mm 时，混凝土消耗量按实调整人工按相应比例调整，每 $10m^2$ 直行楼梯的商品混凝土消耗量为 $2.586m^3$。

3）重庆 2018：弧形及螺旋形楼梯定额子目按折算厚度 160mm，直形楼梯定额子目按折算厚度 200mm 编制。设计折算厚度不同时，执行相应增减定额子目。每 $10m^2$ 直行楼梯的商品混凝土消耗量为 $2.390m^3$，每增减 10mm 的商品混凝土消耗量为 $0.12m^3$。

从以上对比 200mm 厚直行楼梯的商品混凝土消耗量可以看出，重庆和北京相近，但定额说明表述有差异。

（5）现浇构件中伸出构件的锚固钢筋应并入钢筋工程量内。除设计（包括规范规定）标明的搭接外，其他施工搭接不计算工程量，在综合单价中综合考虑。

（6）螺栓、预埋铁件、机械连接（图 4-21）等子目在编制工程量清单时，如果设计未明确，其工程数量可为暂估量，实际工程量按现场签证数量计算。但应注意采用机械连接部分钢筋工程量组价时需要区别处理，例如重庆地区计价定额规定：电渣压力焊接头（图 4-22）、机械连接接头分别按相应定额计算；现浇钢筋制作、安装执行现浇混凝土钢筋定额子目时，但应扣除人工 3.68 工日、钢筋 0.02t、电焊条 5kg、其他材料费 3.00 元进行基价调整，电渣压力焊、机械连接的损耗已考虑在定额项目内，不得另计。

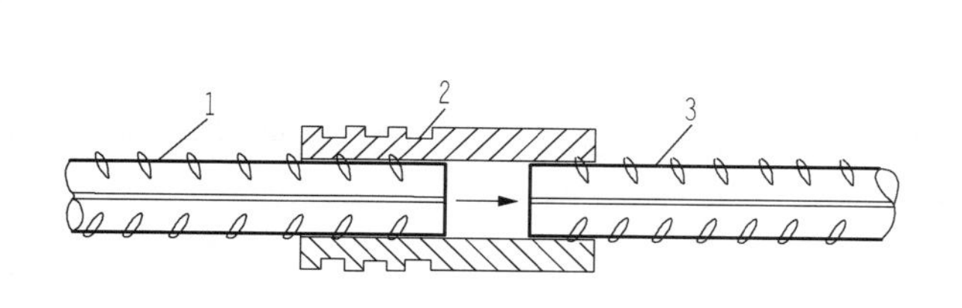

图 4-21　机械连接示意图

1—已挤压的钢筋；2—钢套筒；3—未挤压的钢筋

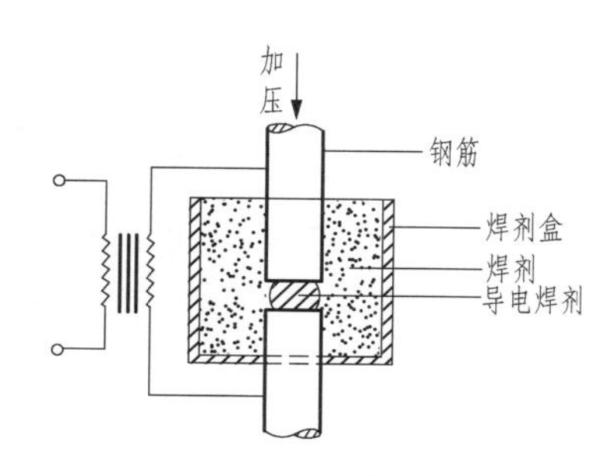

图 4-22　电渣焊示意图

（7）现浇构件中固定钢筋位置的支撑钢筋、双（多）层钢筋用的“铁马”（垫铁或马凳）在编制工程量清单时，其工程数量可为暂估量并入相应钢筋工程量内，结算时按现场签证数量计算。

马凳筋又称撑脚钢筋，是指用于支撑现浇混凝土板或现浇雨篷板中的上部钢筋的铁件。马凳筋常见的有Ⅱ字形（如图 4-23 所示）和一字形（如图 4-24 所示）两种。“铁马”钢筋工程量投标报价时可以暂估量，结算时按现场签证数量计算。

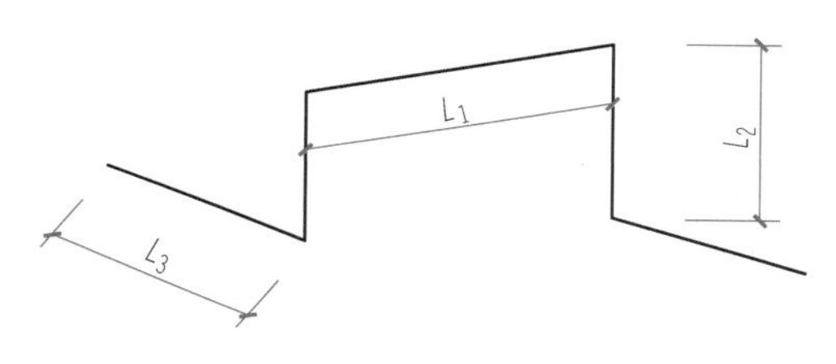

图 4-23　Ⅱ字形马凳示意图

Ⅱ 字型马凳筋长度 $L = L_1 + L_2 \times 2 + L_3 \times 2$

其中 L_1、L_2、L_3 的长度，设计有规定者按设计规定计算；设计无规定，各段长度可按板厚－2×保护层设计计算

$$双层双向板马凳筋根数\ n = 板净面积 /(间距 \times 间距) + 1$$

$$负筋马凳筋根数\ n = 排数 \times 负筋布筋长度 / 间距 + 1$$

$$一字形单腿马凳筋长度\ L = L_1 + L_2 \times 2 + L_3 \times 2$$

$$一字形双腿马凳筋长度\ L = L_1 + L_2 \times 2 + L_3 \times 4$$

$$一字形马凳筋个数\ n = 排数 \times 每排个数$$

一字形马凳筋设计有规定者按设计规定计算，设计无规定一般可按 L_1 长度为 2000mm，支架间距为 1500mm，L_2 长度为板厚减－2×保护层，L_3 长度为 250mm 设计计算。

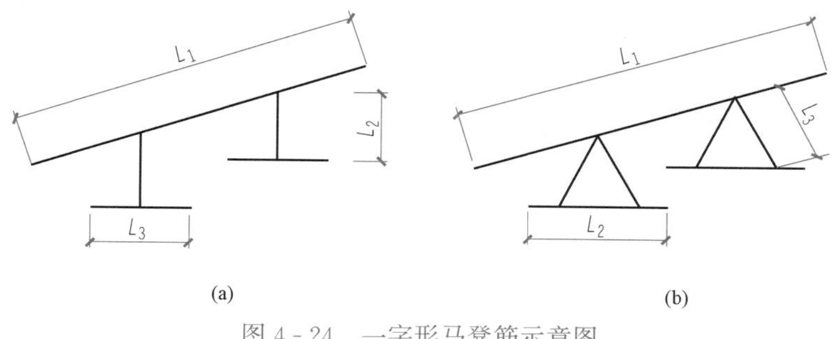

图 4-24　一字形马凳筋示意图

（a）一字形单腿马凳筋；（b）一字形双腿马凳筋

一字形马凳筋多用于钢筋混凝土筏板内，实际使用哪种类型马凳筋，钢筋规格是多少，

应根据工程实际需要确定，如果基础底板厚度大于800mm时应采用角铁做支架。

暂估量也可以按板面积指标方法进行计算，如广西2015定额支撑钢筋和“铁马”钢筋计算方法是：现浇构件中固定位置的支撑钢筋、双层钢筋用的“铁马”按设计规定计算；设计未规定时，按板中小规格主筋计算，基础底板每平方米1只，长度按底板厚乘以2再加1m计算；板每平方米3只，长度按板厚度乘以2再加0.1m计算。双层钢筋的撑脚布置数量均按板（不包括柱、梁）的净面积计算。

三、工程量清单编制实例

（一）背景资料

（1）某工程结施图纸：柱施工图（图4-25）、地梁施工图（图4-26）、屋面层梁配筋图（图4-27）、屋面层板配筋图（图4-28）、结施大样图（图4-29）所示。基础为桩基础（图4-4），桩顶设计标高为−0.75m，桩相接的地梁顶标高同桩顶标高。

（2）框架抗震等级为三级，混凝土强度等级地梁垫层为C15，其余均为C30。地梁垫层采用现场搅拌混凝土（自拌混凝土），框架结构采用商品混凝土。

（3）柱、梁、板钢筋锚固按图集《16G101-1》施工。

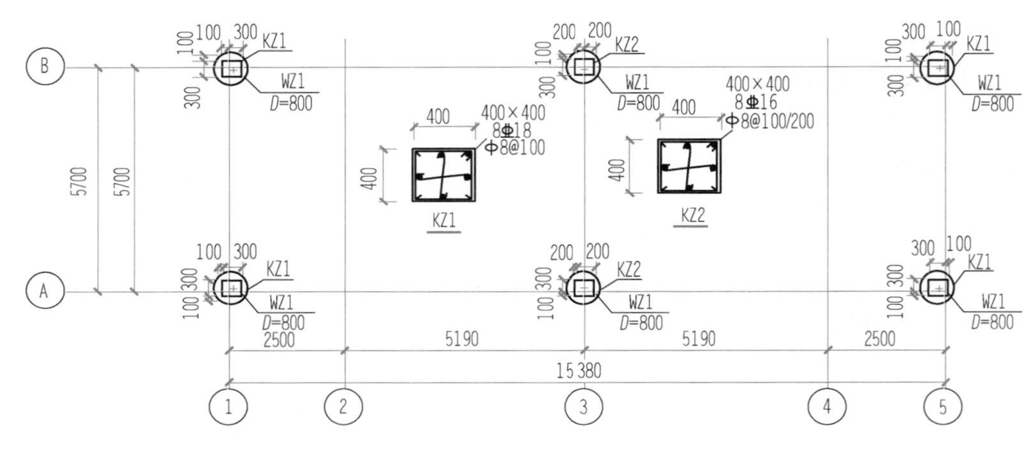

图4-25　柱施工图

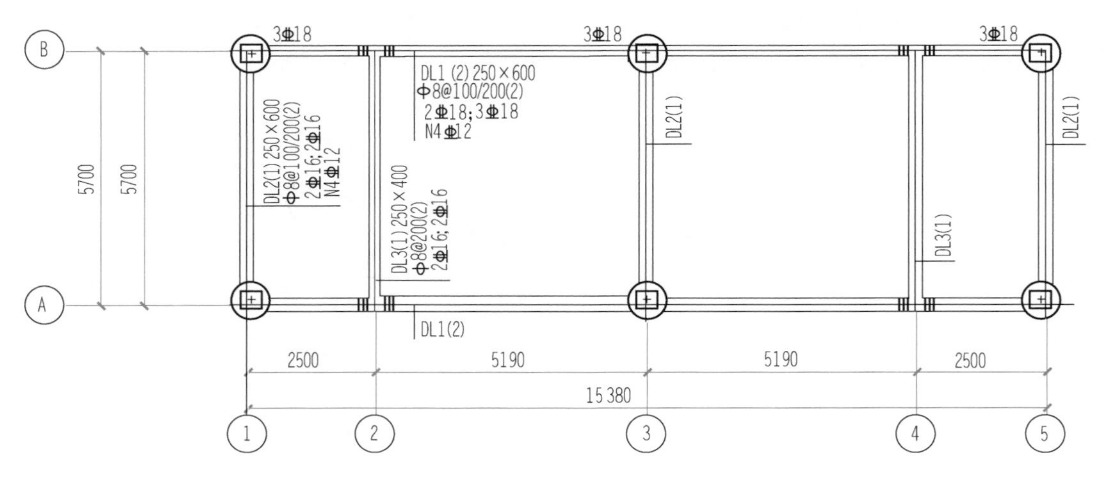

图4-26　地梁施工图

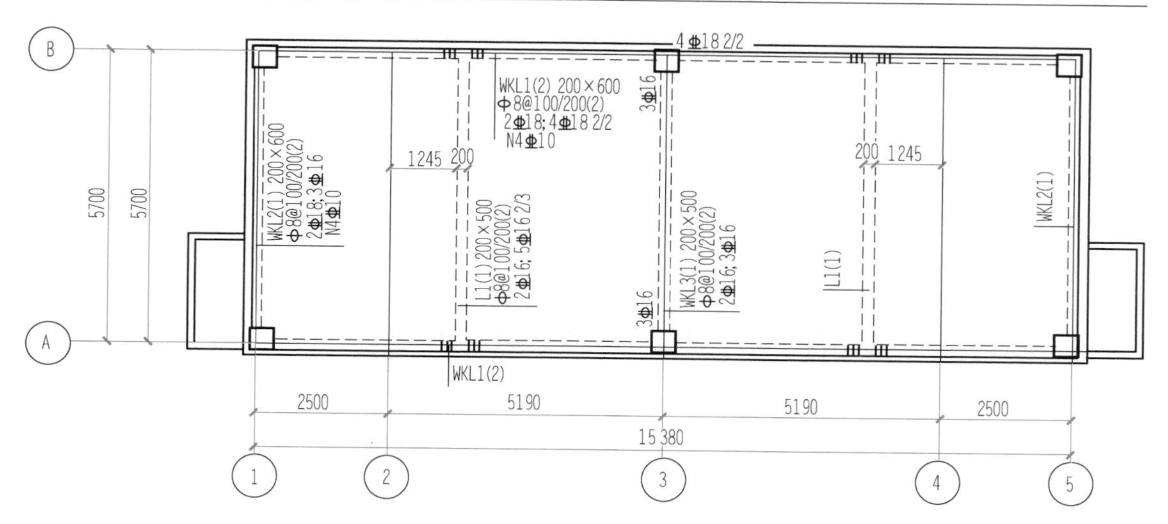

图 4-27　屋面层梁配筋图

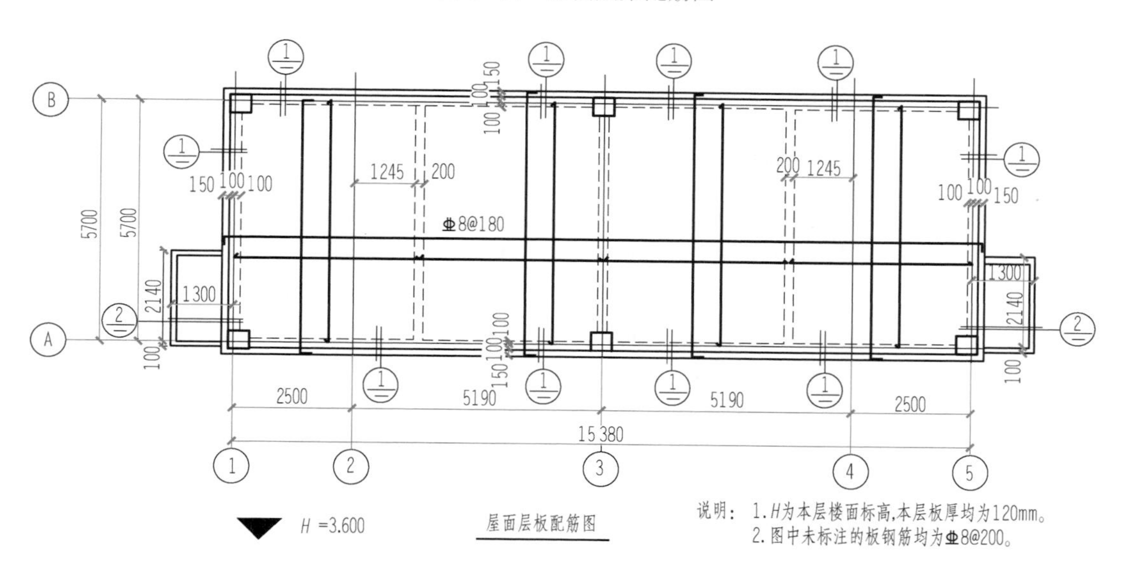

图 4-28　屋面层板配筋图

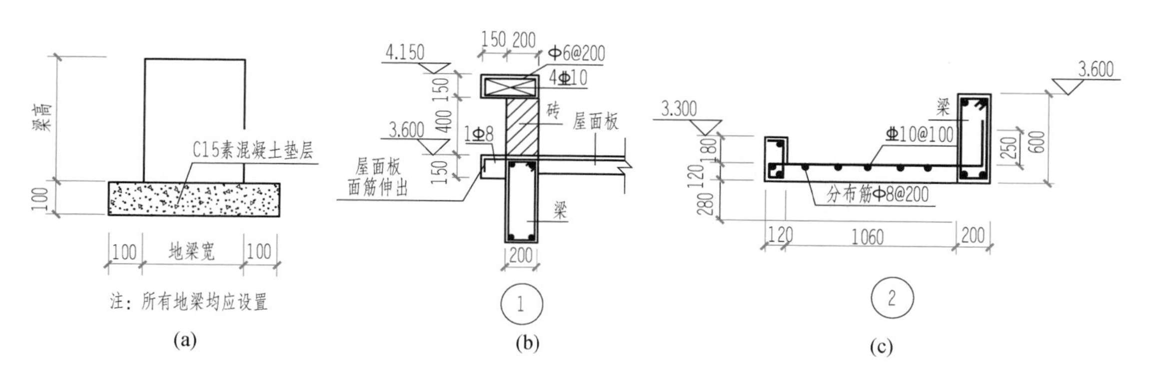

图 4-29　大样图

（a）地梁垫层图；（b）大样①详图；（c）大样②详图

（二）问题

根据以上背景资料及国家标准《建设工程工程量清单计价规范》（GB 50500—2013）、《房屋建筑与装饰工程工程量计算规范》（GB 50854—2013），试列出本工程混凝土部分的分部分项工程量清单。

解 清单工程量计算详见表 4-45。

表 4-45 清单工程量计算表

工程名称：某工程

序号	项目编码	清单项目名称	工程量计算式	工程量	计量单位
1	010501001001	地梁垫层	DL_1：L_1=(15.38−0.5−0.8−0.5)×2=27.16m DL_2：L_2=(5.7−0.5−0.5)×3=14.10m DL_3：L_3=(5.7−0.225−0.225)×2=10.50m V=0.45×0.1×(27.16+14.1+10.5)=2.33m^3	2.33	m^3
2	010503001001	基础梁	DL_1：L_1=27.16m DL_2：L_2=14.10m DL_3：L_3=(5.7−0.125−0.125)×2=10.90m V=0.25×0.6×(27.16+14.1)+0.25×0.4×10.9=7.28m^3	7.28	m^3
3	010502001001	矩形柱	KZ_1：0.4×0.4×(3.6+0.75)×4=2.78m^3 KZ_2：0.4×0.4×(3.6+0.75)×2=1.39m^3 V=2.78+1.39=4.17m^3	4.17	m^3
4	010505001001	有梁板	板体积：V_1=(15.38+0.2)×(5.7+0.2)×0.12−0.4×0.4×0.12×6=10.92m^3 WKL_1 长：L_1=(15.38−0.3−0.4−0.3)×2=28.76m WKL_2 长：L_2=(5.7−0.3−0.3)×2=10.20m WKL_3 长：L_3=(5.7−0.3−0.3)=5.10m 次梁 L_1 长：L_4=(5.7−0.1−0.1)×2=11.00m 梁体积：V_2=0.2×(0.6−0.12)×(28.76+10.2)+0.2×(0.5−0.12)×(5.1+11)=4.96m^3 合计：V=10.92+4.96=15.88m^3	76.45	m^3
5	010507007001	其他构件	①大样：L=(15.38+0.2+0.15×2)×2+(5.7+0.2)×2=43.56m V=0.15×0.12×43.56=0.78m^3	0.78	m^3
6	010505008001	雨篷	②大样：V=1.2×2.24×0.12+0.12×0.18×2.24+0.12×0.18×1.08）×2=0.79m^3	0.79	m^3
7	010507005001	压顶	①大样：L=(15.38+0.2+0.15×2)×2+(5.7−0.2)×2=42.76m V=0.15×0.35×42.76=2.25m^3	2.25	m^3

根据表 4-45 的清单工程量和背景资料的有关信息，分部分项工程量清单见表 4-46。

表 4-46　分部分项工程量清单和单价措施项目清单与计价表

工程名称：某工程

序号	项目编码	项目名称	项目特征	计量单位	工程量	金额	
						综合单价	合价
1	010501001001	地梁垫层	1. 混凝土种类：自拌混凝土 2. 混凝土强度等级：C15	m^3	2.33		
2	010503001001	基础梁	1. 混凝土种类：商品混凝土 2. 混凝土强度等级：C30	m^3	7.28		
3	010502001001	矩形柱	1. 混凝土种类：商品混凝土 2. 混凝土强度等级：C30	m^3	4.17		
4	010505001001	有梁板	1. 混凝土种类：商品混凝土 2. 混凝土强度等级：C30	m^3	76.45		
5	010507007001	其他构件	1. 构件的类型：零星混凝土 2. 构件规格：120mm×150mm 3. 部位：屋面板悬挑板，详见结施图《屋面板筋配筋图》①大样 4. 混凝土种类：商品混凝土 5. 混凝土强度等级：C30	m^3	0.78		
6	010505008001	雨篷	1. 混凝土种类：商品混凝土 2. 混凝土强度等级：C30	m^3	0.79		
7	010507005001	压顶	1. 断面尺寸：150mm×350mm 2. 混凝土种类：商品混凝土 3. 混凝土强度等级：C30	m^3	2.25		

第六节　金属结构工程

本节配套数字资源及习题

一、清单工程量计算规范

（一）钢网架

钢网架工程量清单项目设置、项目特征描述的内容、计量单位及工程量计算规则，应按表 4-47 的规定执行。

表 4-47　钢网架（编码：010601）

项目编码	项目名称	项目特征	计量单位	工程量计算规则	工作内容
010601001	钢网架	1. 钢材品种、规格 2. 网架节点形式、连接方式 3. 网架跨度、安装高度 4. 探伤要求 5. 防火要求	t	按设计图示尺寸以质量计算。不扣除孔眼的质量，焊条、铆钉、螺栓等不另增加质量	1. 拼装 2. 安装 3. 探伤 4. 补刷油漆

（二）钢屋架、钢托架、钢桁架、钢桥架

钢屋架、钢托架、钢桁架、钢桥架工程量清单项目设置、项目特征描述的内容、计量单位及工程量计算规则，应按表 4－48 的规定执行。

表 4－48　钢屋架、钢托架、钢桁架、钢桥架（编码：010602）

<table>
<tr><th>项目编码</th><th>项目名称</th><th>项目特征</th><th>计量单位</th><th>工程量计算规则</th><th>工作内容</th></tr>
<tr><td>010602001</td><td>钢屋架</td><td>1. 钢材品种、规格
2. 单榀质量
3. 屋架跨度、安装高度
4. 螺栓种类
5. 探伤要求
6. 防火要求</td><td>1. 榀
2. t</td><td>1. 以榀计量，按设计图示数量计算
2. 以吨计量，按设计图示尺寸以质量计算。不扣除孔眼的质量，焊条、铆钉、螺栓等不另增加质量</td><td rowspan="4">1. 拼装
2. 安装
3. 探伤
4. 补刷油漆</td></tr>
<tr><td>010602002</td><td>钢托架</td><td rowspan="3">1. 钢材品种、规格
2. 单榀质量
3. 安装高度
4. 螺栓种类
5. 探伤要求
6. 防火要求</td><td rowspan="3">t</td><td rowspan="3">按设计图示尺寸以质量计算
不扣除孔眼的质量，焊条、铆钉、螺栓等不另增加质量</td></tr>
<tr><td>010602003</td><td>钢桁架</td></tr>
<tr><td>010602004</td><td>钢架桥</td></tr>
</table>

（三）钢柱

钢柱工程量清单项目设置、项目特征描述的内容、计量单位及工程量计算规则，应按表 4－49 的规定执行。

表 4－49　钢柱（编码：010603）

<table>
<tr><th>项目编码</th><th>项目名称</th><th>项目特征</th><th>计量单位</th><th>工程量计算规则</th><th>工作内容</th></tr>
<tr><td>010603001</td><td>实腹钢柱</td><td rowspan="2">1. 柱类型
2. 钢材品种、规格
3. 单根柱质量
4. 螺栓种类
5. 探伤要求
6. 防火要求</td><td rowspan="3">t</td><td rowspan="2">按设计图示尺寸以质量计算。不扣除孔眼的质量，焊条、铆钉、螺栓等不另增加质量，依附在钢柱上的牛腿及悬臂梁等并入钢柱工程量内</td><td rowspan="3">1. 拼装
2. 安装
3. 探伤
4. 补刷油漆</td></tr>
<tr><td>010603002</td><td>空腹钢柱</td></tr>
<tr><td>010603003</td><td>钢管柱</td><td>1. 钢材品种、规格
2. 单根柱质量
3. 螺栓种类
4. 探伤要求
5. 防火要求</td><td>按图示尺寸以质量计算。不扣除孔眼的质量，焊条、铆钉、螺栓等不另增加质量，钢管柱上的节点板、牛腿等并入钢管柱工程量内</td></tr>
</table>

（四）钢梁

钢梁工程量清单项目设置、项目特征描述的内容、计量单位及工程量计算规则，应按

表 4-50的规定执行。

表 4-50　钢梁（编码：010604）

项目编码	项目名称	项目特征	计量单位	工程量计算规则	工作内容
010604001	钢梁	1. 梁类型 2. 钢材品种、规格 3. 单根质量 4. 螺栓种类 5. 安装高度 6. 探伤要求 7. 防火要求	t	按设计图示尺寸以质量计算。不扣除孔眼的质量，焊条、铆钉、螺栓等不另增加质量，制动梁、制动板、制动桁架、车挡并入钢吊车梁工程量内	1. 拼装 2. 安装 3. 探伤 4. 补刷油漆
010504002	钢吊车梁	1. 钢材品种、规格 2. 单根质量 3. 螺栓种类 4. 安装高度 5. 探伤要求 6. 防火要求			

（五）钢板楼板、墙板

钢板楼板、墙板工程量清单项目设置、项目特征描述的内容、计量单位及工程量计算规则，应按表 4-51 的规定执行。

表 4-51　钢板楼板、墙板（编码：010605）

项目编码	项目名称	项目特征	计量单位	工程量计算规则	工作内容
010605001	钢板楼板	1. 钢材品种、规格 2. 钢板厚度 3. 螺栓种类 4. 防火要求	m^2	按设计图示尺寸以铺设水平投影面积计算。不扣除单个面积≤0.3m^2 柱、垛及孔洞所占面积	1. 拼装 2. 安装 3. 探伤 4. 补刷油漆
010605002	钢板墙板	1. 钢材品种、规格 2. 钢板厚度、复合板厚度 3. 螺栓种类 4. 复合板夹芯材料种类、层数、型号、规格 5. 防火要求		按设计图示尺寸以铺挂展开面积计算。不扣除单个面积≤0.3m^2 的梁、孔洞所占面积，包角、包边、窗台泛水等不另加面积	

（六）钢构件

钢构件工程量清单项目设置、项目特征描述的内容、计量单位及工程量计算规则，应按表 4-52 的规定执行。

表 4-52 钢构件（编码：010606）

项目编码	项目名称	项目特征	计量单位	工程量计算规则	工作内容
010606001	钢支撑、钢拉条	1. 钢材品种、规格 2. 构件类型 3. 安装高度 4. 螺栓种类 5. 探伤要求 6. 防火要求	t	按设计图示尺寸以质量计算。不扣除孔眼的质量，焊条、铆钉、螺栓等不另增加质量	1. 拼装 2. 安装 3. 探伤 4. 补刷油漆
010606002	钢檩条	1. 钢材品种、规格 2. 构件类型 3. 单根质量 4. 安装高度 5. 螺栓种类 6. 探伤要求 7. 防火要求			
010606003	钢天窗架	1. 钢材品种、规格 2. 单榀质量 3. 安装高度 4. 螺栓种类 5. 探伤要求 6. 防火要求			
010606004	钢挡风架	1. 钢材品种、规格 2. 单榀质量 3. 螺栓种类 4. 探伤要求 5. 防火要求			
010606005	钢墙架				
010606006	钢平台	1. 钢材品种、规格 2. 螺栓种类 3. 防火要求			
010606007	钢走道				
010606008	钢梯	1. 钢材品种、规格 2. 钢梯形式 3. 螺栓种类 4. 防火要求			
010606009	钢护栏	1. 钢材品种、规格 2. 防火要求			
010606010	钢漏斗	1. 钢材品种、规格 2. 漏斗、天沟形式 3. 安装高度 4. 探伤要求		按设计图示尺寸以质量计算，不扣除孔眼的质量，焊条、铆钉、螺栓等不另增加质量，依附漏斗或天沟的型钢并入漏斗或天沟工程量内	
010606011	钢板天沟				

续表

项目编码	项目名称	项目特征	计量单位	工程量计算规则	工作内容
010606012	钢支架	1. 钢材品种、规格 2. 安装高度 3. 防火要求	t	按设计图示尺寸以质量计算，不扣除孔眼的质量，焊条、铆钉、螺栓等不另增加质量	1. 拼装 2. 安装 3. 探伤 4. 补刷油漆
010606013	零星钢构件	1. 构件名称 2. 钢材品种、规格			

（七）金属制品

金属制品工程量清单项目设置、项目特征描述的内容、计量单位及工程量计算规则，应按表 4 - 53 的规定执行。

表 4 - 53 金属制品（编码：010607）

项目编码	项目名称	项目特征	计量单位	工程量计算规则	工作内容
010607001	成品空调金属百叶护栏	1. 材料品种、规格 2. 边框材质	m^2	按设计图示尺寸以框外围展开面积计算	1. 安装 2. 校正 3. 预埋铁件及安螺栓
010607002	成品栅栏	1. 材料品种、规格 2. 边框及立柱型钢品种、规格			1. 安装 2. 校正 3. 预埋铁件 4. 安螺栓及金属立柱
010607003	成品雨篷	1. 材料品种、规格 2. 雨篷宽度 3. 晾衣竿品种、规格	1. m 2. m	1. 以米计量，按设计图示接触边以米计算 2. 以平方米计量，按设计图示尺寸以展开面积计算	1. 安装 2. 校正 3. 预埋铁件及安螺栓
010607004	金属网栏	1. 材料品种、规格 2. 边框及立柱型钢品种、规格	m^2	按设计图示尺寸以框外围展开面积计算	1. 安装 2. 校正 3. 安螺栓及金属立柱
010607005	砌块墙钢丝网加固	1. 材料品种、规格 2. 加固方式		按设计图示尺寸以面积计算	1. 铺贴 2. 铆固
010607006	后浇带金属网				

二、计量规范应用说明

（一）清单项目列项

（1）型钢混凝土柱浇筑钢筋混凝土，其混凝土和钢筋应按本章第五节混凝土及钢筋混凝土工程中相关项目编码列项。

（2）型钢混凝土梁浇筑钢筋混凝土，其混凝土和钢筋应按本章第五节混凝土及钢筋混凝土工程中相关项目编码列项。

（3）钢板楼板上浇筑钢筋混凝土，其混凝土和钢筋应按本章第五节混凝土及钢筋混凝土工程中相关项目编码列项。

（4）压型钢楼板按钢楼板项目编码列项。

（5）钢构件表 4-52 中的钢墙架项目包括墙架柱、墙架梁和连接杆件。

（6）钢构件表 4-52 中的加工铁件等小型构件，应按零星钢构件项目编码列项。

（7）抹灰钢丝网加固按表 4-53 中砌块墙钢丝网加固项目编码列项。

（二）项目特征描述

（1）钢结构螺栓种类指普通螺栓或高强螺栓。螺栓按螺栓性能等级分 3.6、4.6、4.8、5.6、6.8、8.8、9.8、10.9、12.9 等 10 余个等级，其中 8.8 级及以上螺栓材质为低碳合金钢或中碳钢并经热处理（淬火、回火），通称为高强度螺栓，其余通称为普通螺栓。

（2）钢屋架以榀计量，按标准图设计的应注明标准图代号，按非标准图设计的项目特征必须描述单榀屋架的质量。

（3）实腹钢柱的“柱类型”项目特征指十字、T、L、H 形等。“实腹柱”是由型钢或钢板连接而成具有实腹式截面的柱为实腹柱，如图 4-30 所示，“实腹柱”项目适用于实腹钢柱和实腹式型钢混凝土柱。

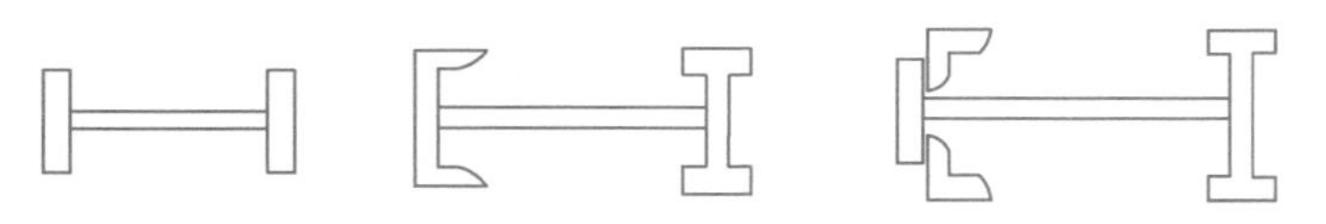

图 4-30　实腹柱示意图

（4）空腹钢柱的“柱类型”项目特征指箱形、格构等。“空腹柱”是型钢或钢板连接而成具有格构式截面的柱，如图 4-31 所示，“空腹柱”项目适用于空腹钢柱和空腹型钢混凝土柱。

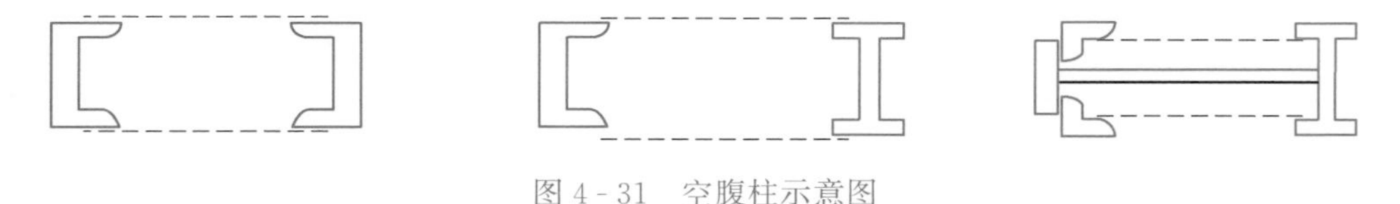

图 4-31　空腹柱示意图

（5）钢梁“梁类型”项目特征指 H、L、T 形、箱形、格构式等。

（6）钢构件表 4-52 中的“钢支撑、钢拉条类型”项目特征指单式、复式；钢檩条类型指型钢式、格构式；钢漏斗形式指方形、圆形；天沟形式指矩形沟或半圆形沟。

（7）“防火要求”项目特征指耐火极限。对钢结构而言，构件使用在不同的部位，按耐火等级要求就必须达到不同的耐火极限。例如，一级耐火等级的柱子，耐火极限为 3h，二级耐火等级的柱子，耐火极限 2.5h，三级的 2h；对梁来说，则一、二、三级耐火等级时，耐火极限分别为 2h、1.5h、1h。钢结构通常只有 15 分钟的耐火极限，所以在这种情况下，都是要刷防火涂料保护的。钢结构防火目前我国广泛采用的钢构件防火措施主要有防火涂料法和构造防火两种类型。

（8）钢构件的“探伤要求”项目特征包括射线探伤、超声波探伤、磁粉探伤、金相探伤、着色探伤、荧光探伤等。

（三）组价相关说明

（1）《计量规范》F.8 条规定：金属构件的切边，不规则及多边形钢板发生的损耗在综合单价中考虑。这与传统的定额计价模式的工程量计算规则“不规则及多边形钢板按其外接矩形面积乘以厚度以单位理论质量计算”不一致。

（2）钢构件除了极少数外均按工厂化生产编制项目，对于刷油漆两种方式处理：一是若购置成品价不含油漆，单独按第五章第四节油漆、涂料、裱糊工程相关编码列项。二是若购置成品价含油漆，本节清单项目的工作内容中含“补刷油漆”。

（3）依附于钢柱上的牛腿、悬臂梁、柱脚和柱顶板等附件，如图 4-32 所示，应并入柱身主材重量内。

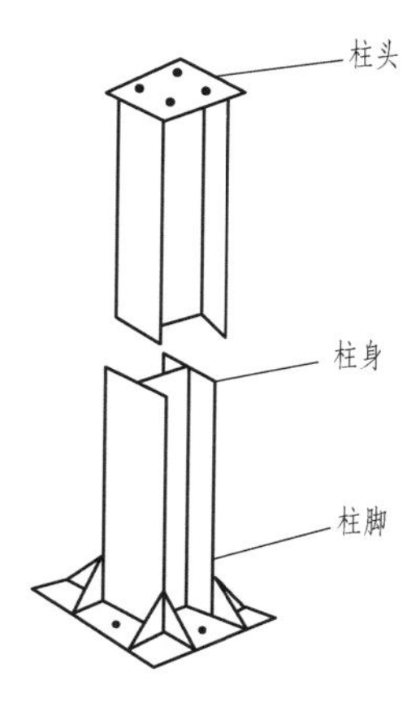

图 4-32　依附于钢柱上的附件示意图

三、工程量清单编制实例

（一）背景资料

某工程钢桁架 GHJ-21 如图 4-33 所示，共有 10 榀。设计采用 Q345B 钢材、高强螺栓连接，防火要求达到二级（耐火极限 2.5h），设计对探伤要求是超声波探伤，安装高度 7.8m。

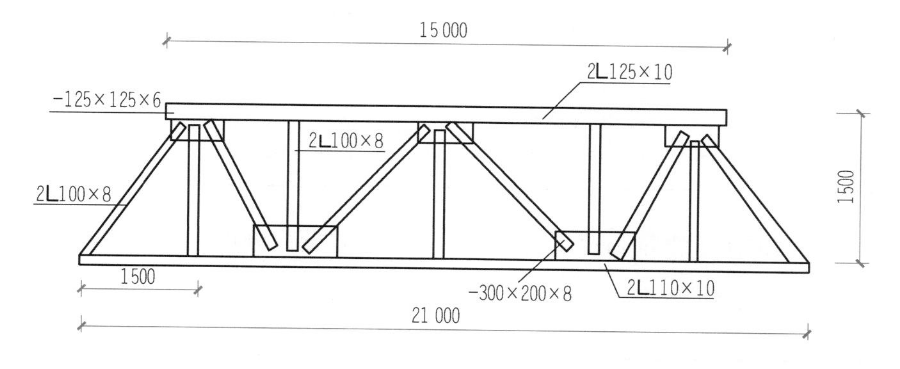

图 4-33　钢桁架示意图

（二）问题

根据以上背景资料及国家标准《建设工程工程量清单计价规范》（GB 50500—2013）、《房屋建筑与装饰工程工程量计算规范》（GB 50854—2013），试列出钢桁架的分部分项工程量清单。

解　清单工程量计算详见表 4-54。

表 4-54　　清单工程量计算表

工程名称：某工程

序号	项目编码	清单项目名称	工程量计算式	工程量	计量单位
1	010602003001	钢桁架	1. 上弦杆的工程量 查《五金手册》知：∟ 125×10 的理论质量是 22.696kg/m。 22.696×15×2=680.88kg=0.681t 2. 下弦杆的工程量 查《五金手册》知：∟ 110×10 的理论质量是 19.782kg/m。 19.782×21×2=830.844kg=0.831t 3. 斜向支撑杆的工程量 查《五金手册》知：∟ 100×8 的理论质量是 15.120kg/m。 15.12××2×6=384.89kg=0.385t 4. 竖向支撑杆的工程量 15.12×1.5×2×5=226.8kg=0.227t 5. 塞板的工程量 查《五金手册》知：6mm 厚的钢板的理论质量为是 47.1kg/m。 47.1×(0.125×0.125+0.11×0.11)×2=2.612kg=0.003t 6. 连接板的工程量 查《五金手册》知：8mm 厚的钢板的理论质量为 62.8kg/m²。 62.8×0.2×0.3×5=18.84kg=0.019t 总计工程量=(0.681+0.831+0.385+0.227+0.003+0.019)×10=2.146×10=21.460t	21.460	t

根据表 4-54 的清单工程量和背景资料的有关信息，分部分项工程量清单见表 4-55。

表 4-55　　分部分项工程量清单和单价措施项目清单与计价表

工程名称：某工程

序号	项目编码	项目名称	项目特征	计量单位	工程量	金额	
						综合单价	合价
1	010602003001	钢桁架	1. 钢材品种、规格：Q345B，以∟ 125×10、∟ 110×8、∟ 100×8 为主，详图 GHJ-21 2. 单榀重量：2.146t 3. 安装高度：7.8m 4. 螺栓种类：高强螺栓 5. 探伤要求：超声波探伤 6. 防火要求：耐火极限 2.5h	t	21.460		

第七节 木结构工程

本节配套数字资源及习题

一、清单工程量计算规范

（一）木屋架

木屋架工程量清单项目设置、项目特征描述的内容、计量单位及工程量计算规则，应按表4-56的规定执行。

表4-56 木屋架（编码：010701）

项目编码	项目名称	项目特征	计量单位	工程量计算规则	工作内容
010701001	木屋架	1. 跨度 2. 材料品种、规格 3. 刨光要求 4. 拉杆及夹板种类 5. 防护材料种类	1. 榀 2. m^3	1. 以榀计量，按设计图示数量计算 2. 以立方米计量，按设计图示的规格尺寸以体积计算	1. 制作 2. 运输 3. 安装 4. 刷防护材料
010701002	钢木屋架	1. 跨度 2. 木材品种、规格 3. 刨光要求 4. 钢材品种、规格 5. 防护材料种类	榀	以榀计量，按设计图示数量计算	

（二）木构件

木构件工程量清单项目设置、项目特征描述的内容、计量单位及工程量计算规则，应按表4-57的规定执行。

表4-57 木构件（编码：010702）

项目编码	项目名称	项目特征	计量单位	工程量计算规则	工作内容
010702001	木柱	1. 构件规格尺寸 2. 木材种类 3. 刨光要求 4. 防护材料种类	m^3	按设计图示尺寸以体积计算	1. 制作 2. 运输 3. 安装 4. 刷防护材料
010702002	木梁				
010702003	木檩		1. m^3 2. m	1. 以立方米计量，按设计图示尺寸以体积计算 2. 以米计量，按设计图示尺寸以长度计算	
010702004	木楼梯	1. 楼梯形式 2. 木材种类 3. 刨光要求 4. 防护材料种类	m^2	按设计图示尺寸以水平投影面积计算。不扣除宽度≤300mm的楼梯井，伸入墙内部分不计算	
010702005	其他木构件	1. 构件名称 2. 构件规格尺寸 3. 木材种类 4. 刨光要求 5. 防护材料种类	1. m^3 2. m	1. 以立方米计量，按设计图示尺寸以体积计算 2. 以米计量，按设计图示尺寸以长度计算	

（三）屋面木基层

屋面木基层工程量清单项目设置、项目特征描述的内容、计量单位及工程量计算规则，应按表 4-58 的规定执行。

表 4-58 屋面木基层（编码：010703）

项目编码	项目名称	项目特征	计量单位	工程量计算规则	工作内容
010703001	屋面木基层	1. 椽子断面尺寸及椽距 2. 望板材料种类、厚度 3. 防护材料种类	m^2	按设计图示尺寸以斜面积计算。不扣除房上烟囱、风帽底座、风道、小气窗、斜沟等所占面积。小气窗的出檐部分不增加面积	1. 椽子制作、安装 2. 望板制作、安装 3. 顺水条和挂瓦条制作、安装 4. 刷防护材料

二、计量规范应用说明

（一）清单项目列项

（1）屋架的跨度应以上、下弦中心线两交点之间的距离计算。屋架都由上弦、下弦、斜杆、竖杆和中柱组成，斜杆受压，一般用木材；竖杆与中柱因受拉，一般用圆钢，如图 4-34所示。木屋架与钢木屋架不同之处，主要在下弦的用料不同，木屋架的下弦是木材（如圆木、方木等），钢木屋架的下弦是用钢材（如角钢、圆钢等）。

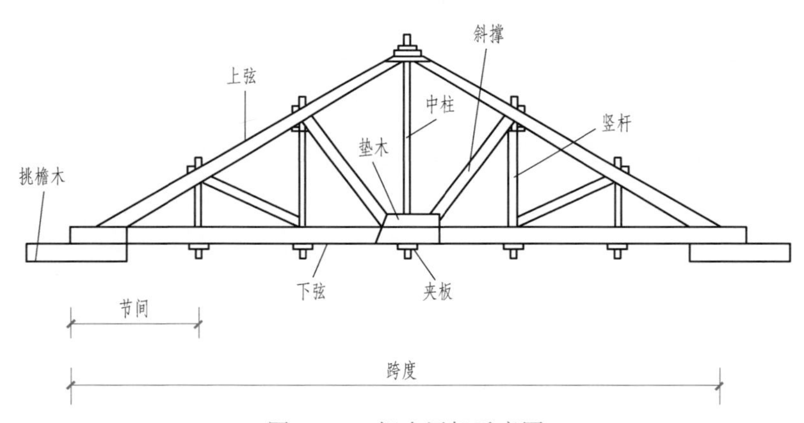

图 4-34 钢木屋架示意图

（2）带气楼的屋架和马尾、折角以及正交部分（图 4-35）的半屋架，按相关屋架相目编码列项。

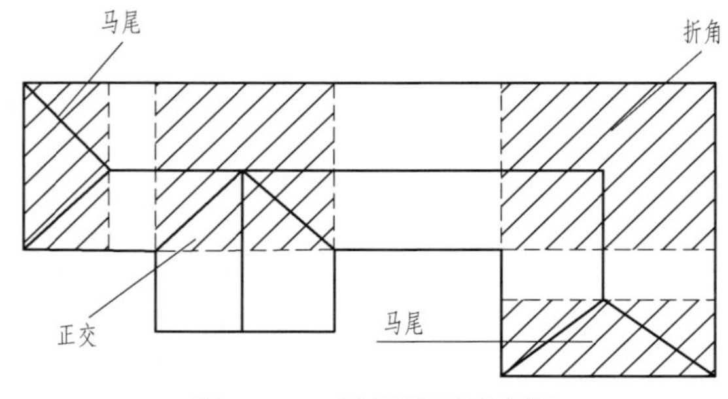

图 4-35 屋架平面示意图

1）马尾——是指四坡水屋顶建筑物的两端屋面的端头坡面部位。

2）折角——是指构成L形的坡屋顶建筑横向和竖向相交的部位。

3）正交——是指构成丁字形的坡屋顶建筑横向和竖向相交的部位。

（3）木楼梯的栏杆（栏板）、扶手，应按第五章第五节其他装饰工程中的相关项目编码列项。

（二）木构件

（1）木构件以米计量，项目特征必须描述构件规格尺寸。

（2）木屋架以榀计量，按标准图设计的应注明标准图代号，若非标准图设计的项目特征必须按表4-56要求予以描述。

（三）组价相关说明

（1）原木构件设计规定梢径时，应按原木材积计算表计算体积。

（2）设计规定使用干燥木材时，干燥损耗及干燥费应包括在报价内。

（3）木材的出材率应包括在报价内。

（4）木结构有防虫要求时，防虫药剂应包括在报价内。

三、工程量清单编制实例

（一）背景资料

某厂房如图4-36所示，采用普通人字形原木屋架，露面抛光，原木为一等杉木，跨度6m，坡度为1/2，共有6榀，木屋架刷底油一遍。

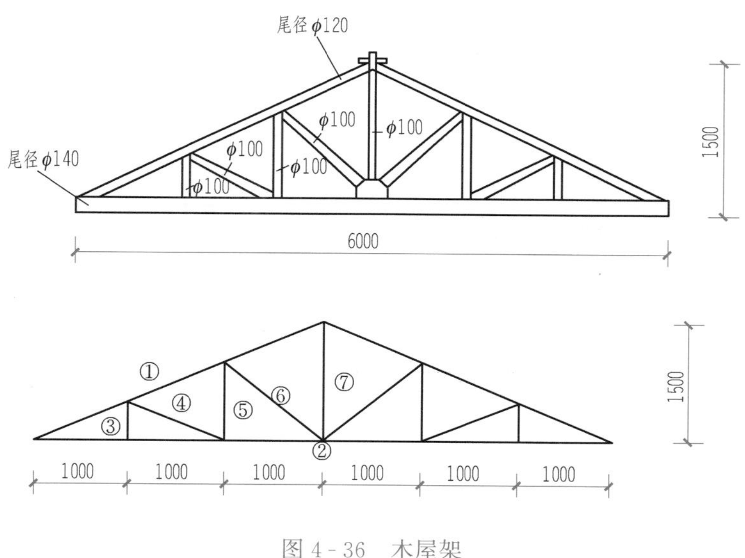

图4-36　木屋架

（二）问题

根据以上背景资料及国家标准《建设工程工程量清单计价规范》（GB 50500—2013）、《房屋建筑与装饰工程工程量计算规范》（GB 50854—2013），试列出该木屋架的分部分项工程量清单。

解　（1）屋架坡度为1/2，即高跨比为1/4，跨度为6m。各杆长度计算如下。

上弦杆①：3×1.118×2=6.708m

下弦杆②：6m

立杆③：1×0.5=0.5m

斜杆④：1×1.118=1.118m

立杆⑤：2×0.5=1m

斜杆⑥：1×1.414=1.414m

中立杆⑦：3×0.5=1.5m

（2）计算体积。

查《原木材积表》（GB 4814—2013）可知：检尺长度，以0.2m为进制，不足0.2m按下一级长规定，如2.7m长，按2.6m取用。检尺直径，按小头直径以2cm为进制，凡直径尾数满1cm者进一级，如尾径11cm，按12cm取用。

长度在1.8m以下的材积按下述公式计算

$$8\text{cm 直径材积 } V=\frac{0.7854L\times(8.2+0.45L)^2}{10000}$$

$$10\text{cm 直径材积 } V=\frac{0.7854L\times(10.2+0.45L)^2}{10000}$$

$$12\text{cm 直径材积 } V=\frac{0.7854L\times(12.2+0.45L)^2}{10000}$$

$$14\text{cm 直径材积 } V=\frac{0.7854L\times(14.2+0.45L)^2}{10000}$$

式中 V——杉原木体积，m^3；

L——杉原木材长，m。

木屋架的工程量计算见表4-59。

表4-59 清单工程量计算表

工程名称：某工程

序号	项目编码	清单项目名称	工程量计算式	工程量	计量单位
1	010701001001	原木屋架	查《原木材积表》（GB 4814—2013） 上弦杆① $V_1=0.05\times2=0.1m^3$ 下弦杆② $V_2=0.142m^3$ 立杆③ $V_3=\frac{0.7854\times0.5\times(10.2+0.45\times0.5)^2}{10000}\times2$ $=0.01m^3$ 斜杆④ $V_4=\frac{0.7854\times1.118\times(10.2+0.45\times1.118)^2}{10000}\times2$ $=0.02m^3$ 立杆⑤ $V_5=\frac{0.7854\times1\times(10.2+0.45\times1)^2}{10000}\times2$ $=0.018m^3$	1.98	m^3

续表

序号	项目编码	清单项目名称	工程量计算式	工程量	计量单位
1	010701001001	原木屋架	斜杆⑥ $V_6=\frac{0.7854\times1.414\times(10.2+0.45\times1.414)^2}{10000}\times2=0.026m^3$ 中立杆⑦ $V_7=\frac{0.7854\times1.5\times(10.2+0.45\times1.5)^2}{10000}=0.014m^3$ $V=(V_1+V_2+V_3+V_4+V_5+V_6+V_7)\times6=1.98m^3$	1.98	m³

根据表 4-59 的清单工程量和背景资料的有关信息，分部分项工程量清单见表 4-60。

表 4-60　分部分项工程量清单和单价措施项目清单与计价表

工程名称：某工程

序号	项目编码	项目名称	项目特征	计量单位	工程量	金额	
						综合单价	合价
1	010701001001	原木屋架	1. 跨度：6m 2. 材料品种、规格：一等、杉木 3. 刨光要求：露面抛光 4. 拉杆种类：木拉杆 5. 防护材料种类：刷臭油水一遍	m³	1.98		

第八节　门　窗　工　程

一、清单工程量计算规范

（一）木门

木门工程量清单项目设置、项目特征描述的内容、计量单位及工程量计算规则，应按表 4-61 的规定执行。

表 4-61　木门（编码：010801）

项目编码	项目名称	项目特征	计量单位	工程量计算规则	工作内容
010801001	木质门	1. 门代号及洞口尺寸 2. 镶嵌玻璃品种、厚度	1. 樘 2. m²	1. 以樘计量，按设计图示数量计算 2. 以平方米计量，按设计图示洞口尺寸以面积计算	1. 门安装 2. 玻璃安装 3. 五金安装
010801002	木质门带套				
010801003	木质连窗门				
010801004	木质防火门				

续表

项目编码	项目名称	项目特征	计量单位	工程量计算规则	工作内容
010801005	木门框	1. 门代号及洞口尺寸 2. 框截面尺寸 3. 防护材料种类	1. 樘 2. m	1. 以樘计量，按设计图示数量计算 2. 以米计量，按设计图示框的中心线以延长米计算	1. 木门框制作、安装 2. 运输 3. 刷防护材料
010801006	门锁安装	1. 锁品种 2. 锁规格	个（套）	按设计图示数量计算	安装

（二）金属门

金属门工程量清单项目设置、项目特征描述的内容、计量单位及工程量计算规则，应按表 4-62 的规定执行。

表 4-62 金属门（编码：010802）

项目编码	项目名称	项目特征	计量单位	工程量计算规则	工作内容
010802001	金属（塑钢）门	1. 门代号及洞口尺寸 2. 门框或扇外围尺寸 3. 门框、扇材质 4. 玻璃品种、厚度	1. 樘 2. m^2	1. 以樘计量，按设计图示数量计算 2. 以平方米计量，按设计图示洞口尺寸以面积计算	1. 门安装 2. 五金安装 3. 玻璃安装
010802002	彩板门	1. 门代号及洞口尺寸 2. 门框或扇外围尺寸			
010802003	钢质防火门	1. 门代号及洞口尺寸 2. 门框或扇外围尺寸 3. 门框、扇材质			
010702004	防盗门	1. 门代号及洞口尺寸 2. 门框或扇外围尺寸 3. 门框、扇材质			1. 门安装 2. 五金安装

（三）金属卷帘（闸）门

金属卷帘（闸）门工程量清单项目设置、项目特征描述的内容、计量单位及工程量计算规则，应按表 4-63 的规定执行。

表 4-63 金属卷帘（闸）门（编码：010803）

项目编码	项目名称	项目特征	计量单位	工程量计算规则	工作内容
010803001	金属卷帘（闸）门	1. 门代号及洞口尺寸 2. 门材质 3. 启动装置品种、规格	1. 樘 2. m^2	1. 以樘计量，按设计图示数量计算 2. 以平方米计量，按设计图示洞口尺寸以面积计算	1. 门运输、安装 2. 启动装置、活动小门、五金安装
010803002	防火卷帘（闸）门				

（四）厂库房大门、特种门

厂库房大门、特种门工程量清单项目设置、项目特征描述的内容、计量单位及工程量计算规则，应按表4－64的规定执行。

表4－64　　厂库房大门、特种门（编码：010804）

<table>
<tr><th>项目编码</th><th>项目名称</th><th>项目特征</th><th>计量单位</th><th>工程量计算规则</th><th>工作内容</th></tr>
<tr><td>010804001</td><td>木板大门</td><td rowspan="4">1. 门代号及洞口尺寸
2. 门框或扇外围尺寸
3. 门框、扇材质
4. 五金种类、规格
5. 防护材料种类</td><td rowspan="7">1. 樘
2. m^2</td><td rowspan="3">1. 以樘计量，按设计图示数量计算
2. 以平方米计量，按设计图示洞口尺寸以面积计算</td><td rowspan="4">1. 门（骨架）制作、运输
2. 门、五金配件安装
3. 刷防护材料</td></tr>
<tr><td>010804002</td><td>钢木大门</td></tr>
<tr><td>010804003</td><td>全钢板大门</td></tr>
<tr><td>010804004</td><td>防护铁丝门</td><td>1. 以樘计量，按设计图示数量计算
2. 以平方米计量，按设计图示门框或扇以面积计算</td></tr>
<tr><td>010804005</td><td>金属格栅门</td><td>1. 门代号及洞口尺寸
2. 门框或扇外围尺寸
3. 门框、扇材质
4. 启动装置的品种、规格</td><td>1. 以樘计量，按设计图示数量计算
2. 以平方米计量，按设计图示洞口尺寸以面积计算</td><td>1. 门安装
2. 启动装置、五金配件安装</td></tr>
<tr><td>010804006</td><td>钢质花饰大门</td><td rowspan="2">1. 门代号及洞口尺寸
2. 门框或扇外围尺寸
3. 门框、扇材质</td><td>1. 以樘计量，按设计图示数量计算
2. 以平方米计量，按设计图示门框或扇以面积计算</td><td rowspan="2">1. 门安装
2. 五金配件安装</td></tr>
<tr><td>010804007</td><td>特种门</td><td>1. 以樘计量，按设计图示数量计算
2. 以平方米计量，按设计图示洞口尺寸以面积计算</td></tr>
</table>

（五）其他门

其他门工程量清单项目设置、项目特征描述的内容、计量单位及工程量计算规则，应按表4－65的规定执行。

表 4-65 其他门（编码：010805）

项目编码	项目名称	项目特征	计量单位	工程量计算规则	工作内容
010805001	电子感应门	1. 门代号及洞口尺寸 2. 门框或扇外围尺寸 3. 门框、扇材质 4. 玻璃品种、厚度 5. 启动装置的品种、规格 6. 电子配件品种、规格	1. 樘 2. m^2	1. 以樘计量，按设计图示数量计算 2. 以平方米计量，按设计图示洞口尺寸以面积计算	1. 门安装 2. 启动装置、五金、电子配件安装
010805002	旋转门				
010805003	电子对讲门	1. 门代号及洞口尺寸 2. 门框或扇外围尺寸 3. 门材质 4. 玻璃品种、厚度 5. 启动装置的品种、规格 6. 电子配件品种、规格			
010805004	电动伸缩门				
010805005	全玻自由门	1. 门代号及洞口尺寸 2. 门框或扇外围尺寸 3. 框材质 4. 玻璃品种、厚度			
010805006	镜面不锈钢饰面门	1. 门代号及洞口尺寸 2. 门框或扇外围尺寸 3. 框、扇材质 4. 玻璃品种、厚度			1. 门安装 2. 五金安装
010805007	复合材料门				

（六）木窗

木窗工程量清单项目设置、项目特征描述的内容、计量单位及工程量计算规则，应按表 4-66 的规定执行。

表 4-66 木窗（编码：010806）

项目编码	项目名称	项目特征	计量单位	工程量计算规则	工作内容
010806001	木质窗	1. 窗代号及洞口尺寸 2. 玻璃品种、厚度	1. 樘 2. m^2	1. 以樘计量，按设计图示数量计算 2. 以平方米计量，按设计图示洞口尺寸以面积计算	1. 窗制作、运输、安装 2. 五金、玻璃安装
010806002	木飘（凸）窗	1. 窗代号 2. 框截面及外围展开面积 3. 玻璃品种、厚度 4. 防护材料种类		1. 以樘计量，按设计图示数量计算 2. 以平方米计量，按设计图示尺寸以框外围展开面积计算	1. 窗制作、运输、安装 2. 五金、玻璃安装 3. 刷防护材料
010806003	木橱窗				
010806004	木纱窗	1. 窗代号及洞口尺寸 2. 窗纱材料品种、规格		1. 以樘计量，按设计图示数量计算 2. 以平方米计量，按设计图示洞口尺寸以面积计算	1. 窗安装 2. 五金、玻璃安装

（七）金属窗

金属窗工程量清单项目设置、项目特征描述的内容、计量单位及工程量计算规则，应按表 4 - 67 的规定执行。

表 4 - 67　　金属窗（编码：010807）

项目编码	项目名称	项目特征	计量单位	工程量计算规则	工作内容
010807001	金属（塑钢、断桥）窗	1. 窗代号及洞口尺寸 2. 框、扇材质 3. 玻璃品种、厚度	1. 樘 2. m^2	1. 以樘计量，按设计图示数量计算 2. 以平方米计量，按设计图示洞口尺寸以面积计算	1. 窗安装 2. 五金、玻璃安装
010807002	金属防火窗				
010807003	金属百叶窗				1. 窗安装 2. 五金安装
010807004	金属纱窗	1. 窗代号及洞口尺寸 2. 框材质 3. 窗纱材料品种、规格		1. 以樘计量，按设计图示数量计算 2. 以平方米计量，按框的外围尺寸以面积计算	
010807005	金属格栅窗	1. 窗代号及洞口尺寸 2. 框外围尺寸 3. 框、扇材质		1. 以樘计量，按设计图示数量计算 2. 以平方米计量，按设计图示洞口尺寸以面积计算	1. 窗安装 2. 五金安装
010807006	金属（塑钢、断桥）橱窗	1. 窗代号 2. 框外围展开面积 3. 框、扇材质 4. 玻璃品种、厚度 5. 防护材料种类		1. 以樘计量，按设计图示数量计算 2. 以平方米计量，按设计图示尺寸以框外围展开面积计算	1. 窗制作、运输、安装 2. 五金、玻璃安装 3. 刷防护材料
010807007	金属（塑钢、断桥）飘（凸）窗	1. 窗代号 2. 框外围展开面积 3. 框、扇材质 4. 玻璃品种、厚度			1. 窗安装 2. 五金、玻璃安装
010807008	彩板窗	1. 窗代号及洞口尺寸 2. 框外围尺寸 3. 框、扇材质 4. 玻璃品种、厚度		1. 以樘计量，按设计图示数量计算 2. 以平方米计量，按设计图示洞口尺寸或框外围以面积计算	
010807009	复合材料窗				

（八）门窗套

门窗套工程量清单项目设置、项目特征描述的内容、计量单位及工程量计算规则，应按表 4 - 68 的规定执行。

表 4-68 门窗套（编码：010808）

<table>
<tr><th>项目编码</th><th>项目名称</th><th>项目特征</th><th>计量单位</th><th>工程量计算规则</th><th>工作内容</th></tr>
<tr><td>010808001</td><td>木门窗套</td><td>1. 窗代号及洞口尺寸
2. 门窗套展开宽度
3. 基层材料种类
4. 面层材料品种、规格
5. 线条品种、规格
6. 防护材料种类</td><td rowspan="5">1. 樘
2. m^2
3. m</td><td rowspan="5">1. 以樘计量，按设计图示数量计算
2. 以平方米计量，按设计图示尺寸以展开面积计算
3. 以米计量，按设计图示中心以延长米计算</td><td rowspan="3">1. 清理基层
2. 立筋制作、安装
3. 基层板安装
4. 面层铺贴
5. 线条安装
6. 刷防护材料</td></tr>
<tr><td>010808002</td><td>木筒子板</td><td>1. 筒子板宽度
2. 基层材料种类
3. 面层材料品种、规格
4. 线条品种、规格
5. 防护材料种类</td></tr>
<tr><td>010808003</td><td>饰面夹板筒子板</td><td>1. 筒子板宽度
2. 基层材料种类
3. 面层材料品种、规格
4. 线条品种、规格
5. 防护材料种类</td></tr>
<tr><td>010808004</td><td>金属门窗套</td><td>1. 窗代号及洞口尺寸
2. 门窗套展开宽度
3. 基层材料种类
4. 面层材料品种、规格
5. 防护材料种类</td><td>1. 清理基层
2. 立筋制作、安装
3. 基层板安装
4. 面层铺贴
5. 刷防护材料</td></tr>
<tr><td>010808005</td><td>石材门窗套</td><td>1. 窗代号及洞口尺寸
2. 门窗套展开宽度
3. 底层厚度、砂浆配合比
4. 面层材料品种、规格
5. 线条品种、规格</td><td>1. 清理基层
2. 立筋制作、安装
3. 基层抹灰
4. 面层铺贴
5. 线条安装</td></tr>
<tr><td>010808006</td><td>门窗木贴脸</td><td>1. 门窗代号及洞口尺寸
2. 贴脸板宽度
3. 防护材料种类</td><td>1. 樘
2. m</td><td>1. 以樘计量，按设计图示数量计算
2. 以米计量，按设计图示尺寸以延长米计算</td><td>贴脸板安装</td></tr>
<tr><td>010808007</td><td>成品木门窗套</td><td>1. 窗代号及洞口尺寸
2. 门窗套展开宽度
3. 门窗套材料品种、规格</td><td>1. 樘
2. m^2
3. m</td><td>1. 以樘计量，按设计图示数量计算
2. 以平方米计量，按设计图示尺寸以展开面积计算
3. 以米计量，按设计图示中心以延长米计算</td><td>1. 清理基层
2. 立筋制作、安装
3. 板安装</td></tr>
</table>

（九）窗台板

窗台板工程量清单项目设置、项目特征描述的内容、计量单位及工程量计算规则，应按表 4 - 69 的规定执行。

表 4 - 69　窗台板（编码：010809）

项目编码	项目名称	项目特征	计量单位	工程量计算规则	工作内容
010809001	木窗台板	1. 基层材料种类 2. 窗台面板材质、规格、颜色 3. 防护材料种类	m^2	按设计图示尺寸以展开面积计算	1. 基层清理 2. 基层制作、安装 3. 窗台板制作、安装 4. 刷防护材料
010809002	铝塑窗台板				
010809003	金属窗台板				
010809004	石材窗台板	1. 黏结层厚度、砂浆配合比 2. 窗台板材质、规格、颜色			1. 基层清理 2. 抹找平层 3. 窗台板制作、安装

（十）窗帘、窗帘盒、轨

窗帘、窗帘盒、轨工程量清单项目设置、项目特征描述的内容、计量单位及工程量计算规则，应按表 4 - 70 的规定执行。

表 4 - 70　窗帘、窗帘盒、轨（编码：010810）

项目编码	项目名称	项目特征	计量单位	工程量计算规则	工作内容
010810001	窗帘	1. 窗帘材质 2. 窗帘高度、宽度 3. 窗帘层数 4. 带幔要求	1. m 2. m^2	1. 以米计量，按设计图示尺寸以长度计算 2. 以平方米计量，按图示尺寸以展开面积计算	1. 制作、运输 2. 安装
010810002	木窗帘盒	1. 窗帘盒材质、规格 2. 防护材料种类	m	按设计图示尺寸以长度计算	1. 制作、运输、安装 2. 刷防护材料
010810003	饰面夹板、塑料窗帘盒				
010810004	铝合金窗帘盒				
010810005	窗帘轨	1. 窗帘轨材质、规格 2. 轨的数量 3. 防护材料种类			

二、计量规范应用说明

（一）清单项目列项

（1）木质门应区分镶板木门、企口木板门、实木装饰门、胶合板门、夹板装饰门、木纱门、全玻门（带木质扇框）、木质半玻门（带木质扇框）等项目，分别编码列项。单独制作安装木门框按木门框项目编码列项。

（2）金属门应区分金属平开门、金属推拉门、金属地弹门、全玻门（带金属扇框）、金属半玻门（带扇框）等项目，分别编码列项。

（3）特种门应区分冷藏门、冷冻间门、保温门、变电室门、隔音门、防射线门、人防门、金库门等项目，分别编码列项。

（4）木质窗应区分木百叶窗、木组合窗、木天窗、木固定窗、木装饰空花窗等项目，分别编码列项。

（5）金属窗应区分金属组合窗、防盗窗等项目，分别编码列项。

（6）木门窗套适用于单独门窗套的制作、安装。

（二）项目特征描述

（1）木门以樘计量，项目特征必须描述洞口尺寸，以平方米计量，项目特征可不描述洞口尺寸。

（2）金属门以樘计量，项目特征必须描述洞口尺寸，没有洞口尺寸必须描述门框或扇外围尺寸，以平方米计量，项目特征可不描述洞口尺寸及框、扇的外围尺寸。金属门以平方米计量，无设计图示洞口尺寸，按门框、扇外围以面积计算。

（3）金属卷帘（闸）门以樘计量，项目特征必须描述洞口尺寸，以平方米计量，项目特征可不描述洞口尺寸。

（4）厂库房大门、特种门以樘计量，项目特征必须描述洞口尺寸，没有洞口尺寸必须描述门框或扇外围尺寸，以平方米计量，项目特征可不描述洞口尺寸及框、扇的外围尺寸。

（5）表 4 - 64 其他门中的门以樘计量，项目特征必须描述洞口尺寸，没有洞口尺寸必须描述门框或扇外围尺寸，以平方米计量，项目特征可不描述洞口尺寸及框、扇的外围尺寸。

（6）木质窗以樘计量，项目特征必须描述洞口尺寸，没有洞口尺寸必须描述窗框外围尺寸，以平方米计量，项目特征可不描述洞口尺寸及框的外围尺寸。

（7）木橱窗、木飘（凸）窗以樘计量，项目特征必须描述框截面及外围展开面积。

（8）金属窗以樘计量，项目特征必须描述洞口尺寸，没有洞口尺寸必须描述窗框外围尺寸，以平方米计量，项目特征可不描述洞口尺寸及框的外围尺寸。金属橱窗、飘（凸）窗以樘计量，项目特征必须描述框外围展开面积。

（9）门窗套以樘计量，项目特征必须描述洞口尺寸、门窗套展开宽度；门窗套以平方米计量，项目特征可不描述洞口尺寸、门窗套展开宽度；门窗套以米计量，项目特征必须描述门窗套展开宽度、筒子板及贴脸宽度。

（10）窗帘若是双层，项目特征必须描述每层材质；窗帘以米计量，项目特征必须描述窗帘高度和宽。

（三）组价相关说明

1. 门窗五金

（1）木门五金应包括：折页、插销、门碰珠、弓背拉手、搭机、木螺丝、弹簧折页（自动门）、管子拉手（自由门、地弹门）、地弹簧（地弹门）、角铁、门轧头（地弹门、自由门）等。

（2）铝合金门五金包括：地弹簧、门锁、拉手、门插、门铰、螺丝等。

（3）金属门五金包括：L形执手插锁（双舌）、执手锁（单舌）、门轨头、地锁、防盗门机、门眼（猫眼）、门碰珠、电子锁（磁卡锁）、闭门器、装饰拉手等。

（4）木窗五金包括：折页、插销、风钩、木螺丝、滑楞滑轨（推拉窗）等。

（5）铝合金窗五金应包括：折页、螺丝、执手、卡锁、铰拉、风撑、滑轮、执手、拉把、拉手、角码、牛角制等。

2. 工程量计算规则

（1）表4-61中木质门带套（010801002）计量按洞口尺寸以面积计算，不包括门套的面积。

（2）表4-62金属门（010802）中的门以平方米计量，无设计图示洞口尺寸，按门框、扇外围以面积计算。

（3）表4-64厂库房大门、特种门（010804）中的门以平方米计量，无设计图示洞口尺寸，按门框、扇外围以面积计算。

3. 门窗编制

门窗（除个别门窗外）工程均以成品编制项目，“个别门窗”详见清单子目工作内容中有“制作”的子目。

4. 刷漆方式

门窗（除个别门窗外）工程均以成品编制项目，对于刷油漆两种方式处理：一是若购置成品价不含油漆，单独按第五章第四节油漆、涂料、裱糊工程相关编码列项。二是若购置成品价含油漆，不再单独计算油漆。

三、工程量清单编制实例

（一）背景资料

某住宅工程3号户型平面图如图4-37所示，该幢楼3号户型共有24户。分户门为成品钢质防盗门，室内门为成品实木门带套。卫生间和厨房为成品塑钢门，框边安装成品门套，展开宽度为360mm；窗为成品塑钢窗，具体尺寸详见表4-71。

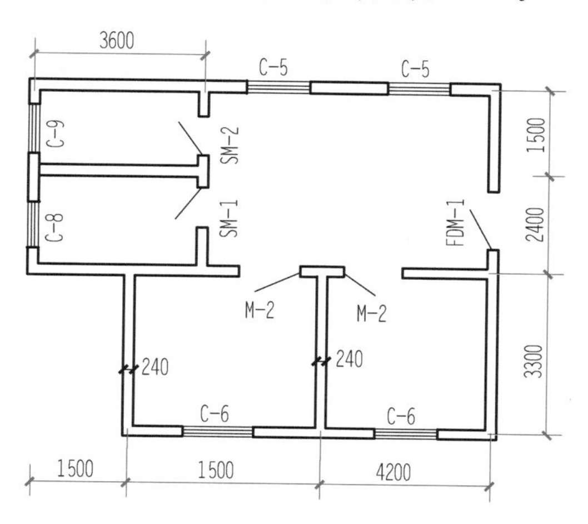

图4-37　某工程3号户型平面图

表 4-71 门窗统计表

类型	设计编号	洞口尺寸（mm×mm）	数量	备注
成品钢质防盗门	FDM-1	1100×2100	24	含锁、五金
成品实木门带套	M-2	900×2100	48	含锁、普通五金
成品塑钢门	SM-1	800×2000	24	钢化中空玻璃（5+9A+5），塑钢110系列，含锁、五金
	SM-2	700×2000	24	
成品塑钢窗	C-5	1500×1800	48	夹胶玻璃（6+2.5+6），型材为塑钢90系列，普通五金
	C-6	1500×1500	48	
	C-8	600×1500	24	
	C-9	600×900	24	

（二）问题

根据以上背景资料及国家标准《建设工程工程量清单计价规范》（GB 50500—2013）、《房屋建筑与装饰工程工程量计算规范》（GB 50854—2013），试列出该户型的门窗、门窗套的分部分项工程量清单。

解 门窗的工程量计算见表 4-72。

表 4-72 清单工程量计算表

工程名称：某工程

序号	项目编码	清单项目名称	工程量计算式	工程量	计量单位
1	010702004001	成品钢质防盗门	$S=1.1\times2.1\times24=55.44m^2$	55.44	m^2
2	010801002001	成品实木门带套	$S=0.9\times2.1\times48=90.72m^2$	90.72	m^2
3	010802001001	成品塑钢门	$S=0.7\times2.0\times24+0.8\times2.0\times24=72.00m^2$	72.00	m^2
4	010807001001	成品塑钢窗	$S=1.5\times1.5\times48+1.5\times1.8\times48+0.6\times1.5\times24+0.6\times0.9\times24=272.16m^2$	272.16	m^2
5	010808007001	成品门套	$S=(0.88+2.18\times2)\times0.36\times24+(0.98+2.18\times2)\times0.36\times24=91.41m^2$	91.41	m^2

根据表 4-72 的清单工程量和背景资料的有关信息，分部分项工程量清单见表 4-73。

表 4-73　　分部分项工程量清单和单价措施项目清单与计价表

工程名称：某工程

序号	项目编码	项目名称	项目特征	计量单位	工程量	金额	
						综合单价	合价
1	010702004001	成品钢质防盗门	1. 门代号及洞口尺寸：FDM-1（1100mm×2100mm） 2. 门框、扇材质：钢质	m^2	55.44		
2	010801002001	成品实木门带套	门代号及洞口尺寸：M-2（900mm×2100mm）	m^2	90.72		
3	010802001001	成品塑钢门	1. 门代号及洞口尺寸：SM-1（800mm×2000mm）、SM-2（700mm×2000mm） 2. 门框、扇材质：塑钢 110 系列 3. 玻璃品种、厚度：5mm 厚钢化中空玻璃（5+9A+5）	m^2	72.00		
4	010807001001	成品塑钢窗	1. 门代号及洞口尺寸：C-5、C-6、C-8、C-9，洞口尺寸详《门窗统计表》 2. 门框、扇材质：塑钢 90 系列 3. 玻璃品种、厚度：夹胶玻璃（6+2.5+6）	m^2	272.16		
5	010808007001	成品门套	1. 门代号及洞口尺寸：SM-1（800mm×2000mm）、SM-2（700mm×2000mm） 2. 门套展开宽度：360mm 3. 门套材料品种：成品实木门套	m^2	91.41		

第九节　屋面及防水工程

本节配套数字资源及习题

一、清单工程量计算规范

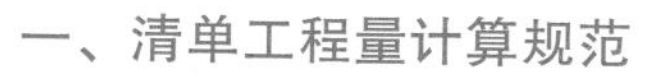
（一）瓦、型材及其他屋面

瓦、型材及其他屋面工程量清单项目设置、项目特征描述的内容、计量单位及工程量计算规则，应按表 4-74 的规定执行。

表 4-74　　瓦、型材及其他屋面（编码：010901）

项目编码	项目名称	项目特征	计量单位	工程量计算规则	工作内容
010901001	瓦屋面	1. 瓦品种、规格 2. 黏结层砂浆的配合比	m^2	按设计图示尺寸以斜面积计算 不扣除房上烟囱、风帽底座、风道、小气窗、斜沟等所占面积。小气窗的出檐部分不增加面积	1. 砂浆制作、运输、摊铺、养护 2. 安瓦、作瓦脊
010901002	型材屋面	1. 型材品种、规格 2. 金属檩条材料品种、规格 3. 接缝、嵌缝材料种类			1. 檩条制作、运输、安装 2. 屋面型材安装 3. 接缝、嵌缝
010901003	阳光板屋面	1. 阳光板品种、规格 2. 骨架材料品种、规格 3. 接缝、嵌缝材料种类 4. 油漆品种、刷漆遍数		按设计图示尺寸以斜面积计算 不扣除屋面面积≤0.3m^2孔洞所占面积	1. 骨架制作、运输、安装、刷防护材料、油漆 2. 阳光板安装 3. 接缝、嵌缝
010901004	玻璃钢屋面	1. 玻璃钢品种、规格 2. 骨架材料品种、规格 3. 玻璃钢固定方式 4. 接缝、嵌缝材料种类 5. 油漆品种、刷漆遍数			1. 骨架制作、运输、安装、刷防护材料、油漆 2. 玻璃钢制作、安装 3. 接缝、嵌缝
010901005	膜结构屋面	1. 膜布品种、规格 2. 支柱（网架）钢材品种、规格 3. 钢丝绳品种、规格 4. 锚固基座做法 5. 油漆品种、刷漆遍数		按设计图示尺寸以需要覆盖的水平投影面积计算	1. 膜布热压胶接 2. 支柱（网架）制作、安装 3. 膜布安装 4. 穿钢丝绳、锚头锚固 5. 锚固基座挖土、回填 6. 刷防护材料，油漆

（二）屋面防水及其他

屋面防水及其他工程量清单项目设置、项目特征描述的内容、计量单位及工程量计算规则，应按表 4-75 的规定执行。

表 4-75　屋面防水及其他（编码：010902）

项目编码	项目名称	项目特征	计量单位	工程量计算规则	工作内容
010902001	屋面卷材防水	1. 卷材品种、规格、厚度 2. 防水层数 3. 防水层做法	m^2	按设计图示尺寸以面积计算 1. 斜屋顶（不包括平屋顶找坡）按斜面积计算，平屋顶按水平投影面积计算 2. 不扣除房上烟囱、风帽底座、风道、屋面小气窗和斜沟所占面积 3. 屋面的女儿墙、伸缩缝和天窗等处的弯起部分，并入屋面工程量内	1. 基层处理 2. 刷底油 3. 铺油毡卷材、接缝
010902002	屋面涂膜防水	1. 防水膜品种 2. 涂膜厚度、遍数 3. 增强材料种类			1. 基层处理 2. 刷基层处理剂 3. 铺布、喷涂防水层
010902003	屋面刚性层	1. 刚性层厚度 2. 混凝土的种类 3. 混凝土强度等级 4. 嵌缝材料种类 5. 钢筋规格、型号		按设计图示尺寸以面积计算。不扣除房上烟囱、风帽底座、风道等所占面积	1. 基层处理 2. 混凝土制作、运输、铺筑、养护 3. 钢筋制安
010902004	屋面排水管	1. 排水管品种、规格 2. 雨水斗、山墙出水口品种、规格 3. 接缝、嵌缝材料种类 4. 油漆品种、刷漆遍数	m	按设计图示尺寸以长度计算。如设计未标注尺寸，以檐口至设计室外散水上表面垂直距离计算	1. 排水管及配件安装、固定 2. 雨水斗、山墙出水口、雨水篦子安装 3. 接缝、嵌缝 4. 刷漆
010902005	屋面排（透）气管	1. 排（透）气管品种、规格 2. 接缝、嵌缝材料种类 3. 油漆品种、刷漆遍数		按设计图示尺寸以长度计算	1. 排（透）气管及配件安装、固定 2. 铁件制作、安装 3. 接缝、嵌缝 4. 刷漆
010902006	屋面（廊、阳台）泄（吐）水管	1. 吐水管品种、规格 2. 接缝、嵌缝材料种类 3. 吐水管长度 4. 油漆品种、刷漆遍数	根（个）	按设计图示数量计算	1. 吐水管及配件安装、固定 2. 接缝、嵌缝 3. 刷漆

续表

项目编码	项目名称	项目特征	计量单位	工程量计算规则	工作内容
010902007	屋面天沟、檐沟	1. 材料品种、规格 2. 接缝、嵌缝材料种类	m^2	按设计图示尺寸以展开面积计算	1. 天沟材料铺设 2. 天沟配件安装 3. 接缝、嵌缝 4. 刷防护材料
010902008	屋面变形缝	1. 嵌缝材料种类 2. 止水带材料种类 3. 盖缝材料 4. 防护材料种类	m	按设计图示以长度计算	1. 清缝 2. 填塞防水材料 3. 止水带安装 4. 盖缝制作、安装 5. 刷防护材料

（三）墙面防水、防潮

墙面防水、防潮工程量清单项目设置、项目特征描述的内容、计量单位及工程量计算规则，应按表 4-76 的规定执行。

表 4-76 墙面防水、防潮（编码：010903）

项目编码	项目名称	项目特征	计量单位	工程量计算规则	工作内容
010903001	墙面卷材防水	1. 卷材品种、规格、厚度 2. 防水层数 3. 防水层做法	m^2	按设计图示尺寸以面积计算	1. 基层处理 2. 刷黏结剂 3. 铺防水卷材 4. 接缝、嵌缝
010903002	墙面涂膜防水	1. 防水膜品种 2. 涂膜厚度、遍数 3. 增强材料种类			1. 基层处理 2. 刷基层处理剂 3. 铺布、喷涂防水层
010903003	墙面砂浆防水（防潮）	1. 防水层做法 2. 砂浆厚度、配合比 3. 钢丝网规格			1. 基层处理 2. 挂钢丝网片 3. 设置分格缝 4. 砂浆制作、运输、摊铺、养护
010903004	墙面变形缝	1. 嵌缝材料种类 2. 止水带材料种类 3. 盖缝材料 4. 防护材料种类	m	按设计图示以长度计算	1. 清缝 2. 填塞防水材料 3. 止水带安装 4. 盖缝制作、安装 5. 刷防护材料

（四）楼（地）面防水、防潮

楼（地）面防水、防潮工程量清单项目设置、项目特征描述的内容、计量单位及工程量计算规则，应按表 4-77 的规定执行。

表 4-77　楼（地）面防水、防潮（编码：010904）

项目编码	项目名称	项目特征	计量单位	工程量计算规则	工作内容
010904001	楼（地）面卷材防水	1. 卷材品种、规格、厚度 2. 防水层数 3. 防水层做法 4. 反边高度	m^2	按设计图示尺寸以面积计算 1. 楼（地）面防水：按主墙间净空面积计算，扣除凸出地面的构筑物、设备基础等所占面积，不扣除间壁墙及单个面积≤0.3m^2柱、垛、烟囱和孔洞所占面积 2. 楼（地）面防水反边高度≤300mm算作地面防水，反边高度>300mm算作墙面防水计算	1. 基层处理 2. 刷黏结剂 3. 铺防水卷材 4. 接缝、嵌缝
010904002	楼（地）面涂膜防水	1. 防水膜品种 2. 涂膜厚度、遍数 3. 增强材料种类 4. 反边高度			1. 基层处理 2. 刷基层处理剂 3. 铺布、喷涂防水层
010904003	楼（地）面砂浆防水（防潮）	1. 防水层做法 2. 砂浆厚度、配合比 3. 反边高度			1. 基层处理 2. 砂浆制作、运输、摊铺、养护
010904004	楼（地）面变形缝	1. 嵌缝材料种类 2. 止水带材料种类 3. 盖缝材料 4. 防护材料种类	m	按设计图示以长度计算	1. 清缝 2. 填塞防水材料 3. 止水带安装 4. 盖缝制作、安装 5. 刷防护材料

二、计量规范应用说明

（一）清单项目列项

（1）瓦屋面，若是在木基层上铺瓦，项目特征不必描述黏结层砂浆的配合比，瓦屋面铺防水层，按表 4-75 屋面防水及其他中相关项目编码列项。

（2）型材屋面、阳光板屋面、玻璃钢屋面的柱、梁、屋架，按本章第六节金属结构工程、第七节木结构工程中相关项目编码列项。

（3）屋面找平层按第五章第一节楼地面装饰工程“平面砂浆找平层”项目编码列项。

（4）屋面保温找坡层按本章第十节保温、隔热、防腐工程“保温隔热屋面”项目编码列项。

（5）墙面找平层按第五章第二节墙、柱面装饰与隔断、幕墙工程“立面砂浆找平层”项目编码列项。

（二）项目特征描述

（1）屋面刚性层无钢筋，其钢筋项目特征不必描述。

（2）卷材品种、规格、厚度。

防水卷材是将沥青类或高分子类防水材料浸渍在胎体上，制作成的防水材料产品，以卷材形式提供，称为防水卷材。

1. 卷材品种

根据其组成和生产工艺不同，分为有胎卷材（纸胎、玻璃布胎、麻布胎）和辊压卷材

（无胎、可以掺入玻璃纤维）两类。根据其主要防水组成材料可分为沥青防水卷材、高聚合物改性沥青防水卷材和合成高分子防水卷材三类。

改性沥青与传统的氧化沥青相比，其使用温度区间大为扩展，制成的卷材光洁柔软，可制成3～5mm厚度，可以单层使用，具有15～20年可靠的防水效果。改性沥青防水卷材可分为：弹性体改性沥青防水卷材（SBS卷材）、塑性体改性沥青防水卷材（APP卷材）、自粘聚合物改性沥青防水卷材（APF卷材）、合成高分子防水卷材、SBC聚乙烯丙纶防水卷材。

SBS改性沥青油毡按其厚度分为Ⅰ型、Ⅱ型、Ⅲ型三种类型，各类型油毡的宽度均为1m。SBS卷材按胎基分为聚酯胎（PY）和玻纤胎（G）两类。按上表面隔离材料分为聚乙烯膜（PE）、细砂（S）与矿物粒（片）料（M）三种。按物理力学性能分为Ⅰ型和Ⅱ型。卷材按不同胎基、不同上表面材料分为6个品种。

2. 规格、厚度

目前所用的防水卷材仍以沥青防水卷材为主，广泛应用在地下、工业及其他建筑和构筑物中，特别是屋面工程中仍被普遍采用。常见的防水卷材规格和厚度见表4-78。

表4-78 防水卷材规格型号表

序号	防水材料名称	标准	常见厚度（mm）
1	弹性体改性沥青防水卷材	GB 18242—2008	3、4
2	塑性体改性沥青防水卷材	GB 18243—2008	3、4
3	自粘聚合物改性沥青防水卷材	GB 1823441—2009	1.2、1.5、2、3、4
4	预铺/湿铺防水卷材	GB 1823457—2009	1.5、2
5	高分子（聚乙烯丙纶）防水卷材	GB 18173.1—2012	0.6、0.7、0.8、1、1.2、1.5
6	聚氯乙烯防水卷材	GB 12952—2011	1.2、1.5
7	氯化聚乙烯防水卷材	GB 12953—2003	1.2、1.5、2
8	种植屋面用耐根穿刺防水卷材	JC/T 1075—2008	4、5
9	高分子宽幅自粘防水卷材	GB/T 23260—2009	1、1.5、2
10	热塑性聚烯烃防水卷材	GB 27789—2011	1.2、1.5

3. 防水膜品种

涂膜防水是在自身有一定防水能力的结构层表面涂刷一定厚度的防水涂料，经常温胶联固化后，形成一层具有一定坚韧性的防水涂膜的防水方法。

涂膜防水涂料主要品种有聚氨酯类防水涂料、丙烯酸类防水涂料、橡胶沥青类防水涂料、氯丁橡胶类防水涂料、有机硅类防水涂料以及其他防水涂料等品种，其作用是构成涂膜防水的主要材料．使建筑物表因与水隔绝，对建筑物起到防水与密封作用，同时还起到美化建筑物的装饰作用。常见的涂膜防水涂料品种见表4-79。

表4-79 防水卷材规格型号表

序号	涂膜防水材料名称	标准	常见类型
1	聚氨酯防水涂料	GB/T 19250—2003	PU-S-Ⅰ、PU-M-Ⅰ
2	聚合物乳液建筑防水涂料	JC/T 864—2008	丙烯酸酯-Ⅰ、丙烯酸酯-Ⅱ

续表

序号	涂膜防水材料名称	标准	常见类型
3	聚合物水泥防水涂料	GB/T 23445—2009	JS-Ⅰ、JS-Ⅱ、JS-Ⅲ
4	水泥基渗透结晶型防水涂料	GB 18445—2001	CCCW-C-Ⅰ、CCCW-C-Ⅱ
5	聚合物水泥防水砂浆	JC/T 984—2011	JF-S-Ⅰ、JF-D-Ⅰ
6	无机防水堵漏材料	GB 23440—2009	FD-Ⅰ、FD-Ⅱ
7	喷涂聚脲防水涂料	GB/T 23260—2009	JNJ-Ⅰ、JNC-Ⅰ

4. 加强材料种类

涂膜防水胎体增强材料，主要有玻璃纤维纺织物、合成纤维纺织物、合成纤维非纺织物等，其作用是增加涂膜防水层的强度，当基层发生龟裂时，可防止涂膜破裂或蠕变破裂；同时还可以防止涂膜流坠。

（三）组价相关说明

（1）屋面、墙面防水搭接及附加层用量不另行计算，在综合单价中考虑。

（2）墙面变形缝，若做双面，工程量乘系数 2。

三、工程量清单编制实例

（一）背景资料

某地公厕坡屋面屋顶平面图（图 4-38）、剖面图（图 4-39）、大样图（图 4-40），防水在山墙檐口的反边高 250mm，建筑油膏嵌缝，屋面瓦采用 440mm×310mm 青灰色筒板瓦，未列项目不考虑。

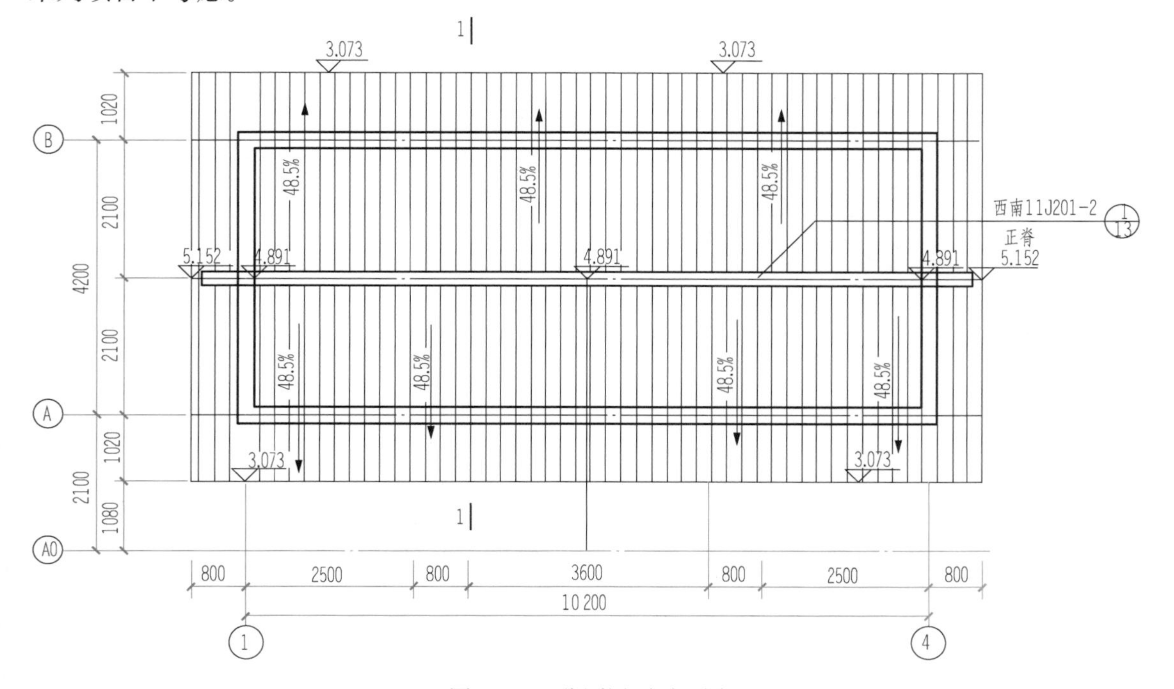

图 4-38　公厕屋顶平面图

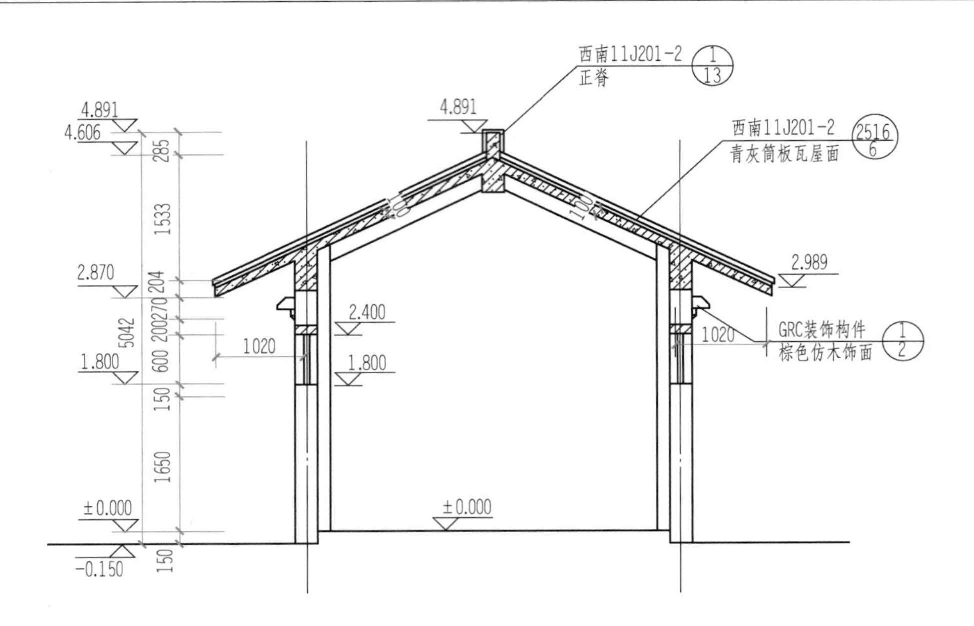

图 4-39 1—1 剖面图

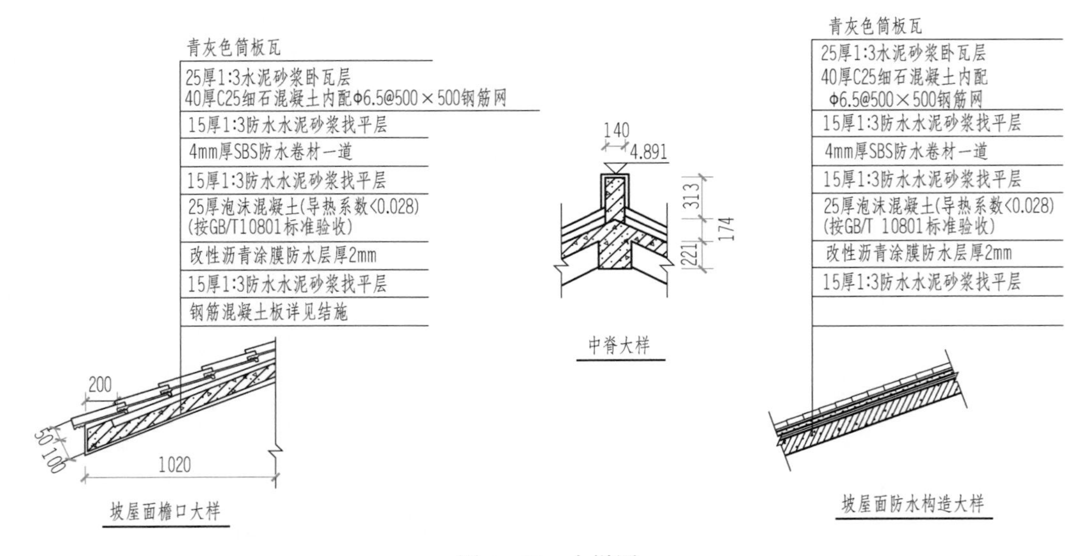

图 4-40 大样图

（二）问题

根据以上背景资料及国家标准《建设工程工程量清单计价规范》（GB 50500—2013）、《房屋建筑与装饰工程工程量计算规范》（GB 50854—2013），试列出该屋面及防水工程的分部分项工程量清单。

解 屋面及防水工程的工程量计算见表 4-80。

表 4-80　清单工程量计算表

工程名称：某工程

序号	项目编码	清单项目名称	工程量计算式	工程量	计量单位
1	010901001001	瓦屋面	延尺系数 $C=\frac{1}{\cos 48.5°}=1.5092$ $S=(10.2+0.8\times2)\times(4.2+1.02\times2)\times1.5092=111.13m^2$	111.13	m^2
2	010902001001	屋面卷材防水	斜面积 $S_1=(10.2+0.8\times2)\times(4.2+1.02\times2-0.14)\times1.5092=109.47m^2$ 屋脊 $S_2=(10.2+0.8\times2)\times(0.14+0.313\times2)=9.04m^2$ 山墙反边 $S_3=(2.1+1.02-0.07)\times1.5092\times0.25\times4=4.60m^2$ 合计 $S=109.47+9.04+4.60=123.11m^2$	123.11	m^2
3	010902002001	屋面涂膜防水	同卷材防水面积 $S=123.11m^2$	123.11	m^2
4	010902003001	屋面刚性层	$S=(10.2+0.8\times2)\times(4.2+1.02\times2-0.14)\times1.5092=109.47m^2$	109.47	m^2

根据表 4-80 的清单工程量和背景资料的有关信息，分部分项工程量清单见表 4-81。

表 4-81　分部分项工程量清单和单价措施项目清单与计价表

工程名称：某工程

序号	项目编码	项目名称	项目特征	计量单位	工程量	金额	
						综合单价	合价
1	010901001001	瓦屋面	1. 瓦品种、规格：青灰色筒板瓦、440mm×310mm 2. 黏结层砂浆配合比：25mm厚1：3水泥砂浆	m^2	111.13		
2	010902001001	屋面卷材防水	1. 卷材品种、规格、厚度：4mm厚SBS防水卷材 2. 防水层数：1层 3. 防水层做法：详见坡屋面防水构造大样	m^2	123.11		
3	010902002001	屋面涂膜防水	1. 防水膜品种：改性沥青涂膜防水 2. 涂膜厚度、遍数：2mm 3. 增强材料种类：符合设计和规范要求	m^2	123.11		

续表

序号	项目编码	项目名称	项目特征	计量单位	工程量	金额	
						综合单价	合价
4	010902003001	屋面刚性层	1. 刚性层厚度：40mm 2. 混凝土的种类：商品混凝土 3. 混凝土强度等级：C25 4. 嵌缝材料种类：建筑油膏 5. 钢筋规格、型号：HPB235 ф6.5@500mm×500mm	m²	109.47		

第十节　保温、隔热、防腐工程

本节配套数字资源及习题

一、清单工程量计算规范

（一）保温、隔热

保温、隔热工程量清单项目设置、项目特征描述的内容、计量单位及工程量计算规则，应按表 4 - 82 的规定执行。

表 4 - 82　　保温、隔热（编码：011001）

项目编码	项目名称	项目特征	计量单位	工程量计算规则	工作内容
011001001	保温隔热屋面	1. 保温隔热材料品种、规格、厚度 2. 隔气层材料品种、厚度 3. 黏结材料种类、做法 4. 防护材料种类、做法	m²	按设计图示尺寸以面积计算。扣除面积＞0.3m² 孔洞及占位面积	1. 基层清理 2. 刷黏结材料 3. 铺粘保温层 4. 铺、刷（喷）防护材料
011001002	保温隔热天棚	1. 保温隔热面层材料品种、规格、性能 2. 保温隔热材料品种、规格及厚度 3. 黏结材料种类及做法 4. 防护材料种类及做法		按设计图示尺寸以面积计算。扣除面积＞0.3m² 上柱、垛、孔洞所占面积。与天棚相连的梁按展开面积，计算并入天棚工程内	

续表

<table>
<tr><th>项目编码</th><th>项目名称</th><th>项目特征</th><th>计量单位</th><th>工程量计算规则</th><th>工作内容</th></tr>
<tr><td>011001003</td><td>保温隔热墙面</td><td rowspan="2">1. 保温隔热部位
2. 保温隔热方式
3. 踢脚线、勒脚线保温做法
4. 龙骨材料品种、规格
5. 保温隔热面层材料品种、规格、性能
6. 保温隔热材料品种、规格及厚度
7. 增强网及抗裂防水砂浆种类
8. 黏结材料种类及做法
9. 防护材料种类及做法</td><td rowspan="4">m^2</td><td>按设计图示尺寸以面积计算。扣除门窗洞口以及面积 $>0.3m^2$ 梁、孔洞所占面积；门窗洞口侧壁需作保温时，并入保温墙体工程量内</td><td rowspan="2">1. 基层清理
2. 刷界面剂
3. 安装龙骨
4. 填贴保温材料
5. 保温板安装
6. 粘贴面层
7. 铺设增强格网、抹抗裂、防水砂浆面层
8. 嵌缝
9. 铺、刷（喷）防护材料</td></tr>
<tr><td>011001004</td><td>保温柱、梁</td><td>按设计图示尺寸以面积计算
1. 柱按设计图示柱断面保温层中心线展开长度乘保温层高度以面积计算，扣除面积 $>0.3m^2$ 梁所占面积
2. 梁按设计图示梁断面保温层中心线展开长度乘保温层长度以面积计算</td></tr>
<tr><td>011001005</td><td>保温隔热楼地面</td><td>1. 保温隔热部位
2. 保温隔热材料品种、规格、厚度
3. 隔气层材料品种、厚度
4. 黏结材料种类、做法
5. 防护材料种类、做法</td><td>按设计图示尺寸以面积计算。扣除面积 $>0.3m^2$ 柱、垛、孔洞所占面积，门洞、空圈、暖气包槽、壁龛的开口部分不增加面积</td><td>1. 基层清理
2. 刷黏结材料
3. 铺粘保温层
4. 铺、刷（喷）防护材料</td></tr>
<tr><td>011001006</td><td>其他保温隔热</td><td>1. 保温隔热部位
2. 保温隔热方式
3. 隔气层材料品种、厚度
4. 保温隔热面层材料品种、规格、性能
5. 保温隔热材料品种、规格及厚度
6. 黏结材料种类及做法
7. 增强网及抗裂防水砂浆种类
8. 防护材料种类及做法</td><td>按设计图示尺寸以展开面积计算。扣除面积 $>0.3m^2$ 孔洞及占位面积</td><td>1. 基层清理
2. 刷界面剂
3. 安装龙骨
4. 填贴保温材料
5. 保温板安装
6. 粘贴面层
7. 铺设增强格网、抹抗裂防水砂浆面层
8. 嵌缝
9. 铺、刷（喷）防护材料</td></tr>
</table>

（二）防腐面层

防腐面层工程量清单项目设置、项目特征描述的内容、计量单位及工程量计算规则，应按表 4 - 83 的规定执行。

表 4 - 83　　防腐面层（编码：011002）

<table>
<tr><th>项目编码</th><th>项目名称</th><th>项目特征</th><th>计量单位</th><th>工程量计算规则</th><th>工作内容</th></tr>
<tr><td>011002001</td><td>防腐混凝土面层</td><td>1. 防腐部位
2. 面层厚度
3. 混凝土种类
4. 胶泥种类、配合比</td><td rowspan="6">m^2</td><td rowspan="6">按设计图示尺寸以面积计算。
1. 平面防腐：扣除凸出地面的构筑物、设备基础等以及面积 $>0.3m^2$ 孔洞、柱、垛所占面积，门洞、空圈、暖气包槽、壁龛的开口部分不增加面积
2. 立面防腐：扣除门、窗、洞口以及面积 $>0.3m^2$ 孔洞、梁所占面积，门、窗、洞口侧壁、垛突出部按展开面积并入墙面积内</td><td>1. 基层清理
2. 基层刷稀胶泥
3. 混凝土制作、运输、摊铺、养护</td></tr>
<tr><td>011002002</td><td>防腐砂浆面层</td><td>1. 防腐部位
2. 面层厚度
3. 砂浆、胶泥种类、配合比</td><td>1. 基层清理
2. 基层刷稀胶泥
3. 砂浆制作、运输、摊铺、养护</td></tr>
<tr><td>011002003</td><td>防腐胶泥面层</td><td>1. 防腐部位
2. 面层厚度
3. 胶泥种类、配合比</td><td>1. 基层清理
2. 胶泥调制、摊铺</td></tr>
<tr><td>011002004</td><td>玻璃钢防腐面层</td><td>1. 防腐部位
2. 玻璃钢种类
3. 贴布材料的种类、层数
4. 面层材料品种</td><td>1. 基层清理
2. 刷底漆、刮腻子
3. 胶浆配制、涂刷
4. 粘布、涂刷面层</td></tr>
<tr><td>011002005</td><td>聚氯乙烯板面层</td><td>1. 防腐部位
2. 面层材料品种、厚度
3. 黏结材料种类</td><td>1. 基层清理
2. 配料、涂胶
3. 聚氯乙烯板铺设</td></tr>
<tr><td>011002006</td><td>块料防腐面层</td><td>1. 防腐部位
2. 块料品种、规格
3. 黏结材料种类
4. 勾缝材料种类</td><td>1. 基层清理
2. 铺贴块料
3. 胶泥调制、勾缝</td></tr>
<tr><td>011002007</td><td>池、槽块料防腐面层</td><td>1. 防腐池、槽名称、代号
2. 块料品种、规格
3. 黏结材料种类
4. 勾缝材料种类</td><td>m^2</td><td>按设计图示尺寸以展开面积计算</td><td>1. 基层清理
2. 铺贴块料
3. 胶泥调制、勾缝</td></tr>
</table>

（三）其他防腐

其他防腐工程量清单项目设置、项目特征描述的内容、计量单位及工程量计算规则，应按表 4 - 84 的规定执行。

表 4-84　其他防腐（编码：011003）

项目编码	项目名称	项目特征	计量单位	工程量计算规则	工作内容
011003001	隔离层	1. 隔离层部位 2. 隔离层材料品种 3. 隔离层做法 4. 粘贴材料种类	m^2	按设计图示尺寸以面积计算： 1. 平面防腐：扣除凸出地面的构筑物、设备基础等以及面积＞0.3m^2孔洞、柱、垛所占面积，门洞、空圈、暖气包槽、壁龛的开口部分不增加面积 2. 立面防腐：扣除门、窗、洞口以及面积＞0.3m^2孔洞、梁所占面积，门、窗、洞口侧壁、垛突出部分按展开面积并入墙面积内	1. 基层清理、刷油 2. 煮沥青 3. 胶泥调制 4. 隔离层铺设
011003002	砌筑沥青浸渍砖	1. 砌筑部位 2. 浸渍砖规格 3. 胶泥种类 4. 浸渍砖砌法	m^3	按设计图示尺寸以体积计算	1. 基层清理 2. 胶泥调制 3. 浸渍砖铺砌
011003003	防腐涂料	1. 涂刷部位 2. 基层材料类型 3. 刮腻子的种类、遍数 4. 涂料品种、刷涂遍数	m^2	按设计图示尺寸以面积计算： 1. 平面防腐：扣除凸出地面的构筑物、设备基础等以及面积＞0.3m^2孔洞、柱、垛所占面积，门洞、空圈、暖气包槽、壁龛的开口部分不增加面积 2. 立面防腐：扣除门、窗、洞口以及面积＞0.3m^2孔洞、梁所占面积，门、窗、洞口侧壁、垛突出部分按展开面积并入墙面积内	1. 基层清理 2. 刮腻子 3. 刷涂料

二、计量规范应用说明

（一）清单项目列项

（1）保温隔热装饰面层，按第五章第一～第五节中相关项目编码列项；仅做找平层按第五章第一节中“平面砂浆找平层”或第五章第二节墙、柱面装饰与隔断、幕墙工程“立面砂浆找平层”项目编码列项。

（2）池槽保温隔热应按其他保温隔热项目编码列项。

（3）防腐踢脚线，应按第五章第一节中“踢脚线”项目编码列项。

（4）保温柱、梁适用于不与墙、天棚相连的独立柱、梁。

（二）项目特征描述

（1）“保温隔热方式”项目特征指内保温、外保温、夹心保温。

（2）“浸渍砖砌法”项目特征指平砌、立砌。

（三）组价相关说明

（1）柱帽保温隔热应并入天棚保温隔热工程量内。

（2）防腐工程中需酸化处理时应包括在报价内。

（3）防腐工程中的养护应包括在报价内。

三、工程量清单编制实例

（一）背景资料

某服务中心屋面平面图和屋顶保温构造分别如图 4 - 41、图 4 - 42 所示，防水在女儿墙的反边高 250mm，未列项目不考虑。

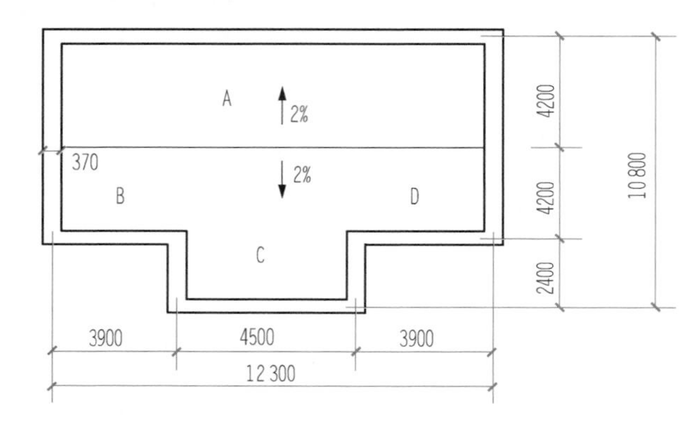

图 4 - 41　屋面平面图

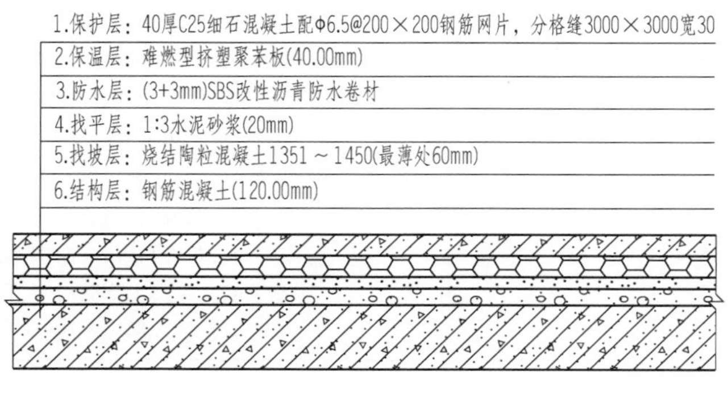

图 4 - 42　屋顶保温构造

（二）问题

根据以上背景资料及国家标准《建设工程工程量清单计价规范》（GB 50500—2013）、《房屋建筑与装饰工程工程量计算规范》（GB 50854—2013），试列出该屋面找平层、防水工程、保温及隔热工程的分部分项工程量清单。

解　屋面及防水工程的工程量计算见表 4-85。

表 4-85　　清单工程量计算表

工程名称：某工程

序号	项目编码	清单项目名称	工程量计算式	工程量	计量单位
1	011001001001	保温隔热屋面	$S=(12.3-0.37\times2)\times(8.4-2\times0.37)+(4.5-0.37\times2)\times2.4=97.58m^2$	97.58	m^2
2	010902001001	屋面卷材防水	平面面积：$S_1=97.58m^2$ 反边面积：$S_2=[(12.3-0.37)+(10.8-0.37)]\times2\times0.25=11.18m^2$ 合计：$S=97.58+11.18=108.76m^2$	108.76	m^2
3	010902003001	屋面刚性层	同保温隔热屋面 $S=97.58m^2$	97.58	m^2
4	011101006001	屋面砂浆找平层	同屋面卷材防水 $S=108.76m^2$	108.76	m^2

根据表 4-85 的清单工程量和背景资料的有关信息，分部分项工程量清单见表 4-86。

表 4-86　　分部分项工程量清单和单价措施项目清单与计价表

工程名称：某工程

序号	项目编码	项目名称	项目特征	计量单位	工程量	金额	
						综合单价	合价
1	011001001001	保温隔热屋面	1. 保温隔热材料品种、规格、厚度：40mm 厚难燃挤塑聚苯板 2. 找坡层材料品种、厚度：烧结陶粒混凝土，最薄处 60mm	m^2	97.58		
2	010902001001	屋面卷材防水	1. 卷材品种、规格、厚度：3mm 厚 SBS 防水卷材 2. 防水层数：2 层 3. 防水层做法：详见坡屋面防水构造大样	m^2	108.76		
3	010902003001	屋面刚性层	1. 刚性层厚度：40mm 2. 混凝土的种类：商品混凝土 3. 混凝土强度等级：C25 4. 嵌缝材料种类：建筑油膏 5. 钢筋规格、型号：HPB235 Φ6.5@200mm×200mm	m^2	97.58		
4	011101006001	屋面砂浆找平层	找平层厚度、砂浆配合比：20mm 厚 1：3 水泥砂浆	m^2	108.76		

本章思考与习题

1. 土石方工程计价时，本省市针对施工过程中遇到复杂地层情况做出了哪些方面的计价规定?

2. 根据地基条件与基础深度的关系，应如何编制有效的基础工程工程量清单子目，适应将来实施过程中的地基条件变化?

3. 本章的砌体工程、混凝土工程与钢筋混凝土工程子目，不同楼层标高或不同层高的工程量是否要分开列项。

4. 编制钢筋清单项目时，是否要求将连接形式、不同种类和规格的钢筋分开列项。

5. 商品混凝土的入模价包含哪些内容?

6. 商品混凝土的混凝土输送泵是列在分部分项工程量清单报价内，还是列在措施项目清单内?

7. 预制混凝土构件的模板费是否列入措施项目费。

第五章　房屋装饰工程工程量清单编制

学习目标

1. 掌握装饰工程专业清单规范及其应用说明。
2. 会清单项目设置、懂项目特征描述、擅组综合单价。
3. 比较其他省市的装饰装修定额，提高个人职业素养。

本节配套数字资源及习题

第一节　楼地面装饰工程

一、工程量计算规范

（一）整体面层及找平层

整体面层及找平层工程量清单项目的设置、项目特征描述的内容、计量单位、工程量计算规则应按表 5-1 执行。

表 5-1　　整体面层及找平层（编码：011101）

项目编码	项目名称	项目特征	计量单位	工程量计算规则	工作内容
011101001	水泥砂浆楼地面	1. 垫层材料种类、厚度 2. 找平层厚度、砂浆配比 3. 素水泥浆遍数 4. 面层厚度、砂浆配合比 5. 面层做法要求	m^2	按设计图示尺寸以面积计算。扣除凸出地面构筑物、设备基础、室内管道、地沟等所占面积，不扣除间壁墙及 ≤ $0.3m^2$ 柱、垛、附墙烟囱及孔洞所占面积。门洞、空圈、暖气包槽、壁龛的开口部分不增加面积	1. 基层清理 2. 垫层铺设 3. 抹找平层 4. 抹面层 5. 材料运输
011101002	现浇水磨石楼地面	1. 垫层材料种类、厚度 2. 找平层厚度、砂浆配比 3. 面层厚度、水泥石子浆配合比 4. 嵌条材料种类、规格 5. 石子种类、规格、颜色 6. 颜料种类、颜色 7. 图案要求 8. 磨光、酸洗、打蜡要求			1. 基层清理 2. 垫层铺设 3. 抹找平层 4. 面层铺设 5. 嵌缝条安装 6. 磨光、酸洗打蜡 7. 材料运输
011101003	细石混凝土楼地面	1. 垫层材料种类、厚度 2. 找平层厚度、砂浆配合比 3. 面层厚度、混凝土强度等级			1. 基层清理 2. 垫层铺设 3. 抹找平层 4. 面层铺设 5. 材料运输
011101004	菱苦土楼地面	1. 垫层材料种类、厚度 2. 找平层厚度、砂浆配合比 3. 面层厚度 4. 打蜡要求			1. 基层清理 2. 垫层铺设 3. 抹找平层 4. 面层铺设 5. 打蜡 6. 材料运输

续表

项目编码	项目名称	项目特征	计量单位	工程量计算规则	工作内容
011101005	自流坪楼地面	1. 垫层材料种类、厚度 2. 找平层厚度、砂浆配合比	m^2	按设计图示尺寸以面积计算。扣除凸出地面构筑物、设备基础、室内管道、地沟等所占面积，不扣除间壁墙及≤0.3m²柱、垛、附墙烟囱及孔洞所占面积。门洞、空圈、暖气包槽、壁龛的开口部分不增加面积	1. 基层清理 2. 垫层铺设 3. 抹找平层 4. 材料运输
011101006	平面砂浆找平层	1. 找平层砂浆配合比、厚度 2. 界面剂材料种类 3. 中层漆材料种类、厚度 4. 面漆材料种类、厚度 5. 面层材料种类	m^2	按设计图示尺寸以面积计算	1. 基层处理 2. 抹找平层 3. 涂界面剂 4. 涂刷中层漆 5. 打磨、吸尘 6. 镘自流平面漆（浆） 7. 拌和自流平浆料 8. 铺面层

（二）块料面层

块料面层工程量清单项目的设置、项目特征描述的内容、计量单位、工程量计算规则应按表5-2执行。

表5-2　　块料面层（编码：011102）

项目编码	项目名称	项目特征	计量单位	工程量计算规则	工作内容
011102001	石材楼地面	1. 找平层厚度、砂浆配合比 2. 结合层厚度、砂浆配合比 3. 面层材料品种、规格、颜色 4. 嵌缝材料种类 5. 防护层材料种类 6. 酸洗、打蜡要求	m^2	按设计图示尺寸以面积计算。门洞、空圈、暖气包槽、壁龛的开口部分并入相应的工程量内	1. 基层清理、抹平层 2. 面层铺设、磨边 3. 嵌缝 4. 刷防护材料 5. 酸洗、打 6. 材料运输
011102002	碎石材楼地面				
011102003	块料楼地面	1. 垫层材料种类、厚度 2. 找平层厚度、砂浆配合比 3. 结合层厚度、砂浆配合比 4. 面层材料品种、规格、颜色 5. 嵌缝材料种类 6. 防护层材料种类 7. 酸洗、打蜡要求			

（三）橡塑面层

橡塑面层工程量清单项目的设置、项目特征描述的内容、计量单位、工程量计算规则应按表 5 - 3 执行。

表 5 - 3　　橡塑面层（编码：011103）

项目编码	项目名称	项目特征	计量单位	工程量计算规则	工作内容
011103001	橡胶板楼地面	1. 黏结层厚度、材料种类 2. 面层材料品种、规格、颜色 3. 压线条种类	m^2	按设计图示尺寸以面积计算。门洞、空圈、暖气包槽、壁龛的开口部分并入相应的工程量内	1. 基层清理 2. 面层铺贴 3. 压缝条装钉 4. 材料运输
011103002	橡胶板卷材楼地面	1. 黏结层厚度、材料种类 2. 面层材料品种、规格、颜色 3. 压线条种类	m^2	按设计图示尺寸以面积计算。门洞、空圈、暖气包槽、壁龛的开口部分并入相应的工程量内	1. 基层清理 2. 面层铺贴 3. 压缝条装钉 4. 材料运输
011103003	塑料板楼地面	1. 黏结层厚度、材料种类 2. 面层材料品种、规格、颜色 3. 压线条种类	m^2	按设计图示尺寸以面积计算。门洞、空圈、暖气包槽、壁龛的开口部分并入相应的工程量内	1. 基层清理 2. 面层铺贴 3. 压缝条装钉 4. 材料运输
011103004	塑料卷材楼地面	1. 黏结层厚度、材料种类 2. 面层材料品种、规格、颜色 3. 压线条种类	m^2	按设计图示尺寸以面积计算。门洞、空圈、暖气包槽、壁龛的开口部分并入相应的工程量内	1. 基层清理 2. 面层铺贴 3. 压缝条装钉 4. 材料运输

（四）其他材料面层

其他材料面层工程量清单项目的设置、项目特征描述的内容、计量单位、工程量计算规则应按表 5 - 4 执行。

表 5 - 4　　其他材料面层（编码 011104）

项目编码	项目名称	项目特征	计量单位	工程量计算规则	工作内容
011104001	地毯楼地面	1. 面层材料品种、规格、颜色 2. 防护材料种类 3. 黏结材料种类 4. 压线条种类	m^2	按设计图示尺寸以面积计算。门洞、空圈、暖气包槽、壁龛的开口部分并入相应的工程量内	1. 基层清理 2. 铺贴面层 3. 刷防护材料 4. 装钉压条 5. 材料运输
011104002	竹木地板	1. 龙骨材料种类、规格、铺设间距 2. 基层材料种类、规格 3. 面层材料品种、规格、颜色 4. 防护材料种类	m^2	按设计图示尺寸以面积计算。门洞、空圈、暖气包槽、壁龛的开口部分并入相应的工程量内	1. 基层清理 2. 龙骨铺设 3. 基层铺设 4. 面层铺贴 5. 刷防护材料 6. 材料运输
011104003	金属复合地板	1. 龙骨材料种类、规格、铺设间距 2. 基层材料种类、规格 3. 面层材料品种、规格、颜色 4. 防护材料种类	m^2	按设计图示尺寸以面积计算。门洞、空圈、暖气包槽、壁龛的开口部分并入相应的工程量内	1. 基层清理 2. 龙骨铺设 3. 基层铺设 4. 面层铺贴 5. 刷防护材料 6. 材料运输
011104004	防静电活动地板	1. 支架高度、材料种类 2. 面层材料品种、规格、颜色 3. 防护材料种类	m^2	按设计图示尺寸以面积计算。门洞、空圈、暖气包槽、壁龛的开口部分并入相应的工程量内	1. 基层清理 2. 固定支架安装 3. 活动面层安装 4. 刷防护材料 5. 材料运输

（五）踢脚线

踢脚线工程量清单项目的设置、项目特征描述的内容、计量单位、工程量计算规则应按表 5-5 执行。

表 5-5 踢脚线（编码：011105）

<table>
<tr><th>项目编码</th><th>项目名称</th><th>项目特征</th><th>计量单位</th><th>工程量计算规则</th><th>工作内容</th></tr>
<tr><td>011105001</td><td>水泥砂浆踢脚线</td><td>1. 踢脚线高度
2. 底层厚度、砂浆配合比
3. 面层厚度、砂浆配合比</td><td rowspan="7">1. m²
2. m</td><td rowspan="7">1. 按设计图示长度乘高度以面积计算
2. 按延长米计算</td><td>1. 基层清理
2. 底层和面层抹灰
3. 材料运输</td></tr>
<tr><td>011105002</td><td>石材踢脚线</td><td rowspan="2">1. 踢脚线高度
2. 粘贴层厚度、材料种类
3. 面层材料品种、规格、颜色
4. 防护材料种类</td><td rowspan="2">1. 基层清理
2. 底层抹灰
3. 面层铺贴、磨边
4. 擦缝
5. 磨光、酸洗、打蜡
6. 刷防护材料
7. 材料运输</td></tr>
<tr><td>011105003</td><td>块料踢脚线</td></tr>
<tr><td>011105004</td><td>塑料板踢脚线</td><td>1. 踢脚线高度
2. 黏结层厚度、材料种类
3. 面层材料种类、规格、颜色</td><td rowspan="4">1. 基层清理
2. 基层铺贴
3. 面层铺贴
4. 材料运输</td></tr>
<tr><td>011105005</td><td>木质踢脚线</td><td rowspan="3">1. 踢脚线高度
2. 基层材料种类、规格
3. 面层材料品种、规格、颜色</td></tr>
<tr><td>011105006</td><td>金属踢脚线</td></tr>
<tr><td>011105007</td><td>防静电踢脚线</td></tr>
</table>

（六）楼梯面层

楼梯面层工程量清单项目的设置、项目特征描述的内容、计量单位、工程量计算规则应按表 5-6 执行。

表 5-6 楼梯面层（编码：011106）

<table>
<tr><th>项目编码</th><th>项目名称</th><th>项目特征</th><th>计量单位</th><th>工程量计算规则</th><th>工作内容</th></tr>
<tr><td>011106001</td><td>石材楼梯面层</td><td rowspan="3">1. 找平层厚度、砂浆配合比
2. 贴结层厚度、材料种类
3. 面层材料品种、规格、颜色
4. 防滑条材料种类、规格
5. 勾缝材料种类
6. 防护层材料种类
7. 酸洗、打蜡要求</td><td rowspan="3">m²</td><td rowspan="3">按设计图示尺寸以楼梯（包括踏步、休息平台及≤500mm 的楼梯井）水平投影面积计算。楼梯与楼地面相连时，算至梯口梁内侧边沿；无梯口梁者，算至最上一层踏步边沿加 300mm</td><td rowspan="3">1. 基层清理
2. 抹找平层
3. 面层铺贴、磨边
4. 贴嵌防滑条
5. 勾缝
6. 刷防护材料
7. 酸洗、打蜡
8. 材料运输</td></tr>
<tr><td>011106002</td><td>块料楼梯面层</td></tr>
<tr><td>011106003</td><td>拼碎块料面层</td></tr>
</table>

续表

项目编码	项目名称	项目特征	计量单位	工程量计算规则	工作内容
011106004	水泥砂浆楼梯面层	1. 找平层厚度、砂浆配合比 2. 面层厚度、砂浆配合比 3. 防滑条材料种类、规格	m^2	按设计图示尺寸以楼梯（包括踏步、休息平台及≤500mm的楼梯井）水平投影面积计算。楼梯与楼地面相连时，算至梯口梁内侧边沿；无梯口梁者，算至最上一层踏步边沿加300mm	1. 基层清理 2. 抹找平层 3. 抹面层 4. 抹防滑条 5. 材料运输
011106005	现浇水磨石楼梯面层	1. 找平层厚度、砂浆配合比 2. 面层厚度、水泥石子浆配合比 3. 防滑条材料种类、规格 4. 石子种类、规格、颜色 5. 颜料种类、颜色 6. 磨光、酸洗打蜡要求			1. 基层清理 2. 抹找平层 3. 抹面层 4. 贴嵌防滑条 5. 磨光、酸洗、打蜡 6. 材料运输
011106006	地毯楼梯面层	1. 基层种类 2. 面层材料品种、规格、颜色 3. 防护材料种类 4. 黏结材料种类 5. 固定配件材料种类、规格			1. 基层清理 2. 铺贴面层 3. 固定配件安装 4. 刷防护材料 5. 材料运输
011106007	木板楼梯面层	1. 基层材料种类、规格 2. 面层材料品种、规格、颜色 3. 黏结材料种类 4. 防护材料种类			1. 基层清理 2. 基层铺贴 3. 面层铺贴 4. 刷防护材料 5. 材料运输
011106008	橡胶板楼梯面层	1. 黏结层厚度、材料种类 2. 面层材料品种、规格、颜色 3. 压线条种类			1. 基层清理 2. 面层铺贴 3. 压缝条装钉 4. 材料运输
011106009	塑料板楼梯面层	1. 黏结层厚度、材料种类 2. 面层材料品种、规格、颜色 3. 压线条种类			

（七）台阶装饰

台阶装饰工程量清单项目的设置、项目特征描述的内容、计量单位、工程量计算规则应按表 5 - 7 执行。

表 5 - 7 台阶装饰（编码：011107）

<table>
<tr><th>项目编码</th><th>项目名称</th><th>项目特征</th><th>计量单位</th><th>工程量计算规则</th><th>工作内容</th></tr>
<tr><td>011107001</td><td>石材台阶面</td><td rowspan="3">1. 找平层厚度、砂浆配合比
2. 黏结层材料种类
3. 面层材料品种、规格、颜色
4. 勾缝材料种类
5. 防滑条材料种类、规格
6. 防护材料种类</td><td rowspan="6">m²</td><td rowspan="6">按设计图示尺寸以台阶（包括最上层踏步边沿加 300mm）水平投影面积计算</td><td rowspan="3">1. 基层清理
2. 抹找平层
3. 面层铺贴
4. 贴嵌防滑条
5. 勾缝
6. 刷防护材料
7. 材料运输</td></tr>
<tr><td>011107002</td><td>块料台阶面</td></tr>
<tr><td>011107003</td><td>拼碎块料台阶面</td></tr>
<tr><td>011107004</td><td>水泥砂浆台阶面</td><td>1. 垫层材料种类、厚度
2. 找平层厚度、砂浆配合比
3. 面层厚度、砂浆配合比
4. 防滑条材料种类</td><td>1. 基层清理
2. 铺设垫层
3. 抹找平层
4. 抹面层
5. 抹防滑条
6. 材料运输</td></tr>
<tr><td>011107005</td><td>现浇水磨石台阶面</td><td>1. 垫层材料种类、厚度
2. 找平层厚度、砂浆配合比
3. 面层厚度、水泥石子浆配合比
4. 防滑条材料种类、规格
5. 石子种类、规格、颜色
6. 颜料种类、颜色
7. 磨光、酸洗、打蜡要求</td><td>1. 清理基层
2. 铺设垫层
3. 抹找平层
4. 抹面层
5. 贴嵌防滑条
6. 打磨、酸洗、打蜡
7. 材料运输</td></tr>
<tr><td>011107006</td><td>剁假石台阶面</td><td>1. 垫层材料种类、厚度
2. 找平层厚度、砂浆配合比
3. 面层厚度、砂浆配合比
4. 剁假石要求</td><td>1. 清理基层
2. 抹找平层
3. 抹面层
4. 剁假石
5. 材料运输</td></tr>
</table>

（八）零星装饰项目

零星装饰项目工程量清单项目的设置、项目特征描述的内容、计量单位、工程量计算规则应按表 5-8 执行。

表 5-8　　零星装饰项目（编码：011108）

<table>
<tr><th>项目编码</th><th>项目名称</th><th>项目特征</th><th>计量单位</th><th>工程量计算规则</th><th>工作内容</th></tr>
<tr><td>011108001</td><td>石材零星项目</td><td rowspan="3">1. 工程部位
2. 找平层厚度、砂浆配合比
3. 贴结合层厚度、材料种类
4. 面层材料品种、规格、颜色
5. 勾缝材料种类
6. 防护材料种类
7. 酸洗、打蜡要求</td><td rowspan="4">m^2</td><td rowspan="4">按设计图示尺寸以面积计算</td><td rowspan="3">1. 清理基层
2. 抹找平层
3. 面层铺贴、磨边
4. 勾缝
5. 刷防护材料
6. 酸洗、打蜡
7. 材料运输</td></tr>
<tr><td>011108002</td><td>拼碎石材零星项目</td></tr>
<tr><td>011108003</td><td>块料零星项目</td></tr>
<tr><td>011108004</td><td>水泥砂浆零星项目</td><td>1. 工程部位
2. 找平层厚度、砂浆配合比
3. 面层厚度、砂浆厚度</td><td>1. 清理基层
2. 抹找平层
3. 抹面层
4. 材料运输</td></tr>
</table>

二、计量规范应用说明

（一）清单项目列项

（1）平面砂浆找平层只适用于仅做找平层的平面抹灰。

（2）楼地面混凝土垫层另按表 4-28 中垫层项目（010501001）编制列项，除混凝土外其他材料垫层按表 4-24 中垫层项目（010404001）编码列项。

（3）楼梯、台阶牵边和侧面镶贴块料面层，≤0.5m^2 的少量分散的楼地面镶贴块料面层，应按零星装饰项目执行。

（二）项目特征描述

（1）水泥砂浆面层处理是拉毛还是提浆压光应在面层做法要求中描述。

（2）在描述碎石材项目的面层材料特征时可不用描述规格、颜色。

（3）石材、块料与黏结材料的结合面刷防渗材料的种类在防护层材料种类中描述。

（三）组价相关说明

（1）间壁墙指墙厚≤120mm 的墙。

（2）块料面层（011102）表 5-2 工作内容中的磨边指施工现场磨边，本节楼地面装饰工作内容中涉及的磨边含义同此条。

三、清单编制实例

（一）背景资料

某工程装修平面图如图 5-1 所示，墙厚均为 240mm，各房间做法如下所示。

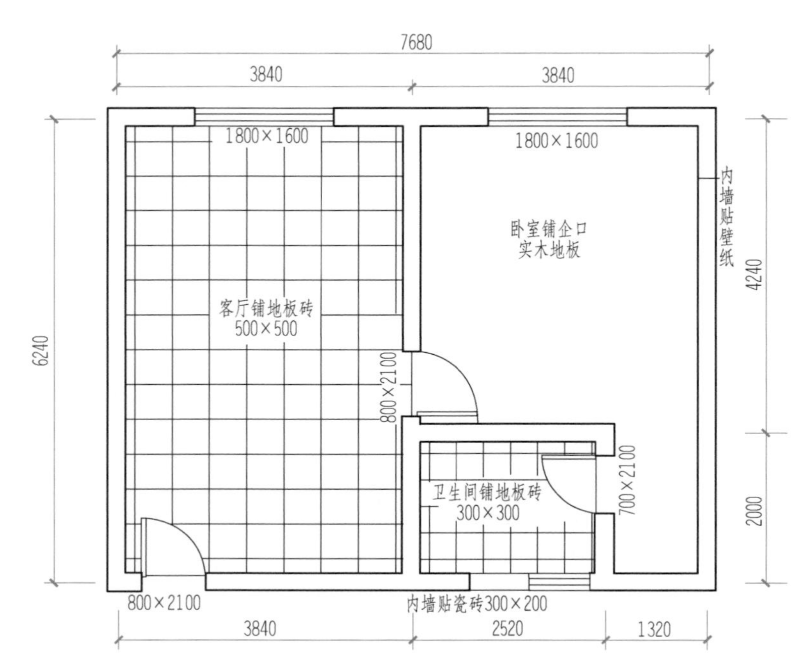

图 5-1　某工程平面图

1. 客厅

（1）地面砖 500mm×500mm×10mm，彩色水泥浆擦缝；

（2）30 厚 1∶3 干硬性水泥砂浆结合层；

（3）素水泥浆一道；

（4）现浇钢筋混凝土楼板。

2. 卧室

（1）18 厚长条硬木企口地板；

（2）5 厚泡沫塑料衬垫；

（3）40mm×60mm 木龙骨，中距 400；40mm×60mm 横撑，中距 800mm；

（4）20 厚 1∶3 水泥砂浆抹平；

（5）刷素水泥浆一道；

（6）现浇钢筋混凝土楼板。

3. 卫生间

（1）地面砖 500mm×500mm×10mm，彩色水泥浆擦缝；

（2）30 厚 1∶3 干硬性水泥砂浆结合层；

（3）1.5 厚合成高分子防水涂料；

（4）刷基层处理剂一道；

（5）30 厚 C20 细石混凝土随打随抹找坡抹平；

（6）素水泥浆一道；

（7）现浇钢筋混凝土楼板。

（二）问题

根据以上背景资料及国家标准《建设工程工程量清单计价规范》（GB 50500—2013）、《房屋建筑与装饰工程工程量计算规范》（GB 50854—2013），试列出该工程楼地面装饰的分部分项工程量清单。

解　该工程楼地面装饰清单工程量计算详见表 5-9。

表 5-9　　某工程楼地面装饰清单工程量计算表

工程名称：某工程楼地面装饰

序号	项目编码	项目名称	工程量计算式	工程量	计量单位
1	011102003001	块料楼地面（客厅）	(3.84−0.24)×(6.24−0.24)	21.60	m^2
2	011102003002	块料楼地面（卫生间）	(2.52−0.24)×(2.0−0.24)	4.01	m^2
3	011104002001	竹木地板（卧室）	(2.52+1.32−0.24)×(6.24−0.24)−2.52×2.0	16.56	m^2

根据表 5-9 所示的清单工程量和背景资料的有关信息，该工程楼地面装饰分部分项工程量清单见表 5-10。

表 5-10　　某工程楼地面装饰分部分项工程量清单与计价表

工程名称：某工程楼地面装饰

序号	项目编码	项目名称	项目特征	计量单位	工程量	金额	
						综合单价	合价
1	011102003001	块料楼地面（客厅）	1. 面层材料品种、规格：地面砖 500mm×500mm×10mm 2. 结合层厚度、砂浆配合比：30 厚 1∶3 干硬性水泥砂浆结合层 3. 嵌缝材料种类：彩色水泥浆	m^2	21.60		
2	011102003001	块料楼地面（卫生间）	1. 面层材料品种、规格：地面砖 500mm × 500mm × 10mm，彩色水泥浆擦缝 2. 结合层厚度、砂浆配合比：30 厚 1∶3 干硬性水泥砂浆结合层 3. 防水层材料品种：1.5 厚合成高分子防水涂料 4. 找平层厚度、材料种类：30 厚 C20 细石混凝土	m^2	4.01		

续表

序号	项目编码	项目名称	项目特征	计量单位	工程量	金额	
						综合单价	合价
3	011104002001	竹木地板（卧室）	1. 面层材料品种、规格：18厚长条硬木企口地板 2. 龙骨材料种类、规格：40mm×60mm木龙骨，中距400mm；40mm×60mm横撑，中距800mm 3. 找平层厚度、砂浆配合比：20厚1∶3水泥砂浆抹平	m^2	16.56		

第二节　墙、柱面装饰与隔断幕墙工程

一、工程量计算规范

（一）墙面抹灰

墙面抹灰工程量清单项目的设置、项目特征描述的内容、计量单位、工程量计算规则应按表5-11执行。

表5-11　　墙面抹灰（编码：011201）

<table>
<tr><th>项目编码</th><th>项目名称</th><th>项目特征</th><th>计量单位</th><th>工程量计算规则</th><th>工作内容</th></tr>
<tr><td>011201001</td><td>墙面一般抹灰</td><td rowspan="2">1. 墙体类型
2. 底层厚度、砂浆配合比
3. 面层厚度、砂浆配合比
4. 装饰面材料种类
5. 分格缝宽度、材料种类</td><td rowspan="4">m^2</td><td rowspan="4">按设计图示尺寸以面积计算。扣除墙裙、门窗洞口及单个＞$0.3m^2$的孔洞面积，不扣除踢脚线、挂镜线和墙与构件交接处的面积，门窗洞口和孔洞的侧壁及顶面不增加面积。附墙柱、梁、垛、烟囱侧壁并入相应的墙面面积内
1. 外墙抹灰面积按外墙垂直投影面积计算
2. 外墙裙抹灰面积按其长度乘以高度计算
3. 内墙抹灰面积按主墙间的净长乘以高度计算无墙裙的，高度按室内楼地面至天棚底面计算有墙裙的，高度按墙裙顶至天棚底面计算
4. 内墙裙抹灰面按内墙净长乘以高度计算</td><td rowspan="2">1. 基层清理
2. 砂浆制作、运输
3. 底层抹灰
4. 抹面层
5. 抹装饰面
6. 勾分格缝</td></tr>
<tr><td>011201002</td><td>墙面装饰抹灰</td></tr>
<tr><td>011201003</td><td>墙面装饰抹灰</td><td>1. 墙体类型
2. 找平的砂浆厚度、配合比</td><td>1. 基层清理
2. 砂浆制作、运输
3. 抹灰找平</td></tr>
<tr><td>011201004</td><td>立面砂浆找平层</td><td>1. 墙体类型
2. 勾缝类型
3. 勾缝材料种类</td><td>1. 基层清理
2. 砂浆制作、运输
3. 勾缝</td></tr>
</table>

（二）柱（梁）面抹灰

柱（梁）面抹灰工程量清单项目的设置、项目特征描述的内容、计量单位、工程量计算规则应按表 5 - 12 执行。

表 5 - 12　　柱（梁）面抹灰（编码：011202）

项目编码	项目名称	项目特征	计量单位	工程量计算规则	工作内容
011202001	柱、梁面一般抹灰	1. 柱体类型 2. 底层厚度、砂浆配合比 3. 面层厚度、砂浆配合比 4. 装饰面材料种类 5. 分格缝宽度、材料种类	m^2	1. 柱面抹灰：按设计图示柱断面周长乘高度以面积计算 2. 梁面抹灰：按设计图示梁断面周长乘长度以面积计算	1. 基层清理 2. 砂浆制作、运输 3. 底层抹灰 4. 抹面层 5. 勾分格缝
011202002	柱、梁面装饰抹灰				
011202003	柱、梁面砂浆找平	1. 柱体类型 2. 找平的砂浆厚度、配合比			1. 基层清理 2. 砂浆制作、运输 3. 抹灰找平
011202004	柱、梁面勾缝	1. 墙体类型 2. 勾缝类型 3. 勾缝材料种类		按设计图示柱断面周长乘高度以面积计算	1. 基层清理 2. 砂浆制作、运输 3. 勾缝

（三）零星抹灰

零星抹灰工程量清单项目的设置、项目特征描述的内容、计量单位、工程量计算规则应按表 5 - 13 执行。

表 5 - 13　　零星抹灰（编码：011203）

项目编码	项目名称	项目特征	计量单位	工程量计算规则	工作内容
011203001	零星项目一般抹灰	1. 墙体类型 2. 底层厚度、砂浆配合比 3. 面层厚度、砂浆配合比 4. 装饰面材料种类 5. 分格缝宽度、材料种类	m^2	按设计图示尺寸以面积计算	1. 基层清理 2. 砂浆制作、运输 3. 底层抹灰 4. 抹面层 5. 抹装饰面 6. 勾分格缝
011203002	零星项目装饰抹灰				
011203003	零星项目砂浆找平	1. 基层类型 2. 找平的砂浆厚度、配合比			1. 基层清理 2. 砂浆制作、运输 3. 抹灰找平

（四）墙面块料面层

墙面块料面层工程量清单项目的设置、项目特征描述的内容、计量单位、工程量计算规则应按表 5 - 14执行。

表 5 - 14 墙面块料面层（编码：011204）

项目编码	项目名称	项目特征	计量单位	工程量计算规则	工作内容
011204001	石材墙面	1. 墙体类型 2. 安装方式 3. 面层材料品种、规格、颜色 4. 缝宽、嵌缝材料种类 5. 防护材料种类 6. 磨光、酸洗、打蜡要	m^2	按镶贴表面积计算	1. 基层清理 2. 砂浆制作、运输 3. 黏结层铺贴 4. 面层安装 5. 嵌缝 6. 刷防护材料 7. 磨光、酸洗、打蜡
011204002	拼碎石材墙面				
011204003	块料墙面				
011204004	干挂石材钢骨架	1. 骨架种类、规格 2. 防锈漆品种遍数	t	按设计图示以质量计算	1. 骨架制作、运输、安装 2. 刷漆

（五）柱（梁）面镶贴块料

柱（梁）面镶贴块料工程量清单项目的设置、项目特征描述的内容、计量单位、工程量计算规则应按表 5 - 15执行。

表 5 - 15 柱（梁）面镶贴块料（编码：011205）

项目编码	项目名称	项目特征	计量单位	工程量计算规则	工作内容
011205001	石材柱面	1. 柱截面类型、尺寸 2. 安装方式 3. 面层材料品种、规格、颜色 4. 缝宽、嵌缝材料种类 5. 防护材料种类 6. 磨光、酸洗、打蜡要求	m^2	按镶贴表面积计算	1. 基层清理 2. 砂浆制作、运输 3. 黏结层铺贴 4. 面层安装 5. 嵌缝 6. 刷防护材料 7. 磨光、酸洗、打蜡
011205002	块料柱面				
011205003	拼碎块柱面				
011205004	石材梁面	1. 安装方式 2. 面层材料品种、规格、颜色 3. 缝宽、嵌缝材料种类 4. 防护材料种类 5. 磨光、酸洗、打蜡要求			
011205005	块料梁面				

（六）镶贴零星块料

镶贴零星块料工程量清单项目的设置、项目特征描述的内容、计量单位、工程量计算规则应按表5-16执行。

表5-16　镶贴零星块料（编码：011206）

项目编码	项目名称	项目特征	计量单位	工程量计算规则	工作内容
011206001	石材零星项目	1. 安装方式 2. 面层材料品种、规格、颜色 3. 缝宽、嵌缝材料种类 4. 防护材料种类 5. 磨光、酸洗、打蜡要求	m^2	按镶贴表面积计算	1. 基层清理 2. 砂浆制作、运输 3. 面层安装 4. 嵌缝 5. 刷防护材料 6. 磨光、酸洗、打蜡
011206002	块料零星项目				
011206003	拼碎块零星项目				

（七）墙饰面

墙饰面工程量清单项目的设置、项目特征描述的内容、计量单位、工程量计算规则应按表5-17执行。

表5-17　墙饰面（编码：011207）

项目编码	项目名称	项目特征	计量单位	工程量计算规则	工作内容
011207001	墙面装饰板	1. 龙骨材料种类、规格、中距 2. 隔离层材料种类、规格 3. 基层材料种类、规格 4. 面层材料品种、规格、颜色 5. 压条材料种类、规格	m^2	按设计图示墙净长乘净高以面积计算。扣除门窗洞口及单个 $>0.3m^2$ 的孔洞所占面积	1. 基层清理 2. 龙骨制作、运输、安装 3. 钉隔离层 4. 基层铺钉 5. 面层铺贴

（八）柱（梁）饰面

柱（梁）饰面工程量清单项目的设置、项目特征描述的内容、计量单位、工程量计算规则应按表5-18执行。

表 5-18 柱（梁）饰面（编码：011208）

项目编码	项目名称	项目特征	计量单位	工程量计算规则	工作内容
011208001	柱（梁）面装饰	1. 龙骨材料种类、规格、中距 2. 隔离层材料种类 3. 基层材料种类、规格 4. 面层材料品种、规格、颜色 5. 压条材料种类、规格	m^2	按设计图示饰面外围尺寸以面积计算。柱帽、柱墩并入相应柱饰面工程量内	1. 清理基层 2. 龙骨制作、运输、安装 3. 钉隔离层 4. 基层铺钉 5. 面层铺贴

（九）幕墙工程

幕墙工程工程量清单项目的设置、项目特征描述的内容、计量单位、工程量计算规则应按表 5-19 执行。

表 5-19 幕墙工程（编码：011209）

项目编码	项目名称	项目特征	计量单位	工程量计算规则	工作内容
011209001	带骨架幕墙	1. 骨架材料种类、规格、中距 2. 面层材料品种、规格、颜色 3. 面层固定方式 4. 隔离带、框边封闭材料品种、规格 5. 嵌缝、塞口材料种类	m^2	按设计图示框外围尺寸以面积计算。与幕墙同种材质的窗所占面积不扣除	1. 骨架制作、运输、安装 2. 面层安装 3. 隔离带、框边封闭 4. 嵌缝、塞口 5. 清洗
011209002	全玻（无框玻璃）幕墙	1. 玻璃品种、规格、颜色 2. 黏结塞口材料种类 3. 固定方式		按设计图示尺寸以面积计算。带肋全玻幕墙按展开面积计算	1. 幕墙安装 2. 嵌缝、塞口 3. 清洗

（十）隔断

隔断工程量清单项目的设置、项目特征描述的内容、计量单位、工程量计算规则应按表 5-20执行。

表 5 - 20　　隔断（编码：011210）

<table>
<tr><th>项目编码</th><th>项目名称</th><th>项目特征</th><th>计量单位</th><th>工程量计算规则</th><th>工作内容</th></tr>
<tr><td>011210001</td><td>木隔断</td><td>1. 骨架、边框材料种类、规格
2. 隔板材料品种、规格、颜色
3. 嵌缝、塞口材料品种
4. 压条材料种类</td><td rowspan="4">m²</td><td rowspan="2">按设计图示框外围尺寸以面积计算。不扣除单个≤0.3m² 的孔洞所占面积；浴厕门的材质与隔断相同时，门的面积并入隔断面积内</td><td>1. 骨架及边框制作、运输、安装
2. 隔板制作、运输、安装
3. 嵌缝、塞口
4. 装钉压条</td></tr>
<tr><td>011210002</td><td>金属隔断</td><td>1. 骨架、边框材料种类、规格
2. 隔板材料品种、规格、颜色
3. 嵌缝、塞口材料品种</td><td>1. 骨架及边框制作、运输、安装
2. 隔板制作、运输、安装
3. 嵌缝、塞口</td></tr>
<tr><td>011210003</td><td>玻璃隔断</td><td>1. 边框材料种类、规格
2. 玻璃品种、规格、颜色
3. 嵌缝、塞口材料品种</td><td rowspan="2">按设计图示框外围尺寸以面积计算。不扣除单个≤0.3m² 的孔洞所占面积</td><td>1. 边框制作、运输、安装
2. 玻璃制作、运输、安装
3. 嵌缝、塞口</td></tr>
<tr><td>011210004</td><td>塑料隔断</td><td>1. 边框材料种类、规格
2. 隔板材料品种、规格、颜色
3. 嵌缝、塞口材料品种</td><td>1. 骨架及边框制作、运输、安装
2. 隔板制作、运输、安装
3. 嵌缝、塞口</td></tr>
<tr><td>011210005</td><td>成品隔断</td><td>1. 隔断材料品种、规格、颜色
2. 配件品种、规格</td><td>1. m²
2. 间</td><td>1. 按设计图示框外围尺寸以面积计算
2. 按设计间的数量以间计算</td><td>1. 隔断运输、安装
2. 嵌缝、塞口</td></tr>
<tr><td>011210006</td><td>其他隔断</td><td>1. 骨架、边框材料种类、规格
2. 隔板材料品种、规格、颜色
3. 嵌缝、塞口材料品种</td><td>m²</td><td>按设计图示框外围尺寸以面积计算。不扣除单个≤0.3m² 的孔洞所占面积</td><td>1. 骨架及边框安装
2. 隔板安装
3. 嵌缝、塞口</td></tr>
</table>

二、计量规范应用说明

（一）清单项目列项

（1）立面砂浆找平项目适用于仅做找平层的立面抹灰。

（2）墙面抹石灰砂浆、水泥砂浆、混合砂浆、聚合物水泥砂浆、麻刀石灰浆、石膏灰浆等按墙面一般抹灰列项，水刷石、斩假石、干粘石、假面砖等按墙面装饰抹灰列项。

（3）（梁）面抹石灰砂浆、水泥砂浆、混合砂浆、聚合物水泥砂浆、麻刀石灰浆、石膏灰浆等按柱（梁）面一般抹灰编码列项，水刷石、斩假石、干粘石、假面砖等按柱（梁）面装饰抹灰编码列项。

（4）零星抹石灰砂浆、水泥砂浆、混合砂浆、聚合物水泥砂浆、麻刀石灰浆、石膏灰浆等按零星项目一般抹灰编码列项，水刷石、斩假石、干粘石、假面砖等按零星项目装饰抹灰编码列项。

（5）墙、柱（梁）面≤0.5m^2 的少量分散的抹灰按零星抹灰项目编码列项。

（6）柱梁面干挂石材的钢骨架、幕墙钢骨架均按表 5-14 相应项目编码列项。

（7）砂浆找平项目适用于仅做找平层的柱（梁）面抹灰。

（二）项目特征描述

（1）在描述碎块项目的面层材料特征时可不用描述规格、颜色。

（2）石材、块料与粘接材料的结合面刷防渗材料的种类在防护层材料种类中描述。

（3）块料安装方式可描述为砂浆或黏结剂粘贴、挂贴、干挂等，不论哪种安装方式，都要详细描述与组价相关的内容。

（4）石材安装方式有水泥砂浆粘贴、黏结剂粘贴、挂贴、螺栓干挂、金属骨架上干挂。

（三）组价相关说明

（1）飘窗凸出外墙面增加的抹灰不计算工程量，在综合单价中考虑。

（2）有吊顶天棚的内墙面抹灰抹灰至吊顶天棚以上部分在综合单价中考虑。

三、清单编制实例

（一）背景资料

某工程装修平面图如图 5-1 所示，墙厚均为 240mm，卫生间墙面贴墙砖，卫生间墙面高度为 2.7m，卫生间有一 500mm×500mm 的窗。装饰做法如下：

（1）面砖 300mm×200mm×5mm，彩色水泥擦缝；

（2）3～4 厚瓷砖胶粘剂，揉挤压实；

（3）1.5 厚聚合物水泥防水涂料；

（4）6 厚 1∶2.5 水泥砂浆压实抹平；

（5）9 厚 1∶3 水泥砂浆打底扫毛或划出纹道；

（6）砖墙。

（二）问题

根据以上背景资料及国家标准《建设工程工程量清单计价规范》（GB 50500—2013）、《房屋建筑与装饰工程工程量计算规范》（GB 50854—2013），试列出该工程卫生间墙面装饰的分部分项工程量清单。

解 该工程卫生间墙面装饰清单工程量计算详见表 5-21。

表 5 - 21　　某工程卫生间墙面装饰清单工程量计算表

工程名称：某工程卫生间墙面装饰

序号	项目编码	项目名称	工程量计算式	工程量	计量单位
1	011204003001	块料墙面（卫生间）	[(2.52−0.24)+(2.0−0.24)]×2×2.7−0.7×2.1−0.5×0.5=21.816−1.47−0.25	20.10	m^2

根据表 5 - 21 所示的清单工程量和背景资料的有关信息，该工程卫生间墙面装饰分部分项工程量清单见表 5 - 22。

表 5 - 22　　某工程卫生间墙面装饰分部分项工程量清单与计价表

工程名称：某工程卫生间墙面装饰

序号	项目编码	项目名称	项目特征	计量单位	工程量	金额	
						综合单价	合价
1	011204003001	块料墙面（卫生间）	1. 墙体类型：砖墙 2. 面层材料品种、规格：面砖 300mm×200mm×5mm 3. 嵌缝材料种类：彩色水泥 4. 粘接材料厚度、种类：3厚瓷砖胶粘剂 5. 防水层厚度、材料种类：1.5厚聚合物水泥防水涂料	m^2	20.10		

第三节　天　棚　工　程

本节配套数字资源及习题

一、工程量计算规范

（一）天棚抹灰

天棚抹灰工程量清单项目的设置、项目特征描述的内容、计量单位、工程量计算规则应按表 5 - 23执行。

表 5 - 23　　天棚抹灰（编码：011301）

项目编码	项目名称	项目特征	计量单位	工程量计算规则	工作内容
011301001	天棚抹灰	1. 基层类型 2. 抹灰厚度、材料种类 3. 砂浆配合比		按设计图示尺寸以水平投影面积计算。不扣除间壁墙、垛、柱、附墙烟囱、检查口和管道所占的面积，带梁天棚、梁两侧抹灰面积并入天棚面积内，板式楼梯底面抹灰按斜面积计算，锯齿形楼梯底板抹灰按展开面积计算	1. 基层清理 2. 底层抹灰 3. 抹面层

（二）天棚吊顶

天棚吊顶工程量清单项目的设置、项目特征描述的内容、计量单位、工程量计算规则应按表 5 - 24 执行。

表 5 - 24　天棚吊顶（编码：011302）

<table>
<tr><th>项目编码</th><th>项目名称</th><th>项目特征</th><th>计量单位</th><th>工程量计算规则</th><th>工作内容</th></tr>
<tr><td>011302001</td><td>吊顶天棚</td><td>1. 吊顶形式、吊杆规格、高度
2. 龙骨材料种类、规格、中距
3. 基层材料种类、规格
4. 面层材料品种、规格
5. 压条材料种类、规格
6. 嵌缝材料种类
7. 防护材料种类</td><td rowspan="6">m^2</td><td>按设计图示尺寸以水平投影面积计算。天棚面中的灯槽及跌级、锯齿形、吊挂式、藻井式天棚面积不展开计算。不扣除间壁墙、检查口、附墙烟囱、柱垛和管道所占面积，扣除单个>$0.3m^2$ 的孔洞、独立柱及与天棚相连的窗帘盒所占的面积</td><td>1. 基层清理、吊杆安装
2. 龙骨安装
3. 基层板铺贴
4. 面层铺贴
5. 嵌缝
6. 刷防护材料</td></tr>
<tr><td>011302002</td><td>格栅吊顶</td><td>1. 龙骨材料种类、规格、中距
2. 基层材料种类、规格
3. 面层材料品种、规格、
4. 防护材料种类</td><td rowspan="5">按设计图示尺寸以水平投影面积计算</td><td>1. 基层清理
2. 安装龙骨
3. 基层板铺贴
4. 面层铺贴
5. 刷防护材料</td></tr>
<tr><td>011302003</td><td>吊筒吊顶</td><td>1. 吊筒形状、规格
2. 吊筒材料种类
3. 防护材料种类</td><td>1. 基层清理
2. 吊筒制作安装
3. 刷防护材料</td></tr>
<tr><td>011302004</td><td>藤条造型悬挂吊顶</td><td rowspan="2">1. 骨架材料种类、规格
2. 面层材料品种、规格</td><td rowspan="2">1. 基层清理
2. 龙骨安装
3. 铺贴面层</td></tr>
<tr><td>011302005</td><td>织物软雕吊顶</td></tr>
<tr><td>011302006</td><td>网架装饰吊顶</td><td>网架材料品种、规格</td><td>1. 基层清理
2. 网架制作安装</td></tr>
</table>

（三）采光天棚工程

采光天棚工程工程量清单项目的设置、项目特征描述的内容、计量单位、工程量计算规则应按表 5 - 25 执行。

表 5-25 采光天棚工程（编码：011303）

项目编码	项目名称	项目特征	计量单位	工程量计算规则	工作内容
011303001	采光天棚	1. 骨架类型 2. 固定类型、固定材料品种、规格 3. 面层材料品种、规格 4. 嵌缝、塞口材料种类	m^2	按框外围展开面积计算	1. 清理基层 2. 面层制安 3. 嵌缝、塞口 4. 清洗

（四）天棚其他装饰

天棚其他装饰工程量清单项目的设置、项目特征描述的内容、计量单位、工程量计算规则应按表 5-26 执行。

表 5-26 天棚其他装饰（编码：011304）

项目编码	项目名称	项目特征	计量单位	工程量计算规则	工作内容
011304001	灯带（槽）	1. 灯带型式、尺寸 2. 格栅片材料品种、规格 3. 安装固定方式	m^2	按设计图示尺寸以框外围面积计算	安装、固定
011304002	送风口、回风口	1. 风口材料品种、规格 2. 安装固定方式 3. 防护材料种类	个	按设计图示数量计算	1. 安装、固定 2. 刷防护材料

二、计量规范应用说明

（一）清单项目列项

（1）采光天棚骨架不包括在本节中，应单独按第四章第六节金属结构工程中相关项目编码列项。

（2）天棚装饰刷油漆、涂料以及裱糊，按本章第四节油漆、涂料、裱糊工程相应项目编码列项。

（二）项目特征描述

1. 吊顶形式

吊顶的形式分平面、跌级、悬吊、井格、玻璃等五种形式，项目特征描述时，应区分上人吊顶、不上人吊顶。

2. 龙骨材料种类、中距

常见龙骨材料种类有轻钢龙骨、木龙骨、铝合金龙骨、钢龙骨。龙骨中距指龙骨的中线和相邻龙骨中线之间的距离。

3. 基层材料种类、规格

基层材料指底板或面层背后的加强材料。当吊顶面层为铝塑板、不锈钢或玻璃镜面饰面，一般会有木基层衬板，当面层是石膏板或水泥制品时是不做基层或衬板的。对于衬板如是木质的需做防火处理。基层板一般采用木夹板、胶合板、石膏板等，厚度在 9～12mm 厚即可。

4. 面层材料品种、规格

吊顶面层常采用矿棉板、硅钙板、PVC 板、铝合金板（条板、方板、扣板）、石膏板、埃特板、实木薄板、铝塑板、不锈钢板、镜面玻璃等很多品种，材料规格也很多。

5. 防护材料种类

吊顶的天棚龙骨和基层材料是木质的需做防火处理，金属材料需做防锈和防火处理。项目特征描述时，木质材料参照木结构工程中的项目特征进行描述，金属材料参照金属结构工程中的项目特征进行描述。

（三）组价相关说明

（1）对比清单工程量计算规则与消耗量定额规则的差异工程量，应考虑在综合单价中，如板式楼梯和锯齿形楼梯底板抹灰，有的地区是按水平投影面积乘以系数方式计算，不是按清单规定的斜面积或展开面积计算。

（2）吊顶天棚的龙骨和面层均为一个计算规则，组价定额工程量规定比较详细，吊顶龙骨和面层的计算规则可能是分开的，组价时应注意区分。

三、清单编制实例

（一）背景资料

某工程天棚装修如图 5-2 所示，墙厚均为 240mm，各房间天棚做法如下所示：

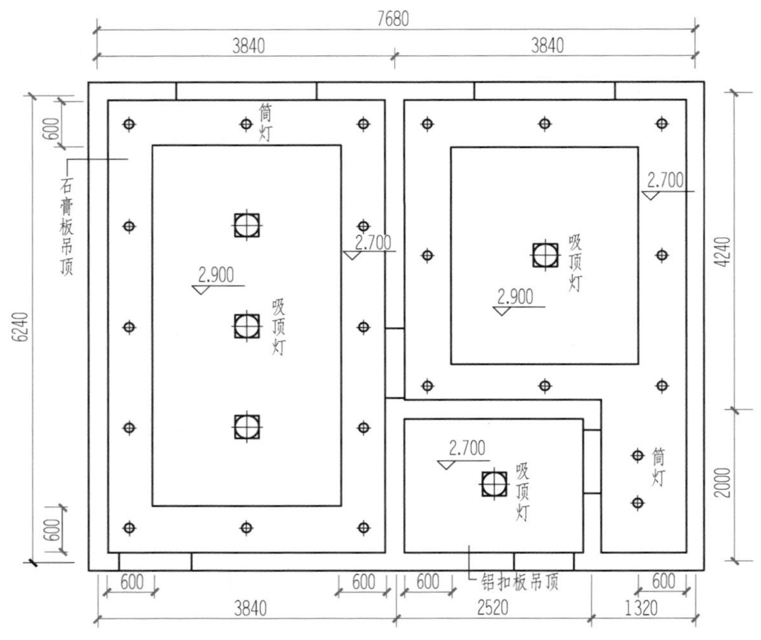

图 5-2 某工程天棚图

1. 客厅、卧室

（1）Φ 8 钢筋吊杆，双向中距 1200mm；

（2）T 形轻钢主龙骨 TB24mm×38mm，中距 1200mm；

（3）T 形轻钢次龙骨 TB24mm×28mm，中距 600mm；

（4）12 厚装饰石膏板面层，规格 592mm×592mm。

2. 卫生间

（1）Φ 8 钢筋吊杆，中距横向 500mm，纵向 900mm；

（2）U 形轻钢主龙骨 CB50mm×20mm，中距 500mm，用吊件直接吊挂在预留钢筋吊杆下；

（3）U 形轻钢次龙骨 CB50mm×20mm；

（4）0.8厚铝合金扣板；

（5）钉（粘）铝压条。

（二）问题

根据以上背景资料及国家标准《建设工程工程量清单计价规范》（GB 50500—2013）、《房屋建筑与装饰工程工程量计算规范》（GB 50854—2013），试列出该工程天棚装饰的分部分项工程量清单。

解　该工程天棚装饰清单工程量计算详见表5-27。

表5-27　某工程天棚装饰清单工程量计算表

工程名称：某工程天棚装饰

序号	项目编码	项目名称	工程量计算式	工程量	计量单位
1	011302001001	吊顶天棚（客厅、卧室）	(3.84－0.24)×(6.24－0.24)＋[(2.52＋1.32－0.24)×(6.24－0.24)－2.52×2.0]	38.16	m^2
2	011302001002	吊顶天棚（卫生间）	(2.52－0.24)×(2.0－0.24)	4.01	m^2

根据表5-27所示的清单工程量和背景资料的有关信息，该工程天棚装饰分部分项工程量清单见表5-28。

表5-28　某工程天棚装饰分部分项工程量清单与计价表

工程名称：某工程天棚装饰

序号	项目编码	项目名称	项目特征	计量单位	工程量	金额	
						综合单价	合价
1	011302001001	吊顶天棚（客厅、卧室）	1. 吊杆形式、规格：Φ8钢筋吊杆，双向中距1200mm 2. 龙骨材料种类、规格、中距：T形轻钢主龙骨TB24mm×38mm，中距1200mm；T形轻钢次龙骨TB24mm×28mm，中距600mm 3. 面层材料品种、规格：12厚装饰石膏板面层，规格592mm×592mm	m^2	38.16		
2	011302001002	吊顶天棚（卫生间）	1. 吊杆形式、规格：Φ8钢筋吊杆，中距横向500mm，纵向900mm 2. 龙骨材料种类、规格、中距：U形轻钢主龙骨CB50mm×20mm，中距500mm；U形轻钢次龙骨CB50mm×20mm 3. 面层材料品种、规格：0.8厚铝合金扣板 4. 压条材料种类：铝压条	m^2	4.01		

第四节　油漆、涂料、裱糊工程

本节配套数字资源及习题

一、工程量计算规范

（一）门油漆

门油漆工程量清单项目设置、项目特征描述的内容、计量单位、工程量计算规则应按表5-29的规定执行。

表5-29　　门油漆（编号：011401）

<table>
<tr><th>项目编码</th><th>项目名称</th><th>项目特征</th><th>计量单位</th><th>工程量计算规则</th><th>工作内容</th></tr>
<tr><td>011401001</td><td>木门油漆</td><td rowspan="2">1. 门类型
2. 门代号及洞口尺寸
3. 腻子种类
4. 刮腻子遍数
5. 防护材料种类
6. 油漆品种、刷漆遍数</td><td rowspan="2">1. 樘
2. m^2</td><td rowspan="2">1. 以樘计量，按设计图示数量计量
2. 以平方米计量，按设计图示洞口尺寸以面积计算</td><td>1. 基层清理
2. 刮腻子
3. 刷防护材料、油漆</td></tr>
<tr><td>011401002</td><td>金属门油漆</td><td>1. 除锈、基层清理
2. 刮腻子
3. 刷防护材料、油漆</td></tr>
</table>

（二）窗油漆

窗油漆工程量清单项目设置、项目特征描述的内容、计量单位、工程量计算规则应按表5-30的规定执行。

表5-30　　窗油漆（编号：011402）

<table>
<tr><th>项目编码</th><th>项目名称</th><th>项目特征</th><th>计量单位</th><th>工程量计算规则</th><th>工作内容</th></tr>
<tr><td>011402001</td><td>木窗油漆</td><td rowspan="2">1. 窗类型
2. 窗代号及洞口尺寸
3. 腻子种类
4. 刮腻子遍数
5. 防护材料种类
6. 油漆品种、刷漆遍数</td><td rowspan="2">1. 樘
2. m^2</td><td rowspan="2">1. 以樘计量，按设计图示数量计量
2. 以平方米计量，按设计图示洞口尺寸以面积计算</td><td>1. 基层清理
2. 刮腻子
3. 刷防护材料、油漆</td></tr>
<tr><td>011402002</td><td>金属窗油漆</td><td>1. 除锈、基层清理
2. 刮腻子
3. 刷防护材料、油漆</td></tr>
</table>

（三）木扶手及其他板条、线条油漆

木扶手及其他板条、线条油漆工程量清单项目设置、项目特征描述的内容、计量单位、工程量计算规则应按表5-31的规定执行。

表 5-31　木扶手及其他板条、线条油漆（编号：011403）

<table>
<tr><th>项目编码</th><th>项目名称</th><th>项目特征</th><th>计量单位</th><th>工程量计算规则</th><th>工作内容</th></tr>
<tr><td>011403001</td><td>木扶手油漆</td><td rowspan="5">1. 断面尺寸
2. 腻子种类
3. 刮腻子遍数
4. 防护材料种类
5. 油漆品种、刷漆遍数</td><td rowspan="5">m</td><td rowspan="5">按设计图示尺寸以长度计算</td><td rowspan="5">1. 基层清理
2. 刮腻子
3. 刷防护材料、油漆</td></tr>
<tr><td>011403002</td><td>窗帘盒油漆</td></tr>
<tr><td>011403003</td><td>封檐板、顺水板油漆</td></tr>
<tr><td>011403004</td><td>挂衣板、黑板框油漆</td></tr>
<tr><td>011403005</td><td>挂镜线、窗帘棍、单独木线油漆</td></tr>
</table>

（四）木材面油漆

木材面油漆工程量清单项目设置、项目特征描述的内容、计量单位、工程量计算规则应按表 5-32 的规定执行。

表 5-32　木材面油漆（编号：011404）

<table>
<tr><th>项目编码</th><th>项目名称</th><th>项目特征</th><th>计量单位</th><th>工程量计算规则</th><th>工作内容</th></tr>
<tr><td>011404001</td><td>木板、纤维板、胶合板油漆</td><td rowspan="14">1. 腻子种类
2. 刮腻子遍数
3. 防护材料种类
4. 油漆品种、刷漆遍数</td><td rowspan="15">m^2</td><td rowspan="7">按设计图示尺寸以面积计算</td><td rowspan="14">1. 基层清理
2. 刮腻子
3. 刷防护材料、油漆</td></tr>
<tr><td>011404002</td><td>木护墙、木墙裙油漆</td></tr>
<tr><td>011404003</td><td>窗台板、筒子板、盖板、门窗套、踢脚线油漆</td></tr>
<tr><td>011404004</td><td>清水板条天棚、檐口油漆</td></tr>
<tr><td>011404005</td><td>木方格吊顶天棚油漆</td></tr>
<tr><td>011404006</td><td>吸音板墙面、天棚面油漆</td></tr>
<tr><td>011404007</td><td>暖气罩油漆</td></tr>
<tr><td>011404008</td><td>木间壁、木隔断油漆</td><td rowspan="3">按设计图示尺寸以单面外围面积计算</td></tr>
<tr><td>011404009</td><td>玻璃间壁露明墙筋油漆</td></tr>
<tr><td>011404010</td><td>木栅栏、木栏杆（带扶手）油漆</td></tr>
<tr><td>011404011</td><td>衣柜、壁柜油漆</td><td rowspan="3">按设计图示尺寸以油漆部分展开面积计算</td></tr>
<tr><td>011404012</td><td>梁柱饰面油漆</td></tr>
<tr><td>011404013</td><td>零星木装修油漆</td></tr>
<tr><td>011404014</td><td>木地板油漆</td><td rowspan="2">按设计图示尺寸以面积计算。空洞、空圈、暖气包槽、壁龛的开口部分并入相应的工程量内</td></tr>
<tr><td>011404015</td><td>木地板烫硬蜡面</td><td>1. 硬蜡品种
2. 面层处理要求</td><td>1. 基层清理
2. 烫蜡</td></tr>
</table>

（五）金属面油漆

金属面油漆工程量清单项目设置、项目特征描述的内容、计量单位、工程量计算规则应按表 5 - 33 的规定执行。

表 5 - 33 金属面油漆（编号：011405）

项目编码	项目名称	项目特征	计量单位	工程量计算规则	工作内容
011405001	金属面油漆	1. 构件名称 2. 腻子种类 3. 刮腻子要求 4. 防护材料种类 5. 油漆品种、刷漆遍数	1. t 2. m^2	1. 以 t 计量，按设计图示尺寸以质量计算 2. 以 m^2 计量，按设计展开面积计算	1. 基层清理 2. 刮腻子 3. 刷防护材料、油漆

（六）抹灰面油漆

抹灰面油漆工程量清单项目设置、项目特征描述的内容、计量单位、工程量计算规则应按表 5 - 34 的规定执行。

表 5 - 34 抹灰面油漆（编号：011406）

项目编码	项目名称	项目特征	计量单位	工程量计算规则	工作内容
011406001	抹灰面油漆	1. 基层类型 2. 腻子种类 3. 刮腻子遍数 4. 防护材料种类 5. 油漆品种、刷漆遍数	m^2	按设计图示尺寸以面积计算	1. 基层清理 2. 刮腻子 3. 刷防护材料、油漆
011406002	抹灰线条油漆	1. 线条宽度、道数 2. 腻子种类 3. 刮腻子遍数 4. 防护材料种类 5. 油漆品种、刷漆遍数	m	按设计图示尺寸以长度计算	
011406003	满刮腻子	1. 基层类型 2. 腻子种类 3. 刮腻子遍数	m^2	按设计图示尺寸以面积计算	1. 基层清理 2. 刮腻子

（七）喷刷涂料

喷刷涂料工程量清单项目设置项目特征描述的内容、计量单位、工程量计算规则应按表 5 - 35 的规定执行。

表 5-35　　喷刷涂料（编号：011407）

项目编码	项目名称	项目特征	计量单位	工程量计算规则	工作内容
011407001	墙面喷刷涂料	1. 基层类型 2. 喷刷涂料部位 3. 腻子种类 4. 刮腻子要求 5. 涂料品种、喷刷遍数	m^2	按设计图示尺寸以面积计算	1. 基层清理 2. 刮腻子 3. 刷、喷涂料
011407002	天棚喷刷涂料				
011407003	空花格、栏杆刷涂料	1. 腻子种类 2. 刮腻子遍数 3. 涂料品种、刷喷遍数		按设计图示尺寸以单面外围面积计算	1. 基层清理 2. 刮腻子 3. 刷、喷涂料
011407004	线条刷涂料	1. 基层清理 2. 线条宽度 3. 刮腻子遍数 4. 刷防护材料、油漆	m	按设计图示尺寸以长度计算	
011407005	金属构件刷防火涂料	1. 喷刷防火涂料构件名称 2. 防火等级要求 3. 涂料品种、喷刷遍数	1. t 2. m^2	1. 以 t 计量，按设计图示尺寸以质量计算 2. 以 m^2 计量，按设计展开面积计算	1. 基层清理 2. 刷防护材料、油漆
011407006	木材构件喷刷防火涂料	1. 喷刷防火涂料构件名称 2. 防火等级要求 3. 涂料品种、喷刷遍数	m^2	以 m^2 计量，按设计图示尺寸以面积计算	1. 基层清理 2. 刷防火材料

（八）裱糊

裱糊工程量清单项目设置、项目特征描述的内容、计量单位、工程量计算规则应按表 5-36 的规定执行。

表 5-36　　裱糊（编号：011408）

项目编码	项目名称	项目特征	计量单位	工程量计算规则	工作内容
011408001	墙纸裱糊	1. 基层类型 2. 裱糊部位 3. 腻子种类 4. 刮腻子遍数 5. 黏结材料种类 6. 防护材料种类 7. 面层材料品种、规格、颜色	m^2	按设计图示尺寸以面积计算	1. 基层清理 2. 刮腻子 3. 面层铺粘 4. 刷防护材料
011408002	织锦缎裱糊				

二、计量规范应用说明

（一）清单项目列项

（1）木门油漆应区分木大门、单层木门、双层（一玻一纱）木门、双层（单裁口）木门、全玻自由门、半玻自由门、装饰门及有框门或无框门等项目，分别编码列项。

（2）木窗油漆应区分单层木门、双层（一玻一纱）木窗、双层框扇（单裁口）木窗、双层框三层（二玻一纱）木窗、单层组合窗、双层组合窗、木百叶窗、木推拉窗等项目，分别编码列项。

（3）金属门油漆应区分平开门、推拉门、钢质防火门列项。

（4）金属窗油漆应区分平开窗、推拉窗、固定窗、组合窗、金属隔栅窗分别列项。

（5）扶手应区分带托板与不带托板，分别编码列项，若是木栏杆代扶手，木扶手不应单独列项，应包含在木栏杆油漆中。

（6）抹灰面油漆和刷涂料工作内容中包括“刮腻子”，但又单独列有“满刮腻子”项目，此项目只适用于仅做“满刮腻子”的项目，不将抹灰面油漆和刷涂料中“刮腻子”内容单独分出执行满刮腻子项目。

（二）项目特征描述

（1）以 m^2 计量，项目特征可不必描述洞口尺寸。

（2）喷刷涂料的部位要注明内墙或外墙。

（3）墙面油漆和喷刷涂料外墙时，应注明墙面分格缝做法描述。

（三）组价相关说明

（1）油漆分部组价时注意乘以消耗量定额系数，如重庆市木门、木窗2018定额是按单面洞口尺寸编制的消耗量，组价时应按类别乘以相应定额系数。

（2）油漆清单工程量计算规则与消耗量定额规则的差异工程量，应考虑在综合单价中，如定额规则有比较详细的规定，工程量计算规则里区分应扣和不扣构件部位。

三、清单编制实例

（一）背景资料

某工程装修平面图如图5-1所示，墙厚均为240mm，客厅、卧室墙面高度均为2.7m。客厅墙面刷乳胶漆，卧室墙面贴壁纸（对花）。装饰做法如下：

1. 客厅

（1）乳胶漆3遍；

（2）满刮2～3厚柔性耐水腻子分遍找平；

（3）砖墙。

2. 卧室

（1）贴壁纸（对花），在纸背面和墙上均刷专用胶黏剂；

（2）满刮2～3厚柔性耐水腻子分遍找平；

（3）7厚1∶0.3∶2.5水泥石灰膏砂浆压实抹光；

（4）7厚1∶0.3∶3水泥石灰膏砂浆找平；

（5）7厚1∶1∶6水泥石灰膏砂浆打底扫毛；

（6）砖墙。

（二）问题

根据以上背景资料及国家标准《建设工程工程量清单计价规范》（GB 50500—2013）、《房屋建筑与装饰工程工程量计算规范》（GB 50854—2013），试列出该工程客厅、卧室墙面装饰的分部分项工程量清单。

解　该工程客厅、卧室墙面装饰清单工程量计算详如表 5 - 37 所示。

表 5 - 37　某工程客厅、卧室墙面装饰清单工程量计算表

工程名称：某工程客厅、卧室墙面装饰

序号	项目编码	项目名称	工程量计算式	工程量	计量单位
1	011406001001	抹灰面油漆（客厅）	[(3.84－0.24)＋(6.24－0.24)]×2×2.7－1.8×1.6－0.8×2.1×2＝51.84－2.88－1.68×2	45.6	m^2
2	011408001001	墙纸裱糊（卧室）	[(3.84－0.24)＋(6.24－0.24)]×2×2.7－1.8×1.6－0.8×2.1－0.7×2.1＝51.84－2.88－1.68－1.47	45.81	m^2

根据上表所示的清单工程量和背景资料的有关信息，该工程客厅、卧室墙面装饰分部分项工程量清单见表 5 - 38。

表 5 - 38　某工程客厅、卧室墙面装饰分部分项工程量清单与计价表

工程名称：某工程客厅、卧室墙面装饰

序号	项目编码	项目名称	项目特征	计量单位	工程量	金额	
						综合单价	合价
1	011406001001	抹灰面油漆（客厅）	1. 基层类型：抹灰面 2. 腻子种类：柔性耐水腻子 3. 刮腻子遍数：2 遍 4. 油漆品种、刷漆遍数：乳胶漆 3 遍	m^2	45.6		
2	011408001001	墙纸裱糊（卧室）	1. 基层类型：抹灰面 2. 裱糊部位：墙面 3. 腻子种类：柔性耐水腻子 4. 刮腻子遍数：2 遍 5. 黏结材料种类：专用胶粘剂 6. 面层材料品种、规格：壁纸（有图案）	m^2	45.81		

第五节　其他装饰工程

一、工程量计算规范

（一）柜类、货架

柜类、货架工程量清单项目设置、项目特征描述的内容、计量单位、工程量计算规则应按表 5 - 39 的规定执行。

表 5-39 柜类、货架（编号：011501）

项目编码	项目名称	项目特征	计量单位	工程量计算规则	工作内容
011501001	柜台	1. 台柜规格 2. 材料种类、规格 3. 五金种类、规格 4. 防护材料种类 5. 油漆品种、刷漆遍数	1. 个 2. m 3. m^3	1. 以个计量，按设计图示数量计量 2. 以 m 计量，按设计图示尺寸以延长米计算 3. 以 m^3 计量，按设计图示尺寸以体积计算	1. 台柜制作、运输、安装（安放） 2. 刷防护材料、油漆 3. 五金件安装
011501002	酒柜				
011501003	衣柜				
011501004	存包柜				
011501005	鞋柜				
011501006	书柜				
011501007	厨房壁柜				
011501008	木壁柜				
011501009	厨房低柜				
011501010	厨房吊柜				
011501011	矮柜				
011501012	吧台背柜				
011501013	酒吧吊柜				
011501014	酒吧台				
011501015	展台				
011501016	收银台				
011501017	试衣间				
011501018	货架				
011501019	书架				
011501020	服务台				

（二）压条、装饰线

压条、装饰线工程量清单项目设置、项目特征描述的内容、计量单位、工程量计算规则应按表 5-40 的规定执行。

表 5-40 压条、装饰线（编号：011502）

项目编码	项目名称	项目特征	计量单位	工程量计算规则	工作内容
011502001	金属装饰线	1. 基层类型 2. 线条材料品种、规格、颜色 3. 防护材料种类	m	按设计图示尺寸以长度计算	1. 线条制作、安装 2. 刷防护材料
011502002	木质装饰线				
011502003	石材装饰线				
011502004	石膏装饰线				
011502005	镜面玻璃线	1. 基层类型 2. 线条材料品种、规格、颜色 3. 防护材料种类			
011502006	铝塑装饰线				
011502007	塑料装饰线				

（三）扶手、栏杆、栏板装饰

扶手、栏杆、栏板装饰工程量清单项目的设置、项目特征描述的内容、计量单位、工程量计算规则应按表 5-41执行。

表 5-41　扶手、栏杆、栏板装饰（编码：011503）

项目编码	项目名称	项目特征	计量单位	工程量计算规则	工作内容
011503001	金属扶手、栏杆、栏板	1. 扶手材料种类、规格 2. 栏杆材料种类、规格 3. 栏板材料种类、规格、颜色 4. 固定配件种类 5. 防护材料种类	m	按设计图示以扶手中心线长度（包括弯头长度）计算	1. 制作 2. 运输 3. 安装 4. 刷防护材料
011503002	硬木扶手、栏杆、栏板				
011503003	塑料扶手、栏杆、栏板				
011503004	GRC栏杆、扶手	1. 基层类型 2. 线条规格 3. 线条安装部位 4. 填充材料种类			
011503005	金属靠墙扶手	1. 扶手材料种类、规格、品牌 2. 固定配件种类 3. 防护材料种类			
011503006	硬木靠墙扶手				
011503007	塑料靠墙扶手				
011503008	玻璃栏板	1. 栏杆玻璃的种类、规格、颜色 2. 固定方式 3. 固定配件种类		按设计图示以扶手中心线长度（包括弯头长度）计算	1. 制作 2. 运输 3. 安装 4. 刷防护材料

（四）暖气罩

暖气罩工程量清单项目设置、项目特征描述的内容、计量单位、工程量计算规则、应按表 5-42的规定执行。

表 5-42　暖气罩（编号：011504）

项目编码	项目名称	项目特征	计量单位	工程量计算规则	工作内容
011504001	饰面板暖气罩	1. 暖气罩材质 2. 防护材料种类	m^2	按设计图示尺寸以垂直投影面积（不展开）计算	1. 暖气罩制作、运输、安装 2. 刷防护材料、油漆
011504002	塑料板暖气罩				
011504003	金属暖气罩				

（五）浴厕配件

浴厕配件工程量清单项目设置、项目特征描述的内容、计量单位、工程量计算规则应按表5-43的规定执行。

表5-43 浴厕配件（编号：011504）

项目编码	项目名称	项目特征	计量单位	工程量计算规则	工作内容
011505001	洗漱台	1. 材料品种、规格、颜色 2. 支架、配件品种、规格	1. m^2 2. 个	1. 按设计图示尺寸以台面外接矩形面积计算。不扣除孔洞、挖弯、削角所占面积，挡板、吊沿板面积并入台面面积内 2. 按设计图示数量计算	1. 台面及支架、运输、安装 2. 杆、环、盒、配件安装 3. 刷油漆
011505002	晒衣架		个	按设计图示数量计算	
011505003	帘子杆				
011505004	浴缸拉手				
011505005	卫生间扶手				
011505006	毛巾杆（架）	1. 材料品种、规格、颜色 2. 支架、配件品种、规格	套	按设计图示数量计算	1. 台面及支架制作、运输、安装 2. 杆、环、盒、配件安装 3. 刷油漆
011505007	毛巾环		副		
011505008	卫生纸盒		个		
011505009	肥皂盒				
011505010	镜面玻璃	1. 镜面玻璃品种、规格 2. 框材质、断面尺寸 3. 基层材料种类 4. 防护材料种类	m^2	按设计图示尺寸以边框外围面积计算	1. 基层安装 2. 玻璃及框制作、运输、安装
011505011	镜箱	1. 箱材质、规格 2. 玻璃品种、规格 3. 基层材料种类 4. 防护材料种类 5. 油漆品种、刷漆遍数	个	按设计图示数量计算	1. 基层安装 2. 箱体制作、运输、安装 3. 玻璃安装 4. 刷防护材料、油漆

（六）雨篷、旗杆

雨篷、旗杆工程量清单项目设置、项目特征描述的内容、计量单位、工程量计算规则应按表5-44的规定执行。

表 5-44　雨篷、旗杆（编号：011506）

项目编码	项目名称	项目特征	计量单位	工程量计算规则	工作内容
011506001	雨篷吊挂饰面	1. 基层类型 2. 龙骨材料种类、规格、中距 3. 面层材料品种、规格 4. 吊顶（天棚）材料品种、规格 5. 嵌缝材料种类 6. 防护材料种类	m^2	按设计图示尺寸以水平投影面积计算	1. 底层抹灰 2. 龙骨基层安装 3. 面层安装 4. 刷防护材料、油漆
011506002	金属旗杆	1. 旗杆材料、种类、规格 2. 旗杆高度 3. 基础材料种类 4. 基座材料种类 5. 基座面层材料、种类、规格	根	按设计图示数量计算	1. 土石挖、填、运 2. 基础混凝土浇筑 3. 旗杆制作、安装 4. 旗杆台座制作、饰面
011506003	玻璃雨篷	1. 玻璃雨篷固定方式 2. 龙骨材料种类、规格、中距 3. 玻璃材料品种、规格 4. 嵌缝材料种类 5. 防护材料种类	m^2	按设计图示尺寸以水平投影面积计算	1. 龙骨基层安装 2. 面层安装 3. 刷防护材料、油漆

（七）招牌、灯箱

招牌、灯箱工程量清单项目设置、项目特征描述的内容、计量单位、应按表 5-45 的规定执行。

表 5-45　招牌、灯箱（编号：011507）

<table>
<tr><th>项目编码</th><th>项目名称</th><th>项目特征</th><th>计量单位</th><th>工程量计算规则</th><th>工作内容</th></tr>
<tr><td>011507001</td><td>平面、箱式招牌</td><td rowspan="3">1. 箱体规格
2. 基层材料种类
3. 面层材料种类
4. 防护材料种类</td><td>m²</td><td>按设计图示尺寸以正立面边框外围面积计算。复杂形的凸凹造型部分不增加面积</td><td rowspan="4">1. 基层安装
2. 箱体及支架制作、运输、安装
3. 面层制作、安装
4. 刷防护材料、油漆</td></tr>
<tr><td>011507002</td><td>竖式标箱</td><td rowspan="3">个</td><td rowspan="3">按设计图示数量计算</td></tr>
<tr><td>011507003</td><td>灯箱</td></tr>
<tr><td>011507004</td><td>信报箱</td><td>1. 箱体规格
2. 基层材料种类
3. 面层材料种类
4. 保护材料种类
5. 户数</td></tr>
</table>

（八）美术字

美术字工程量清单项目设置、项目特征描述的内容、计量单位，应按表 5 - 46 的规定执行。

表 5 - 46 美术字（编号：011508）

项目编码	项目名称	项目特征	计量单位	工程量计算规则	工作内容
011508001	泡沫塑料字	1. 基层类型 2. 镌字材料品种、颜色 3. 字体规格 4. 固定方式 5. 油漆品种、刷漆遍数	个	按设计图示数量计算	1. 字制作、运输、安装 2. 刷油漆
011508002	有机玻璃字				
011508003	木质字				
011508004	金属字				
011508005	吸塑字				

二、计量规范应用说明

（一）清单项目列项

（1）柜类货架、镜箱、美术字等项目，项目特征中包括了“刷油漆”，主要考虑整体性，不单独将油漆分离，单列油漆项目。

（2）带扶手、栏杆、栏板项目，包括扶手，不单独将扶手进行编码列项。

（二）项目特征描述

（1）“台柜规格”项目特征以能分记的成品单体长、宽、高来描述，例如：一个组合书柜，分为上、下两部分，下部为独立的矮柜，上部为敞开式的书柜。

（2）镜面玻璃和灯箱等的基层材料是指玻璃背后的衬垫材料，如胶合板、油毡等。

（3）装饰线和美术字的基层类型是指装饰依托体的材料，如砖墙、木墙、石墙、混凝土墙、墙面抹灰、钢支架等。

（4）美术字的字体规格以字的外接矩形长、宽和字的厚度表示。

（5）美术字的固定方式有粘贴、焊接以及铁钉、螺栓、铆钉固定等方式。

（三）组价相关说明

（1）旗杆高度指旗杆台座上表面至杆顶。

（2）本节其他装饰工程部分清单子目包含刷防护涂料、油漆等项目特征，投标报价时应包含在报价内。

本章思考与习题

1. 通过对装修材料市场询价和调研，收集室内楼地面、墙面和天棚各常见的三至五种装修材料，列出应进行项目特征描述的关键技术参数。

2. 比较半成品、成品、现场制作并安装的装饰装修材料在组价时的区别。

3. 若实际案例工程在《装饰装修消耗量定额》中缺项，清单子目的组价应如何具体处理。

第六章　措施项目清单编制

学习目标

1. 掌握措施项目清单规范及其应用说明。
2. 严格遵守安全文明施工费编制规定，强化责任意识。
3. 能应用常规施工方案，科学合理编制措施项目清单。

第一节　脚手架工程

一、清单工程量计算规范

脚手架工程量清单项目设置、项目特征描述的内容、计量单位及工程量计算规则，应按表6-1的规定执行。

表6-1　　脚手架工程（011701）

项目编码	项目名称	项目特征	计量单位	工程量计算规则	工作内容
011701001	综合脚手架	1. 建筑结构形式 2. 檐口高度	m^2	按建筑面积计算	1. 场内、场外材料搬运 2. 搭、拆脚手架、斜道、上料平台 3. 安全网的铺设 4. 选择附墙点与主体连接 5. 测试电动装置、安全锁等 6. 拆除脚手架后材料的堆放
011701002	外脚手架	1. 搭设方式 2. 搭设高度 3. 脚手架材质		按所服务对象的垂直投影面积计算	1. 场内、场外材料搬运 2. 搭、拆脚手架、斜道、上料平台 3. 安全网的铺设 4. 拆除脚手架后材料的堆放
011701003	里脚手架				
011701004	悬空脚手架	1. 搭设方式 2. 悬挑宽度 3. 脚手架材质		按搭设的水平投影面积计算	
011701005	挑脚手架		m	按搭设长度乘以搭设层数以延长米计算	
011701006	满堂脚手架	1. 搭设方式 2. 搭设高度 3. 脚手架材质	m^2	按搭设的水平投影面积计算	
011701007	整体提升架	1. 搭设方式及启动装置 2. 搭设高度		按所服务对象的垂直投影面积计算	1. 场内、场外材料搬运 2. 搭、拆脚手架、斜道、上料平台 3. 安全网的铺设 4. 选择附墙点与主体连接 5. 测试电动装置、安全锁等 6. 拆除脚手架后材料的堆放
011701008	外装饰吊篮	1. 升降方式及启动装置 2. 搭设高度及吊篮型号			1. 场内、场外材料搬运 2. 吊篮的安装 3. 测试电动装置、安全锁、平衡控制器等 4. 吊篮的拆卸

二、计量规范应用说明

（一）《计量规范》使用说明

（1）使用综合脚手架时，不再使用外脚手架、里脚手架等单项脚手架；综合脚手架适用于能够按“建筑面积计算规则”计算建筑面积的建筑工程脚手架，不适用于房屋夹层、构筑物及附属工程脚手架。

（2）同一建筑物有不同檐高时，按建筑物竖向切面分别按不同檐高编列清单项目。

（3）整体提升架已包括 2m 高的防护架体设施。

（4）建筑面积计算按《建筑面积计算规范》（GB/T 50353—2013）。

（5）脚手架材质可以不描述，但应注明由投标人根据工程实际情况按照《建筑施工扣件式钢管脚手架安全技术规范》《建筑施工附着升降脚手架管理规定》等规范自行确定。

（二）重庆地区定额说明

1. 综合脚手架

（1）凡能够按“建筑面积计算规则”计算建筑面积的建筑工程均按综合脚手架定额计算脚手架摊销费。

（2）综合脚手架已综合考虑了砌筑、浇筑、吊装、抹灰、油漆涂料等脚手架费用。综合脚手架应分单层、多层和不同檐高。按不同檐高的建筑面积分别计算工程量，套用相应综合脚手架项目，如图 6-1 所示。①～②轴间按 12m 以内计算脚手架，②～③轴间按 48m 以内计算脚手架，③～④轴间按 24m 以内计算脚手架。

（3）檐口高度系指檐口滴水高度，平屋顶系指屋面板底高度，凸出屋面的电梯间、水箱间不计算檐高。

（4）重庆定额中檐口高度在 48m 以上的综合脚手架中，外墙脚手架是按提升架综合编制的，实际施工不同时，不做调整。

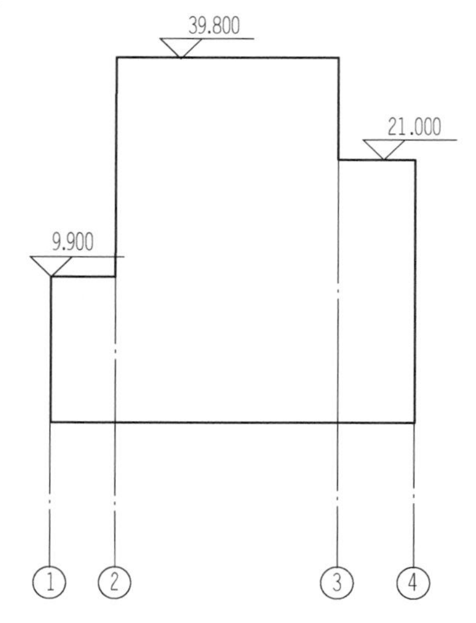

图 6-1　不同檐高综合脚手架计算示意图

2. 外脚手架

（1）砌砖工程高度在 3.6m 以上者按外脚手架计算，不扣除门窗洞口和空圈等所占面积。

（2）独立砖柱高度在 3.6m 以上者，按柱外围周长加 3.6m 乘实砌高度按单排脚手架计算。

（3）独立混凝土柱按柱外围周长加 3.6m 乘以浇筑高度按单排脚手架计算。

（4）砌石工程（包括砌块）高度超过 1m 时，按外脚手架计算。

（5）独立石柱高度在 3.6m 以上者，按柱外围周长加 3.6m 乘实砌高度按外脚手架工程量计算。

（6）凡高度超过 1.2m 的室外混凝土贮水（油）池、贮仓、设备基础均以构筑物的外围周长乘高度按外脚手架计算。

（7）浇筑设备基础脚手架的高度从基础垫层上表面开始计算。

（8）围墙在 3.6m 以上者按外脚手架计算。高度从自然地坪至围墙顶计算，长度按墙中心线计算，不扣除门所占面积，但门柱和独立门柱的砌筑脚手架不增加。

3. 里脚手架

（1）砌砖工程高度在 1.35～3.6m 以内者，按里脚手架计算，扣除门窗洞口和空圈等所占面积。

（2）独立砖柱高度在 3.6m 以内，则按柱外围周长乘实砌高度按里脚手架计算。

4. 满堂脚手架

满堂基础计算脚手架对满堂基础的深度无限制。

（1）满堂基础脚手架工程量按其底板面积计算。满堂基础按满堂脚手架基本层子目的 50%计算脚手架摊销费，人工不变。

（2）高度在 3.6m 以上的天棚装饰，按满堂脚手架项目乘以系数 0.3 计算脚手架摊销费，人工不变。

（3）满堂式钢管支架工程量按支撑现浇项目的水平投影面积乘以支撑高度以立方米计算，不扣除垛、柱所占的体积。

三、工程量清单编制实例

1. 综合脚手架

【例 6-1】 某综合楼 12 层，框架剪力墙结构，高度不同。底层层高为 6.0m，其余层数层高为 3.3m，如图 6-2 所示，计算综合脚手架工程量，并编制措施项目清单。

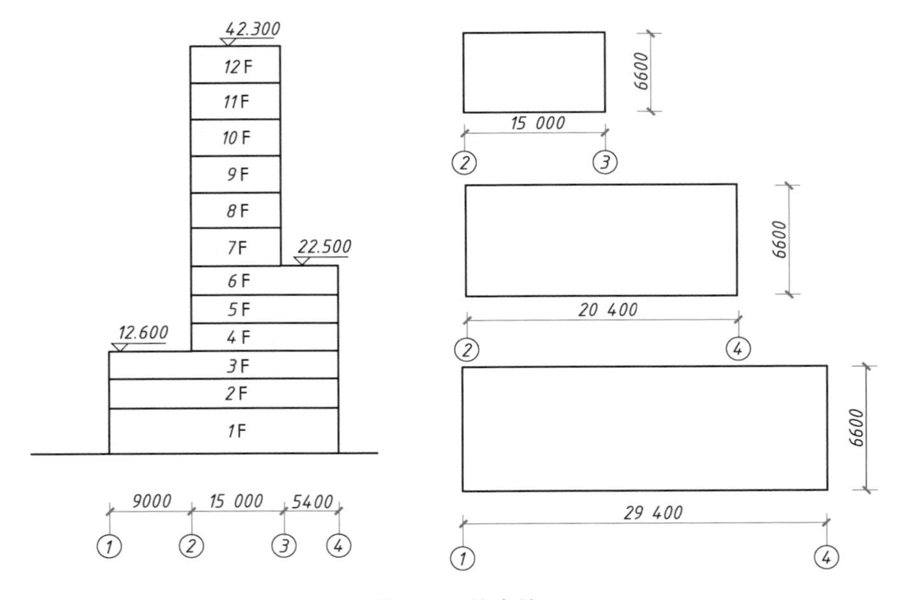

图 6-2 综合楼

解 综合脚手架工程量根据层高应分三段计算：

（1）①～②轴线间

檐高 18m 以内综合脚手架工程量＝9.0×6.6×3＝178.20m²

（2）②～③轴线间

檐高 48m 以内综合脚手架工程量＝15×6.6×12＝1188.00m²

（3）③～④轴线间

檐高 24m 以内综合脚手架工程量＝5.4×6.6×6＝213.84m²

措施项目清单见表 6-2。

表 6-2　单价措施项目清单与计价表

工程名称：某综合楼　标段：　第　页　共　页

序号	项目编码	项目名称	项目特征	计量单位	工程量
1	011701001001	综合脚手架	1. 建筑结构形式：框架剪力墙结构 2. 檐口高度：18m 以内	m^2	178.20
2	011701001002	综合脚手架	1. 建筑结构形式：框架剪力墙结构 2. 檐口高度：24m 以内	m^2	213.84
3	011701001003	综合脚手架	1. 建筑结构形式：框架剪力墙结构 2. 檐口高度：48m 以内	m^2	1188.00

2. 外脚手架

【例 6-2】 某河道整治工程石砌挡土墙长 15m，断面如图 6-3 所示，求石砌挡土墙脚手架工程量，并编制措施项目清单。

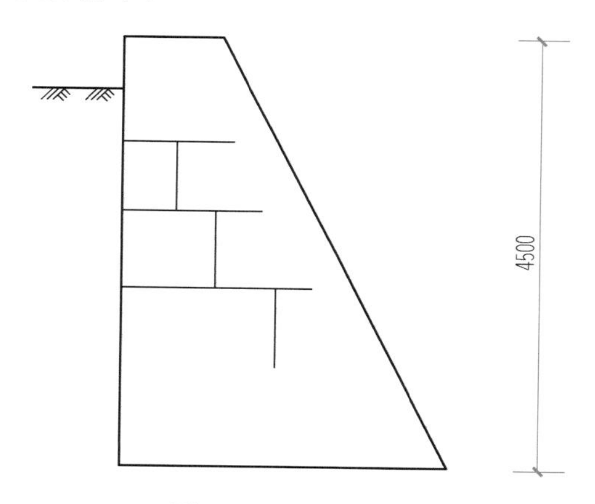

图 6-3　石砌挡土墙

解　外脚手架工程量 $=15\times4.5=67.50m^2$

措施项目清单见表 6-3。

表 6-3　单价措施项目清单与计价表

工程名称：某河道整治工程　标段：　第　页　共　页

序号	项目编码	项目名称	项目特征	计量单位	工程量
1	011701002001	外脚手架	1. 搭设方式：双排脚手架 2. 搭设高度：12m 以内 3. 脚手架材质：钢管	m^2	67.50

3. 里脚手架

【例 6-3】 某工程砖围墙，如图 6-4 所示，求砖围墙脚手架工程量，并编制措施项目清单。

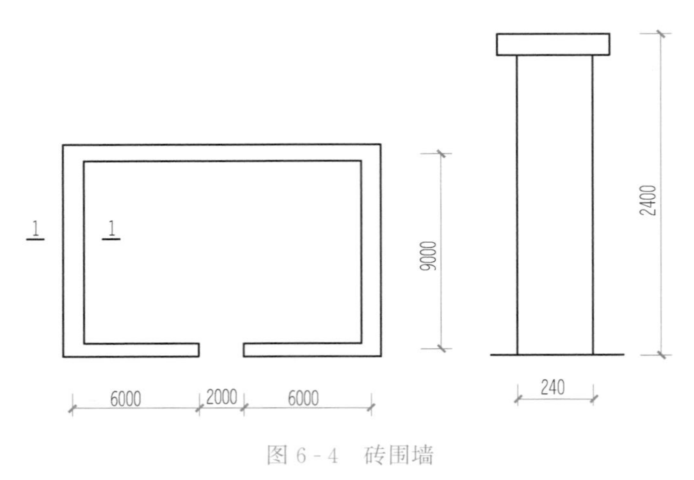

图 6-4 砖围墙

解 砖围墙脚手架工程=[(6.0+2.0+6.0−0.24)×2]×2.4+[(9.0−0.24)×2]×2.4=108.10m²

措施项目清单见表 6-4。

表 6-4 单价措施项目清单与计价表

工程名称：某工程 标段： 第 页 共 页

序号	项目编码	项目名称	项目特征	计量单位	工程量
1	011701003001	里脚手架	1. 搭设方式：单排脚手架 2. 搭设高度：3.6m 以内 3. 脚手架材质：钢管	m²	108.10

4. 挑脚手架

【例 6-4】 某综合楼工程四层，如图 6-5 所示，搭设脚手架进行正立面二次装饰，每层挑脚手架搭设长度为 18m，悬挑宽度为 1.5m。求挑脚手架工程量，并编制措施项目清单。

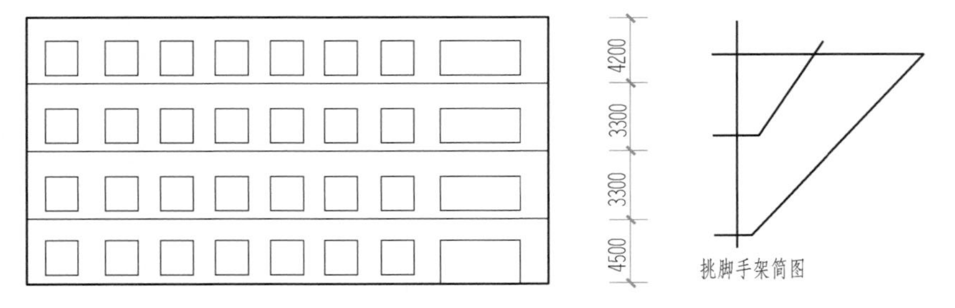

图 6-5 挑脚手架

解 挑脚手架工程量=18×4=72.00m

措施项目清单见表 6-5。

表 6-5　　单价措施项目清单与计价表

工程名称：某综合楼工程　　标段：　　第　页　共　页

序号	项目编码	项目名称	项目特征	计量单位	工程量
1	011701005001	挑脚手架	1. 搭设方式：同层挑出 2. 悬挑宽度：1.5m 3. 脚手架材质：钢管	m	72.00

5. 满堂脚手架

【例 6-5】 某单层厂房天棚抹灰，如图 6-6 所示，求满堂脚手架工程量，并编制措施项目清单。

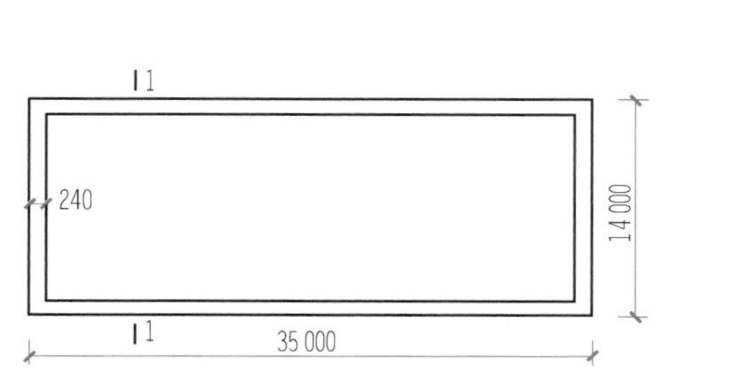

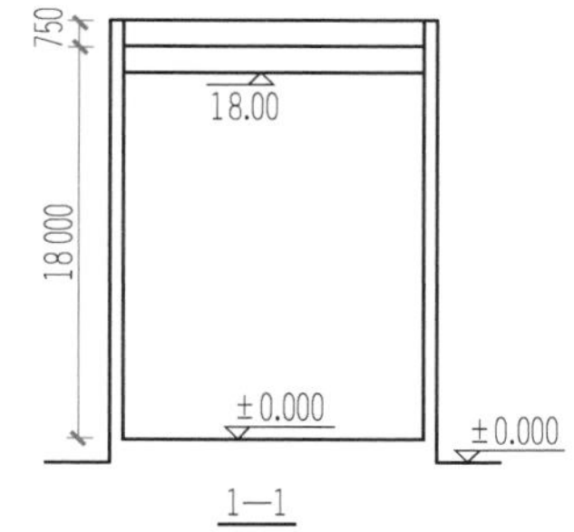

图 6-6　满堂脚手架

解　基本层满堂脚手架工程量＝(35.0－0.24×2)×(14.0－0.24×2)＝466.71(m^2)

增加层满堂脚手架数量＝(18.0－5.2)/1.2＝10.66 层，(按 11 个增加层计算)。

措施项目清单见表 6-6。

表 6-6　　单价措施项目清单与计价表

工程名称：某单层厂房　　标段：　　第　页　共　页

序号	项目编码	项目名称	项目特征	计量单位	工程量
1	011701006001	满堂脚手架	1. 搭设高度：18m 2. 脚手架材质：钢管	m^2	466.71

第二节　混凝土模板及支架（撑）

一、清单工程量计算规范

混凝土模板及支架（撑）工程量清单项目设置、项目特征描述的内容、计量单位及工程量计算规则，应按表 6-7 的规定执行。

表 6-7 混凝土模板及支架（撑）（编码：011702）

项目编码	项目名称	项目特征	计量单位	工程量计算规则	工作内容
011702001	基础	基础类型	m^2	按模板与现浇混凝土构件的接触面积计算 1. 现浇钢筋混凝土墙、板单孔面积≤0.3m² 的孔洞不予扣除，洞侧壁模板亦不增加；单孔面积>0.3m² 时应予扣除，洞侧壁模板面积并入墙、板工程量内计算 2. 现浇框架分别按梁、板、柱有关规定计算；附墙柱、暗梁、暗柱并入墙内工程量内计算 3. 柱、梁、墙、板相互连接的重叠部分，均不计算模板面积 4. 构造柱按图示外露部分计算模板面积	1. 模板制作 2. 模板安装、拆除、整理堆放及场外运输 3. 清理模板黏结物及模板内杂物、刷隔离剂等
011702002	矩形柱	柱截面尺寸			
011702003	构造柱				
011702004	异形柱	柱截面形状			
011702005	基础梁	梁截面形状			
011702006	矩形梁	支撑高度			
011702007	异形梁	1. 梁截面形状 2. 支撑高度			
011702008	圈梁	梁截面形状			
011702009	过梁				
011702010	弧形、拱形梁	1. 梁截面形状 2. 支撑高度			
011702011	直形墙			按模板与现浇混凝土构件的接触面积计算 1. 现浇钢筋混凝土墙、板单孔面积≤0.3m² 的孔洞不予扣除，洞侧壁模板亦不增加；单孔面积>0.3m² 时应予扣除，洞侧壁模板面积并入墙、板工程量内计算 2. 现浇框架分别按梁、板、柱有关规定计算；附墙柱、暗梁、暗柱并入墙内工程量内计算 3. 柱、梁、墙、板相互连接的重叠部分，均不计算模板面积 4. 构造柱按图示外露部分计算模板面积	
011702012	弧形墙				
011702013	短肢剪力墙电梯井壁				
011702014	有梁板	支撑高度			
011702015	无梁板				
011702016	平板				
011702017	拱板				
011702018	薄壳板				
011702019	空心板				
011702020	其他板				
011702021	栏板				
011702022	天沟、檐沟	构件类型		按模板与现浇构件的接触面积计算	
011702023	雨篷、悬挑板、阳台板	1. 构件类型 2. 板厚度		按图示外挑部分尺寸的水平投影面积计算，挑出墙外的悬臂梁及板边不另计算	

续表

项目编码	项目名称	项目特征	计量单位	工程量计算规则	工作内容
011702024	楼梯	类型	m^2	按楼梯（包括休息平台、平台梁、斜梁和楼层板的连接梁）的水平投影面积计算，不扣除宽度≤500mm的楼梯井所占面积，楼梯踏步、踏步板、平台梁等侧面模板不另计算，伸入墙内部分亦不增加	1. 模板制作 2. 模板安装、拆除、整理堆放及场外运输 3. 清理模板黏结物及模板内杂物、刷隔离剂等
011702025	其他构件现浇	构件类型		按模板与现浇混凝土构件的接触面积计算	
011702026	电缆沟、地沟	1. 沟类型 2. 沟截面		按模板与电缆沟、地沟接触面积计算	
011702027	台阶	台阶踏步宽		按图示台阶水平投影面积计算、台阶端头两头不另计算模板面积。架空式混凝土台阶，按现浇楼梯计算	
011702028	扶手	扶手断面尺寸		按模板与扶手的基础面积	
011702029	散水			按模板与散水的接触面积计算	
011702030	后浇带	后浇带部位		按模板与后浇带的接触面积计算	
011702031	化粪池	1. 化粪池部位 2. 化粪池规格		按模板与混凝土接触面积计算	
011702032	检查井	1. 检查井的部位 2. 检查井的规格			

注 重庆地区在工作内容中增加了一条：对拉螺栓（片）。

二、计量规范应用说明

（一）《计量规范》使用说明

（1）原槽浇灌的混凝土基础、垫层，不计算模板。重庆地区规定原槽浇灌的混凝土需要计算混凝土充盈系数，与土壤或岩石接触面（即支模板面）宽度方向每边加20mm计算。

（2）混凝土模板及支撑（架）项目，只适用于以 m^2 计量，按模板与混凝土构件的接触面积计算。以“m^3”计量，模板及支撑（支架）不再单列，按混凝土及钢筋混凝土实体项目执行，综合单价中应包含模板及支架。

（3）采用清水模板时，应在项目特征中注明。

（4）若现浇混凝土梁、板支撑高度超过3.6m时，项目特征应描述支撑高度。

（二）项目特征描述说明

1. 基础类型

基础（011702001）项目特征“基础类型”指的是：垫层、带形基础、独立基础、满堂基础、桩承台基础、设备基础、杯形基础等。

2. 柱截面形状

异形柱（011702004）项目特征“柱截面形状”根据地区计价定额特点进行描述，例如重庆地区可以描述为：圆形柱、多边形柱。

3. 梁截面形状

基础梁（011702005）、弧形梁或拱形梁（011702010）中的项目特征“梁截面形状”根据设计图纸可描述为：矩形、T形、L形、十字形、其他形状等；异形梁（011702007）T形、L形、十字形、其他形状等。

4. 支撑高度

梁和板的支撑高度在3.6m以内时可以不描述，或者描述为“3.6m以内”；支撑超过3.6m时，可以根据设计图纸采用具体的高度数值进行描述。建议把混凝土超高支撑单独列为清单子目，这时项目特征可以描述为“3.6m以上每增加1m”。

5. 楼梯类型

楼梯（011702024）项目特征“类型”指的是直形楼梯、弧形楼梯、螺旋楼梯等。

6. 构件的类型

其他现浇构件（011702025）中的“构件的类型”项目特征是指压顶、扶手、垫块、隔热板、花格等零星现浇混凝土构件名称。

7. 后浇带部位

后浇带（011702030）项目特征“后浇带部位”指的是梁、板（包括基础底板）、墙等部位。

8. 化粪池部位

化粪池（011702031）项目特征“化粪池部位”指的是池底、池壁、池顶（盖）。

9. 检查井部位

检查井（011702032）项目特征“检查井部位”指的是井底、井壁、井顶（盖）。

三、工程量清单编制实例

【例6-6】 根据第四章第五节《附录E混凝土及钢筋混凝土工程》的某工程结施图纸：柱施工图（图4-25）、地梁施工图（图4-26）、屋面层梁配筋图（图4-27）、屋面层板配筋图（图4-28）、结施大样图（图4-29）的背景材料，根据以上背景资料及国家标准《建设工程工程量清单计价规范》（GB 50500—2013）、《房屋建筑与装饰工程工程量计算规范》（GB 50854—2013），模板以平方米为计量单位，试列出混凝土模板及支架（撑）的措施项目工程量清单。

解 清单工程量计算详见表6-8。

表6-8　清单工程量计算表

工程名称：某工程

序号	项目编码	清单项目名称	工程量计算式	工程量合计	计量单位
1	011702001001	垫层	DL1：L_1=(15.38−0.5−0.8−0.5)×2=27.16m DL2：L_2=(5.7−0.5−0.5)×3=14.10m DL3：L_3=(5.7−0.225−0.225)×2=10.50m 扣重叠接头：0.1×0.45×4=0.18m^2 S=0.1×2×(27.16+14.1+10.5)−0.18=10.17m^2	10.17	m^2
2	011702001002	基础梁	DL1：L_1=27.16m DL2：L_2=14.10m DL3：L_3=(5.7−0.125−0.125)×2=10.90m 扣重叠接头：0.1×0.25×4=0.10m^2 S=0.6×2×(27.16+14.1)+0.4×2×10.9−0.1=58.14m^2	58.14	m^2
3	011702002001	矩形柱	KZ_1：0.4×4×(3.6+0.75)×4=27.84m^2 KZ_2：0.4×4×(3.6+0.75)×2=13.92m^2 扣梁重叠接头：0.2×0.6×12+0.2×0.5×2=1.64m^2 S=27.84+13.92−1.64=40.12m^2	40.12	m^2
4	011702014001	有梁板	板：S_1=(15.38+0.2)×(5.7+0.2)−0.4×0.4×6=91.00m^2 WKL_1：L_1=(15.38−0.3−0.4−0.3)×2=28.76m WKL_2：L_2=(5.7−0.3−0.3)×2=10.20m WKL_3：L_3=(5.7−0.3−0.3)=5.10m L_1：L_4=(5.7−0.1−0.1)×2=11.00m 梁：S_2=[(0.6−0.12)+(0.6−0.15)]×(28.76+10.2)+(0.5−0.12)×2×(5.1+11)=44.58m^2 扣梁重叠接头：0.2×0.5×4=0.40m^2 合计：S=91+44.58−0.4=135.18m^2	135.18	m^2
5	011702025001	其他构件	①大样：L=(15.38+0.2+0.15×2)×2+(5.7+0.2)×2=43.56m S=0.15×3×43.56=19.60m^2	19.60	m^2
6	011702023001	雨篷	②大样：S=[1.2×2.24+0.3×(2.24+1.05×2)+0.18×(2.24+1.05×2−0.12×4)]×2=9.37m^2	9.37	m^2
7	011702028001	压顶	①大样：L=(15.38+0.2+0.15×2)×2+(5.7−0.2)×2=42.76m S=0.45×42.76=19.24m^2	19.24	m^2

根据表 6-8 的清单工程量和背景资料的有关信息，分部分项工程量清单见表 6-9。

表 6-9 单价措施项目清单与计价表

工程名称：某工程

序号	项目编码	项目名称	项目特征	计量单位	工程量	金额	
						综合单价	合价
1	010501001001	垫层	部位：地梁	m^2	10.17		
2	010503001001	基础梁	梁截面形状：矩形	m^2	58.14		
3	010502001001	矩形柱	周长：2m 以内	m^2	40.12		
4	010505001001	有梁板	支撑高度：3.6m 以内	m^2	135.18		
5	010507007001	其他构件	构件类型：混凝土线条	m^2	19.60		
6	010505008001	雨篷	1. 构件类型：悬挑构件 2. 板厚度：120mm	m^2	9.37		
7	010507005001	压顶	断面尺寸：150mm×350mm	m^2	19.24		

第三节 垂直运输及超高施工增加

一、清单工程量计算规范

（1）垂直运输工程量清单项目设置、项目特征描述的内容、计量单位及工程量计算规则，应按表 6-10 的规定执行。

表 6-10 垂直运输（编码：011703）

项目编码	项目名称	项目特征	计量单位	工程量计算规则	工作内容
011703001001	垂直运输	1. 建筑物建筑类型及结构形式 2. 地下室建筑面积 3. 建筑物檐口高度层数	1. m^2 2. 天	1. 按建筑面积计算 2. 按施工工期日历天数	1. 垂直运输机械的固定装置、基础制作、安装 2. 行走式垂直运输机械轨道的铺设、拆除、摊销

注 重庆地区在工程内容修改为：

1. 在施工工期内完成全部工程项目所需要的垂直运输机械台班。
2. 合同工期期间垂直运输机械的修理与保养。

（2）超高施工增加工程量清单项目设置、项目特征描述的内容、计量单位及工程量计算规则，应按表 6-11 的规定执行。

表 6-11 超高施工增加（编码：011704）

项目编码	项目名称	项目特征	计量单位	工程量计算规则	工作内容
011704001001	超高施工增加	1. 建筑物建筑类型及结构形式 2. 建筑物檐口高度、层数 3. 单层建筑物檐口高度超过 20m，多层建筑物超过 6 层部分的建筑面积	m^2	按建筑物超高部分的建筑面积	1. 建筑物超高引起的人工工效降低以及由于人工工效降低引起的机械降效 2. 高层施工用水加压水的安装、拆除及工作台班 3. 通信联络设备的使用及摊销

重庆地区补注：在编审最高投标限价时，超高施工增加费应按重庆市现行超高降效费计算规则计算。投标报价可参照执行。

二、计量规范应用说明

（一）《计量规范》使用说明

1. 垂直运输

（1）建筑物的檐口高度是指设计室外地坪至檐口滴水的高度（平屋顶系指屋面板底高度），突出主体建筑物屋顶的电梯机房、楼梯出口间、水箱间、瞭望塔、排烟机房等不计入檐口高度。

（2）垂直运输机械指施工工程在合理工期内所需垂直运输机械。

（3）同一建筑物有不同檐高时，按建筑物的不同檐高做纵向分割，分别计算建筑面积，以不同檐高分别编码列项。

2. 超高施工增加

（1）单层建筑物檐口高度超过 20m，多层建筑物超过 6 层时，可按超高部分的建筑面积计算超高施工增加。计算层数时，地下室不计入层数。

（2）同一建筑物有不同檐高时，可按不同高度的建筑面积分别计算建筑面积，以不同檐高分别编码列项。

（二）重庆地区定额说明

（1）垂直运输及超高人工、机械降效包括单位工程在合理工期内完成全部工程项目所需的垂直运输机械台班和建筑物檐口高度 20m 以上的人工、机械降效及加压水泵的增加台班。不包括机械的场外运输、一次安拆及路基铺垫和轨道铺拆等的台班。

（2）建筑物的檐高，指设计室外地坪至檐口的高度，不包括突出建筑物屋顶的电梯间、楼梯间等的高度，但突出主体建筑物顶计算建筑面积的电梯间、水箱间等应分别计入不同檐口高度总面积内。构筑物的高度，指从设计室外地坪至构筑物顶面的高度，顶面非水平的以结构的最高点为准。

（3）凡建筑物檐口高度超过 20m 以上者都应计算建筑物超高人工、机械降效费。建筑物垂直运输及超高人工、机械降效的面积按照脚手架工程章节综合脚手架面积执行。地下室工程的垂直运输按“建筑面积计算规则”确定的面积计算，并入上层工程量内套用相应定额。若垂直运输机械布置于地下室底层时，高度应以布置点的地下室底板顶标高至檐口的高度计算，执行相应檐口高度的垂直运输子目。

（4）同一建筑物有几个不同室外地坪和檐口标高时，应按相应的设计室外地坪标高至檐口高度分别计算工程量，执行不同檐高子目，如图 6 - 7 所示。①～②轴间按 50m 以内计算檐口高度，②～③轴间按 80m 以内计算檐口高度，③～④轴间按 90m 以内计算檐口高度。

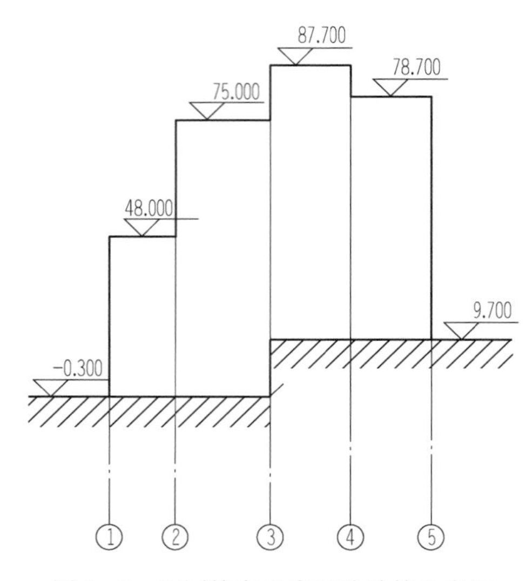

图 6 - 7 不同檐高垂直运输计算示意图

（5）檐高 3.6m 以内的单层建筑，不计算垂直运输机械。

三、工程量清单编制实例

【例 6 - 7】 某办公楼如图 6 - 8 所示，设计为框架结构。施工组织设计中垂直运输采用塔式起重机 400kN·m，设计室外地坪－0.60m，10 层主楼屋面板顶标高＋36.00m，4 层辅楼屋面板顶标高＋12.00m。根据以上背景资料及《建设工程工程量清单计价规范》（GB 50500—2013）、《房屋建筑与装饰工程工程量计算规范》（GB 50854—2013），试列出垂直运输及超高施工增加的措施项目工程量清单。

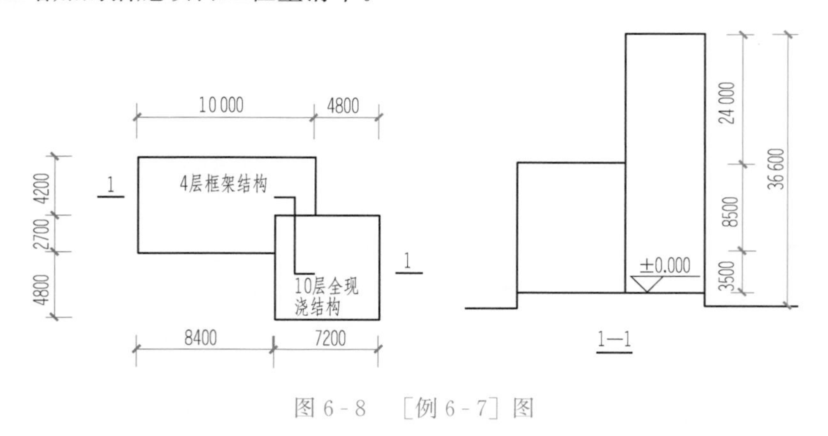

图 6 - 8 ［例 6 - 7］图

解 清单工程量计算详见表 6 - 12。

表 6-12　　清单工程量计算表

序号	项目编码	清单项目名称	工程量计算式	工程量	计量单位
1	011703001001	垂直运输（檐高 12.6m）	$S=10\times(4.8+2.7)\times4-2.7\times(10.8-8.4)\times4=274.08m^2$	274.08	m^2
2	011703001002	垂直运输（檐高 36.6m）	$S=7.2\times(4.8+2.7)\times10=540.00m^2$	540.00	m^2
3	011703001001	超高施工增加	$S=7.2\times(4.8+2.7)\times(10-6)=216.00m^2$	216.00	m^2

根据表 6-12 的清单工程量和背景资料的有关信息，垂直运输及超高施工增加的措施项目清单见表 6-13。

表 6-13　　单价措施项目清单与计价表

工程名称：某工程

序号	项目编码	项目名称	项目特征	计量单位	工程量	金额	
						综合单价	合价
1	011703001001	垂直运输（檐高 12.6m）	1. 建筑物建筑类型：办公楼、框架结构 2. 建筑物檐口高度：20m 以内、4 层	m^2	274.08		
2	011703001002	垂直运输（檐高 36.6m）	1. 建筑物建筑类型：办公楼、框架结构 2. 建筑物檐口高度：36.6m 以内、10 层	m^2	540.00		
3	011703001001	超高施工增加	1. 建筑物建筑类型：办公楼、框架结构 2. 建筑物檐口高度：36.60m、10 层 3. 多层建筑物超过 6 层部分的建筑面积：$216m^2$	m^2	216.00		

第四节　大型机械设备进出场及安拆

本节配套数字资源及习题

一、清单工程量计算规范

大型机械设备进出场及安拆工程量清单项目的设置、项目特征描述的内容、计量单位及工程量计算规则应按表 6-14 执行。

表 6-14 大型机械设备进出场及安拆（编码：011705）

项目编码	项目名称	项目特征	计量单位	工程量计算规则	工作内容
011705001	大型机械设备进出场及安拆	1. 机械设备名称 2. 机械设备规格型号	台次	按使用机械设备的数量计算	1. 安拆费包括施工机械、设备在施工现场进行安装、拆卸所需的人工、材料、机械、试运转费用以及机械辅助设施的折旧、搭设、拆除等费用 2. 进出场费包括施工机械、设备整体或分体自停放场地运至施工现场或由一个施工地点运至另一个施工地点所发生的运输、装卸、辅助材料等费用

注 重庆地区在工作内容中增加了两条：

1. 垂直运输机械的固定装置、基础制作、安装。
2. 行走式垂直运输机械轨道的铺设、拆除、摊销。

二、计量规范使用说明

（一）项目特征释义

1. 机械设备名称

根据原建设部2001年《全国统一施工机械台班费用编制规则》中关于施工机械分类及机型规格划分以下十二类：

（1）土石方及筑路机械。例如推土机、挖掘机、压路机等。

（2）桩工机械。例如拔桩机、压桩机、打桩机等。

（3）起重机械。例如履带式起重机、轮胎式起重机、汽车式起重机等。

（4）水平运输机械。例如自卸汽车、平板拖车、载货汽车等。

（5）垂直运输机械。例如塔式起重机、自升式塔式起重机等。

（6）混凝土及砂浆机械。例如混凝土搅拌机、灰浆搅拌机等。

（7）加工机械。例如钢筋调直机、钢筋弯曲机、木工刨床、卷板机等。

（8）泵类机械。例如混凝土输送泵、灰浆输送泵、潜水泵、泥浆泵等。

（9）焊接机械。例如交流弧焊机、直流弧焊机、对焊机等。

（10）动力机械。例如柴油发电机、汽油发电机、电动空气压缩机等。

（11）地下工程机械。例如掘进机、成槽机等。

（12）其他机械。例如探伤机、除尘机等。

施工机械的机型按其性能及价值可分为特型、大型、中型、小型四类。

2. 机械设备规格型号

施工机械的机型按其性能及价值可分为特型、大型、中型、小型四类。各类机械具体规格型号可查阅2012年《全国统一施工机械台班费用定额》。例如自升式塔式起重机的规格型号摘录如表6-15所示。

表 6-15 机械设备规格型号（摘录）

编号	机械名称	机型	规格型号	
3-69	自升式塔式起重机	大	起重力矩（t·m）	100
3-70	自升式塔式起重机	大	起重力矩（t·m）	125
3-71	自升式塔式起重机	大	起重力矩（t·m）	145
3-72	自升式塔式起重机	大	起重力矩（t·m）	200
3-73	自升式塔式起重机	特	起重力矩（t·m）	300
3-74	自升式塔式起重机	特	起重力矩（t·m）	450

（二）重庆地区定额说明

1. 起重机基础及轨道铺拆

（1）起重机固定式基础按座计算，轨道式基础（双轨）按延长米计算。

（2）轨道是按直线双轨（轨重 43kg/m）编制的。如铺设弧线型时，人工、机械乘以系数 1.15。

（3）起重机基础混凝土体积是按 10m³ 以内综合编制的，实际施工塔机基础混凝土体积超过 10m³ 时，超过部分执行混凝土及钢筋混凝土工程章节中相应项目。基础的土石方开挖已含在消耗量中，不另计算。

（4）自升式塔式起重机是按固定式基础、带配重确定的。基础如需增设桩基础时，其桩基础项目另执行基础工程章节中相应子目。不带配重的自升式塔式起重机固定式基础，按施工组织设计或方案另行计算。

（5）起重机轨道式基础铺拆项目未包括钢轨与枕木间增加其他型钢和钢板的用量，发生时另行计算。

（6）起重机轨道式基础项目不适用于自升式塔式起重机行走轨道，自升式塔式起重机行走轨道按施工组织设计或方案另行计算。

（7）施工电梯和混凝土搅拌站的基础按基础工程章节相应项目另行计算。

2. 特、大型机械安装及拆卸

（1）特、大型机械安拆及场外运输按台次计算。

（2）自升式塔机是以塔高 45m 确定的，如塔高超过 45m 时，每增高 10m，安拆项目增加 20%。

（3）塔机安拆高度按建筑物塔机布置点地面至建筑物结构最高点加 3m 计算。

（4）安拆台班中已包括机械安装完毕后的试运转台班，不另计算。

3. 特、大型机械场外运输

（1）机械场外运输是按运距 25km 考虑的。工程施工的周转性材料（脚手架、模板等）、中小型机械 25 公里以上的超运距费用发生时按实计算。

（2）机械场外运输综合考虑了机械施工完毕后回程的台班，不另计算。

（3）自升式塔机是以塔高 45m 确定的，如塔高超过 45m 时，每增高 10m，场外运输项目增加 10%。

（4）被背行的机械不计场外运输费，被拖行的机械按台班单价的 50%计算场外运输费，上、下自行的机械只计上、下车的台班费，运、拖以上机械的机械按实计算场外运输费。机械施工完毕的回程费按以上规定计算。

（5）因地形所限或其他原因，大型机械安装、拆卸必需使用特种机械，如何计算费用？

答：发生时，按特种机械使用台班数量和台班单价计算。

三、工程量清单编制实例

【例 6-8】《某酒店塔吊基础施工方案》部分内容摘录如下。

1. 工程概况

某酒店为一栋 15 层商业酒店，其中群楼 4 层，塔楼 11 层，下设 3 层地下室（局部 1 层），建筑面积约 21448.02m²，其中地下室部分 7921.92m²，地上部分 13526.1m²，地下室深度 13.7m，地面建筑总高度 65m。

2. 塔吊概况

塔吊基础施工方案中规定该工程施工计划设置塔吊 1 台，采用广州五羊建设机械有限公司生产的 QTZ80（6010）型塔吊，该塔吊独立式起升高度为 45m，附着式起升高度达 150m（本工程实际使用搭设高度约 95m），工作臂长 60m（本工程由于周边建筑物限制，实际使用工作臂长约 42m），最大起重量 6t，公称起重力矩为 800kN·m。

综合该工程地质条件及现场实际情况，参照《某酒店岩土工程勘察报告》及工程设计图纸，本塔吊基础采用天然地基基础。

3. 塔吊生产厂家提供的说明书中对塔吊基础的部分要求

（1）地基基础的土质应均匀夯实，要求承载能力大于 20t/m²；底面为 6000mm × 6000mm 的正方形，塔吊基础大样图如图 6-9 所示。

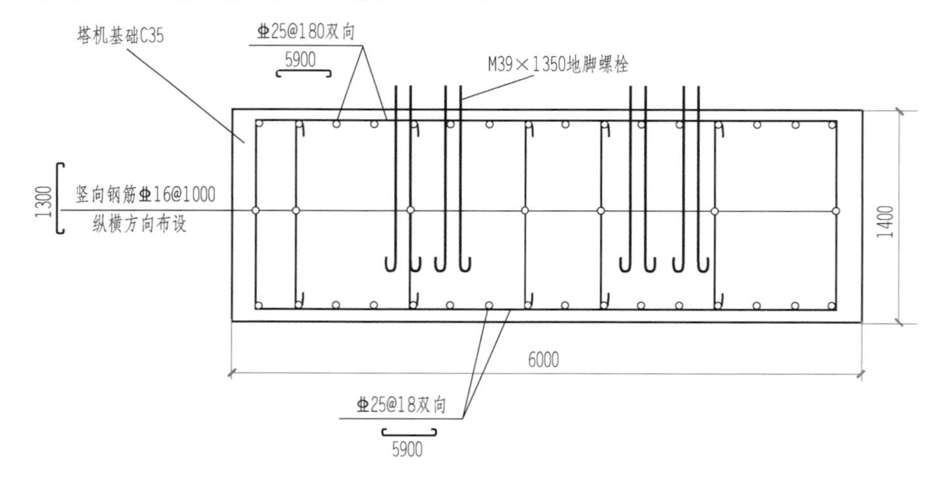

图 6-9 塔吊基础大样图

（2）基础混凝土强度不低于 C35，在基础内预埋地脚螺栓，分布钢筋和受力钢筋。

（3）基础表面应平整，并校水平。基础与基础节下面四块连接板连接处应保证水平，其水平度不大于 1/1000。

（4）基础必须做好接地措施，接地电阻不大于 4Ω。

（5）基础必须做好排水措施，保证基础面及地脚螺栓不受水浸，同时做好基础保护措施，防止基础受雨水冲洗，淘空基础周边泥土。

根据以上背景资料及《建设工程工程量清单计价规范》（GB 50500—2013）、《房屋建筑与装饰工程工程量计算规范》（GB 50854—2013），试列出该塔吊的大型机械设备进出场及安拆的措施项目工程量清单。

解 根据背景资料的有关信息，垂直运输及超高施工增加的措施项目清单见表6-16。

表6-16 单价措施项目清单与计价表

工程名称：某工程

序号	项目编码	项目名称	项目特征	计量单位	工程量	金额	
						综合单价	合价
1	011705001001	大型机械设备进出场及安拆	1. 机械设备名称：QTZ80（6010）型塔吊 2. 机械设备规格型号：800kN·m	台次	1		

第五节 施工排水、降水

本节配套数字资源及习题

一、清单工程量计算规范

施工排水、降水工程量清单项目的设置、项目特征描述的内容、计量单位及工程量计算规则应按表6-17执行。

表6-17 施工排水、降水（编码：011706）

项目编码	项目名称	项目特征	计量单位	工程量计算规则	工作内容
011706001	成井	1. 成井方式 2. 地层情况 3. 成井直径 4. 井（滤）管类型、直径	m	按设计图示尺寸以钻孔深度计算	1. 准备钻孔机械、埋设护筒、钻机就位；泥浆制作、固壁；成孔、出渣、清孔等 2. 对接上、下井管（滤管），焊接，安放，下滤料，洗井，连接试抽等
011706002	排水、降水	1. 机械规格型号 2. 降排水管规格	1. 昼夜 2. 台班	1. 按排、降水日历天数计算 2. 以台班计量，按机械台班数量计算	1. 管道安装、拆除，场内搬运等 2. 抽水、值班、降水设备维修等

注 1. 相应专项设计不具备时，可按暂估量计算。
2. 台班计量单位是重庆地区做出的补充规定。

二、重庆地区定额说明

（1）挖孔桩挖土石方项目未考虑边排水边施工的工效损失，如遇边排水边施工时，抽水机台班和排水用工按实签证，挖孔人工按相应挖孔桩土方子目人工乘以系数1.3，石方子目人工乘以系数1.2。

（2）施工排水、降水抽水机械是间断进行运转，重庆市规定按实签证机械台班数量确定确定方法是：同一工作日签证机械累计工作 4h 以内为半个台班，8h 以内为一个台班。

三、工程量清单编制实例

【例 6-9】《某工程基坑井点降水施工方案》部分内容摘录如下：

（1）场地含水层划分及特征：场区地下水主要为地表层水，粉土、粉砂土，透水性强，含水层。

（2）降水施工方案采用轻型井点，轻型井点降水平面布置如图 6-10 所示，降水 30 天。

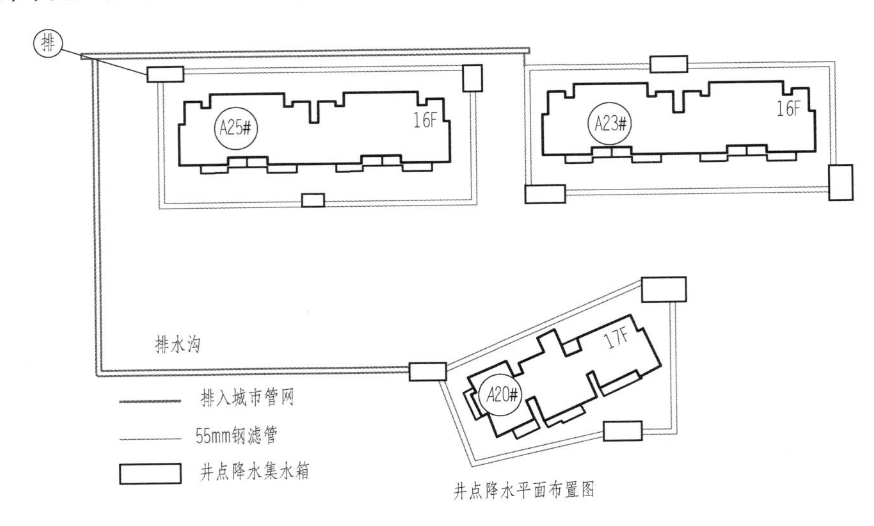

图 6-10 轻型井点降水平面布置图

（3）料供应计划表见表 6-18。

表 6-18 主要材料供应计划表

序号	材料名称	单位	数量	备注
1	ϕ48 井点管	m	416	壁厚 3mm 镀锌管
2	连接管	m	100	
3	ϕ89 总管	m	105	壁厚 4mm 镀锌管
4	铅丝	捆	3	8#
5	砂砾	m^3	3	粗砂与砾石
6	柴油	L	500	

（4）主要施工机械设备见表 6-19。

表 6-19 主要施工机械设备表

序号	设备、机具名称	规格型号	数量	产地	功率	备注
1	高压水泵	100TSW-7	1			
2	凿孔冲击管	ϕ219×8mm	2			7m 长

续表

序号	设备、机具名称	规格型号	数量	产地	功率	备注
3	水枪	ϕ50×5mm	2			
4	滤管	ϕ48	53	广东	23kW	壁厚3mm
5	离心水泵	QJD-60	6	柳州	7.5kW	
6	拔管机	SH-30	1	广东		
7	拔管器	ZSB-60	2	成都	7.5kW	
8	电焊机	BX3-500	1	广东	15kW	
9	切割机		1	广东	7.5kW	
10	发电机		2	韶关	120kW	备用

根据以上背景资料及《建设工程工程量清单计价规范》（GB 50500—2013）、《房屋建筑与装饰工程工程量计算规范》（GB 50854—2013），试列出该基坑的施工排水、降水的措施项目工程量清单。

解　根据背景资料的有关信息，施工排水、降水的措施项目清单见表6-20。

表6-20　单价措施项目清单与计价表

工程名称：某工程

序号	项目编码	项目名称	项目特征	计量单位	工程量	金额	
						综合单价	合价
1	011706001001	成井	1. 成井方式：冲击成孔 2. 地层情况：一、二类土 3. 成井直径：200mm 4. 井（滤）管类型、直径：井管厚3mm镀锌管、滤管厚4mm镀锌管	m	416		
2	01170600201	排水、降水	1. 机械规格型号：100TSW-7高压水泵 2. 降排水管规格：100mm	昼夜	30		
3	01170600202	排水、降水	1. 机械规格型号：QJD-60离心水泵 2. 降排水管规格：60mm	昼夜	30		

第六节　安全文明施工及其他措施项目

本节配套数字资源及习题

一、清单工程量计算规范

安全文明施工及其他措施项目工程量清单项目的设置、项目特征描述的内容、计量单位及工程量计算规则应按表6-21执行。

表 6-21 安全文明施工及其他措施项目（编码：011707）

项目编码	项目名称	工作内容及包含范围
011707001	安全文明施工	1. 环境保护：现场施工机械设备降低噪声、防扰民措施；水泥和其他易飞扬细颗粒建筑材料密闭存放或采取覆盖措施等；工程防扬尘洒水；土石方、建渣外运车辆防护措施等；现场污染源的控制、生活垃圾清理外运、场地排水排污措施；其他环境保护措施 2. 文明施工："五牌一图"；现场围挡的墙面美化（包括内外粉刷、刷白、标语等）、压顶装饰；现场厕所便槽刷白、贴面砖，水泥砂浆地面或地砖，建筑物内临时便溺设施；其他施工现场临时设施的装饰装修、美化措施；现场生活卫生设施；符合卫生要求的饮水设备、淋浴、消毒等设施；生活用洁净燃料；防煤气中毒、防蚊虫叮咬等措施；施工现场操作场地的硬化；现场绿化、治安综合治理；现场配备医药保健器材、物品和急救人员培训；用于现场工人的防暑降温、电风扇、空调等设备及用电；其他文明施工措施 3. 安全施工：安全资料、特殊作业专项方案的编制，安全施工标志的购置及安全宣传；"三宝"（安全帽、安全带、安全网）、"四口"（楼梯口、电梯井口、通道口、预留洞口），"五临边"（阳台围边、楼板围边、屋面围边、槽坑围边、卸料平台两侧），水平防护架、垂直防护架、外架封闭等防护；施工安全用电，包括配电箱三级配电、两级保护装置要求、外电防护措施；起重机、塔吊等起重设备（含井架、门架）及外用电梯的安全防护措施（含警示标志）及卸料平台的临边防护、层间安全门、防护棚等设施；建筑工地起重机械的检验检测；施工机具防护棚及其围栏的安全保护设施；施工安全防护通道；工人的安全防护用品、用具购置；消防设施与消防器材的配置；电气保护、安全照明设；其他安全防护措施 4. 临时设施：施工现场采用彩色、定型钢板，砖、混凝土砌块等围挡的安砌、维修、拆除；施工现场临时建筑物、构筑物的搭设、维修、拆除，如临时宿舍、办公室，食堂、厨房、厕所、诊疗所、临时文化福利用房、临时仓库、加工场、搅拌台、临时简易水塔、水池等；施工现场临时设施的搭设、维修、拆除，如临时供水管道、临时供电管线、小型临时设施等；施工现场规定范围内临时简易道路铺设，临时排水沟、排水设施安砌、维修、拆除；其他临时设施搭设、维修、拆除
011707002	夜间施工	1. 夜间固定照明灯具和临时可移动照明灯具的设置、拆除 2. 夜间施工时，施工现场交通标志、安全标牌、警示灯等的设置、移动、拆除 3. 包括夜间照明设备摊销及照明用电、施工人员夜班补助、夜间施工劳动效率降低等
011707003	非夜间施工照明	为保证工程施工正常进行，在如地下室等特殊施工部位施工时所采用的照明设备的安拆、维护、摊销及照明用电等
011707004	二次搬运	由于施工场地条件限制而发生的材料、成品、半成品等一次运输不能到达堆放地点，必须进行二次或多次搬运

续表

项目编码	项目名称	工作内容及包含范围
011707005	冬雨季施工	1. 冬雨（风）季施工时增加的临时设施（防寒保温、防雨、防风设施）的搭设、拆除 2. 冬雨（风）季施工时，对砌体、混凝土等采用的特殊加温、保温和养护措施 3. 冬雨（风）季施工时，施工现场的防滑处理、对影响施工的雨雪的清除 4. 包括冬雨（风）季施工时增加的临时设施的摊销、施工人员的劳动保护用品、冬雨（风）季施工劳动效率降低等
011707006	地上、地下设施、建筑物的临时保护设施	在工程施工过程中，对已建成的地上、地下设施和建筑物进行的遮盖、封闭、隔离等必要保护措施
011707007	已完工程及设备保护	对已完工程及设备采取的覆盖、包裹、封闭、隔离等必要保护措施

注 本表所列项目应根据工程实际情况计算措施项目费用，需分摊的应合理计算摊销费用。

二、重庆地区安全文明施工措施项目

重庆地区把安全文明施工措施项目清单分成安全文明施工专项费项目（见表 6 - 22）和安全文明施工按实计算项目（见表 6 - 23）。

表 6 - 22 安全文明施工专项费项目（编码：011707）

项目编码	项目名称	工作内容及包含范围
011707001	安全文明施工专项费用	一、安全施工 1. 安全施工专项方案及安全资料的编制费用 2. 安全施工标志及标牌的购置、安装费用 3. “四口”（楼梯口、电梯井口、通道口、预留洞口）、“五临边”（阳台边、楼板边、屋面周边、槽坑周边、卸料平台两侧）的安全防护费用 4. 施工安全用电的三级配电箱、两级保护装置、外电保护措施费 5. 起重机、塔吊及施工升降机的安全防护措施费用 6. 建筑工地起重机械的特种检测检验费用 7. 现场施工机具操作区安全保护设施费用 8. 其他安全防护措施费用 二、文明施工 1. “六牌二图”费用 2. 临时围挡墙面的美化（内外抹灰、刷白、标语、彩绘等）、维护、保洁费用 3. 现场临时办公及生活设施包括办公、宿舍、食堂、厕所、淋浴房、盥洗处、医疗保健室、学习娱乐活动室等墙地面贴砖、地面硬化等装饰装修费用，以及符合安全、卫生、通风、采光、防火要求的设施费用 4. 现场出入口及施工操作场地硬化费用 5. 车辆冲洗设施及冲洗保洁费用、现场卫生保洁费用 6. 现场临时绿化费用 7. 控制扬尘、噪声、废气费用 8. 临时设施的保温隔热措施费用 9. 临时占道施工协助交通管理费用 10. 其他文明施工费用

表 6-23 安全文明施工按实计算项目（编码：011707）

项目编码	项目名称	项目特征	计量单位	工程量计算规则	工作内容
011707B01	建筑物垂直封闭	1. 封闭材料品种 2. 垂直封闭部位	m^2	按建筑物封闭面的垂直投影面积以平方米计算	1. 封闭材料搭拆 2. 材料运输
011707B02	垂直防护架	1. 架料品种 2. 防护材料品种		按垂直防护架高度（从自然地坪算至最上层横杆）乘两边立杆之间距离以平方米计算	1. 防护架料的搭拆 2. 材料运输
011707B03	水平防护架	1. 架料品种 2. 防护材料品种		按防护板的水平投影面积以平方米计算	1. 防护架料的搭拆 2. 材料运输
011707B04	安全防护通道	1. 架料品种 2. 防护材料品种		按安全防护通道防护顶板的水平投影面积以平方米计算	1. 防护架料的搭拆 2. 材料运输
011707B05	现场临时道路硬化	1. 垫层材料品种、厚度 2. 面层材料品种、厚度		按道路硬化面积以平方米计算	1. 路基整理 2. 垫层铺设 3. 面层铺设
011707B06	远程监控设备安装、使用及设施摊销费	1. 监控点数 2. 监控面积	项	按单位工程以项计算	远程监控设备安装、使用
011707B07	建筑垃圾清运费用	运输距离	m^3	按建筑垃圾体积以立方米计算	1. 运输 2. 弃渣
011707B08	易洒漏物质密闭运输	运输材料种类		按运输材料体积以立方米计算	密闭运输

三、重庆地区其他措施项目

重庆地区其他措施项目见表 6-24。

表 6-24 其他措施项目（编码：011707）

项目编码	项目名称	工作内容及包含范围
011707002	夜间施工	因夜间施工所发生的夜班补助费、夜间施工降效、夜间施工照明设备摊销及照明用电等费用
011707003	非夜间施工照明	为保证工程施工正常进行，在地下室等特殊施工部位施工时所采用的照明设备的安拆、维护、摊销及照明用电等费用
011707004	二次搬运	因施工场地材料、成品、半成品必须发生的二次、多次搬运费用

续表

项目编码	项目名称	工作内容及包含范围
011707005	冬雨季施工	冬雨季施工增加的设施、劳保用品、防滑、排除雨雪的人工及劳动效率降低等费用
011707006	地上、地下设施、建筑物的临时保护措施	在工程施工过程中，对已建成的地上、地下、周边建筑物、构筑物、文物、园林绿化和电力、通信、给排水、油、天然气管线等城市基础设施进行覆盖、封闭、隔离等必要保护措施所发生的安全防护费用
011707007	已完工程及设备保护	竣工验收前，对已完工程及设备进行保护所需费用
011707B09	临时设施	包括临时办公、宿舍、食堂、厕所、淋浴房、盥洗处、医疗保健室、学习娱乐活动室、材料仓库、加工厂、施工围墙、人行便道、构筑物以及施工现场范围内建筑物（构筑物）沿外边起50m以内的供（排）水管道（沟）、供电管线等设施的搭设、维修、拆除和摊销等费用
011707B10	环境保护	施工现场为达到环保等有关部门要求所需要的各项费用
011707B11	工程定位复测、点交及场地清理	工程开工前的定位、施工过程中的复测及竣工时的点交，施工现场范围内的障碍物清理费用（但不包括建筑垃圾的场外运输）
011707B12	材料检验试验	对建筑材料、构件和建筑安装物进行一般鉴定、检查所发生的费用
011707B13	特殊检验试验	工程施工中对新结构、新材料的检验试验费和建设单位对具有出厂合格证明的材料进行检验，对构件做破坏性试验及其他特殊要求检验试验的费用
011707B14	住宅工程质量分户验收	分户验收工作所需组织管理、人工、材料、检测工具、档案资料等全部费用

四、工程量清单编制实例

【例 6-10】 某建筑物临街改造，工期10个月，钢管架、竹脚手架板搭设防护架如图6-11所示，求防护架工程量，并编制措施项目清单。

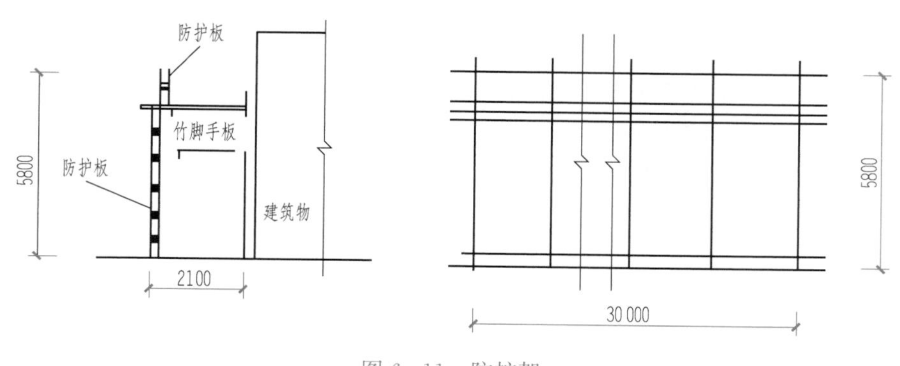

图 6-11　防护架

解　水平防护架工程量$=2.1\times30.0=63.00m^2$

垂直防护架工程量$=5.8\times30.0=174.00m^2$

措施项目清单见表6-25。

表 6-25 单价措施项目清单与计价表

工程名称：某建筑物

序号	项目编码	项目名称	项目特征	计量单位	工程量	金额（元）		
						综合单价	合价	其中：暂估价
1	011707B02001	垂直防护架	1. 架料品种：钢管 2. 防护材料品种：竹脚手板	m^2	174.00			
2	011707B03001	水平防护架	1. 架料品种：钢管 2. 防护材料品种：竹脚手板	m^2	63.00			

【例 6-11】 重庆某商业楼 7 层，采用封闭式施工 8 个月，在外脚手架挂密目安全网遮蔽，如图 6-12 所示。根据重庆地区清单计算规则计算商业楼垂直封闭工程量，并编制措施项目清单。

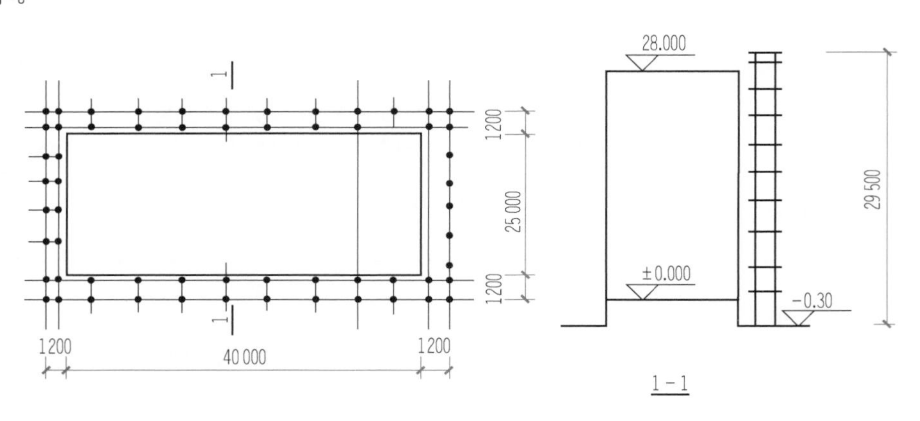

图 6-12 垂直封闭

解 重庆地区清单计算规则是按封闭对象即商业楼的外墙面进行计算，其他地区可能是按脚手架搭设的外立面面积计算。

$$商业楼垂直封闭工程量=(40.0+25.0)\times2\times28.0=3640.00m^2$$

措施项目清单见表 6-26。

表 6-26 单价措施项目清单与计价表

工程名称：某商业楼

序号	项目编码	项目名称	项目特征	计量单位	工程量	金额（元）		
						综合单价	合价	其中：暂估价
1	011707B01001	垂直封闭	1. 封闭材料品种：密目安全网 2. 垂直封闭部位：外墙	m^2	3640.00			

本章思考与习题

1. 在工程量清单报价中，措施费以项作为计量单位，以元计价的总价（组织）措施项目，当分部分项工程量清单中的工程量发生变化后，结算时组织措施费用是否可随着工程量变化进行调整。

2. 比较本省市混凝土模板清单工程量与组价工程量计算规则的差异有哪些。

3. 按建筑面积计算的措施项目清单费用有哪几项？比较在组价时，这几项费用的组价工程量计算规则差异。

第七章　其他项目、规费和税金清单编制

学习目标

1. 掌握其他项目清单规范及其应用说明。
2. 能以国家和地区现行文件为依据编制规费和税金项目清单。
3. 重视清单编制最后一公里，编好本章各项目清单。

第一节　其他项目清单编制

本节配套数字资源及习题

一、《计价规范》编制要求

1. 《计价规范》编制内容

《计价规范》第 4.4.1 条规定其他项目清单编制内容包括：暂列金额、暂估价（包括材料暂估单价、工程设备暂估单价、专业工程暂估价）、计日工、总承包服务费。同时第 4.4.6 条也规定：出现《计价规范》第 4.4.1 条未列的项目，应根据工程实际情况补充。如在《计价规范》第 11 章竣工结算中，就将索赔、现场签证列入了其他项目中。

2. 其他项目清单与计价汇总表编制

在编制招标工程量清单时，应汇总“暂列金额”和“专业工程暂估价”，以提供给投标人报价。材料暂估单价和工程设备暂估单价进入清单项目综合单价，在《其他项目清单与计价表》中不进行汇总，见表 7 - 1。

表 7 - 1　　其他项目清单与计价汇总表

工程名称：某大学学生食堂工程　　标段：　　第 1 页　共 1 页

序号	项目名称	金额（元）	结算金额（元）	备注
1	暂列金额	450000		格式详见表 7 - 2
2	暂估价	300000		
2.1	材料（工程设备）暂估价/结算价	—		格式详见表 7 - 3
2.2	专业工程暂估价/结算价	200000		格式详见表 7 - 4
3	计日工			格式详见表 7 - 5
4	总承包服务费			格式详见表 7 - 6
5	索赔与现场签证	—		格式详见《计价规范》表 12 - 6～表 12 - 8
合　计		950000		

二、其他项目清单细目编制

1. 暂列金额

《计价规范》第 4.4.2 条规定：暂列金额应根据工程特点按有关计价规定估算。为保证工程施工建设的顺利实施，应针对施工过程中可能出现的各种不确定因素对工程造价的影

响，在招标控制价中估算一笔暂列金额。暂列金额可根据工程的复杂程度、设计深度、工程环境条件（包括地质、水文、气候条件等）进行估算，一般可按分部分项工程费和措施项目费的10%～15%为参考。

招标人能将暂列金额与拟用细目列出明细，见表7-2，但如确实不能详列也可只列暂定金额，投标人应将上述暂列金额计入投标总价中。

表7-2　　暂列金额明细表

工程名称：某大学学生食堂工程　　标段：　　第1页　共1页

序号	项目名称	计量单位	暂定金额（元）	备注
1	电动车棚工程	项	50000	
2	工程量偏差	项	100000	
3	设计变更	项	100000	
4	人工、材料价格波动	项	100000	
5	政策性调整	项	50000	
6	其他	项	50000	
合　计			450000	

2. 材料（工程设备）暂估单价

《计价规范》第4.4.3条规定：暂估价中的材料、工程设备暂估单价应列出明细表。暂估单价是一种临时性计价方式。一般而言，招标工程量清单中列明的材料、工程设备的暂估价仅指施工现场内的内工地地面价，不包括这些材料、工程设备的安装以及安装所需的辅助材料以及发生现场的验收、存储、保管、开箱、二次搬运、从存放地点运至安装地点以及其他任何必要的辅助工作（简称暂估价项目的安装及辅助工作）所发生的费用。

《材料（工程设备）暂估单价及调整表》在招标时由招标人填写，并在备注栏说明暂估价的材料拟用在哪些清单项目上，一般在分部分项工程量清单中的项目特征中可以对应找到材料（工程设备）名称、规格和型号，见表7-3，投标人应将上述材料暂估单价计入工程量清单综合单价报价中。

表7-3　　材料（工程设备）暂估单价及调整表

工程名称：某大学学生食堂工程　　标段：　　第1页　共1页

序号	材料（工程设备）名称、规格、型号	计量单位	数量		单价（元）		合价（元）		差额±（元）		备注
			暂估	确认	暂估	确认	暂估	确认	单价	合价	
1	内墙面砖300mm×600mm	m^2	2000		60		120000				
2	FDM1121	樘	128		1000		128000				
3	4mm厚SBS卷材	m^2	1200		30		36000				
4	断桥铝合金窗	m^2	2000		400		800000				
合　计							1084000				

注　材料（工程设备）名称、规格、型号对应“项目特征”描述项目。

3. 专业工程暂估价

《计价规范》第4.4.3条规定：专业工程暂估价应分不同专业，按有关规定估算，列出明细表。专业工程暂估价项目及其表中列明的暂估价金额，是指分包人实施专业工程的含税金后的完整价（即包含了该专业工程中的所有供应、安装、完工、调试、修复缺陷等全部工作），除了合同约定的承包人应承担的总包管理、协调、配合和服务责任所对应的总承包服务费用以外，承包人为履行其总包管理、配合、协调和服务等所需发生的费用应该包括在投标价格中。编制时填写见表 7-4。

表 7-4 专业工程暂估价及结算价表

工程名称：某大学学生食堂工程 标段： 第 1 页 共 1 页

序号	项目名称	工程内容	暂估金额（元）	结算金额（元）	差额±（元）	备注
1	消防工程	合同图纸中标明的以及工程规范和技术说明中规定的各系统中的设备、管道、阀门、线缆等的供应、安装和调试工作	200000			
2						
合计			200000			

4. 计日工

《计价规范》第 4.4.4 条规定：计日工应列出项目名称、计量单位和暂估数量。因此编制招标工程量清单时，“项目名称”“计量单位”和“暂估数量”由招标人填写，见表 7-5。

表 7-5 计 日 工 表

工程名称：某大学学生食堂工程 标段： 第 1 页 共 1 页

序号	项目名称	单位	暂定数量	实际数量	综合单价（元）	合价（元）	
						暂定	实际
一	人工						
1	普工	工日	80				
2	技工	工日	50				
3							
人工小计							
二	材料						
1	钢筋（规格见施工图）	t	1				
2	水泥 42.5 级	t	3				
3	特细砂	t	5				
4	碎石（5～60mm）	t	5				
5	标准砖 240mm×115mm×53mm	千匹	1				
6							
材料小计							

续表

序号	项目名称	单位	暂定数量	实际数量	综合单价（元）	合价（元）	
						暂定	实际
三	施工机械						
1	自升式塔吊起重机 400kN·m	台班	5				
2	灰浆搅拌机（200L）	台班	2				
3							
施工机械小计							
企业管理费和利润							
合　　计							

5. 总承包服务费

《计价规范》第 4.4.5 条规定：总承包服务费应列出服务项目及其内容。因此编制招标工程量清单时，招标人应将拟定进行专业分包的专业工程、自行采购的材料设备等考虑清楚，填写项目名称、服务内容，以便投标人决定报价，见表 7-6。

表 7-6　总承包服务费计价表

工程名称：某大学学生食堂工程　　标段：　　第 1 页　共 1 页

序号	项目名称	项目价值（元）	服务内容	计算基础	费率（%）	金额（元）
1	发包人分包专业工程	200000	1. 按专业工程承包人的要求提供施工工作面并对施工现场进行统一管理，对竣工资料进行统一汇总 2. 为专业工程承包人提供垂直运输和电源接入点，并承担垂直运输费和电费			
2	发包人供应材料	8550000	对发包人供应的材料进行验收及保管和使用发放			
合计		—	—		—	

第二节　规费和税金清单编制

一、规费和税金清单细目编制

1. 规费和税金清单的编制规定与内容

规费和税金列项分别依据《计价规范》第 4.5.2 条、第 4.6.2 条的规定进行，编制规定与内容见表 7-7。

表 7-7　规费和税金清单的编制规定与内容

名称	编制规定	编制内容
规费	根据省级政府或省级有关部门的规定列项	1. 国家费用文件组成：工程排污费、社会保险费（含养老保险、失业保险、医疗保险、工伤保险、生育保险）、住房公积金 2. 地区调整：按本省市《建筑安装工程费用项目组成》增减列项

续表

名称	编制规定	编制内容
税金	根据税务部门规定列项，如国家税法发生变化或地方政府及税务部门依据职权对税种进行了调整，应对税金项目清单进行相应调整	1. 国家规定：国家税法规定的增值税 2. 地区调整：按本省市《建筑安装工程费用项目组成》补充列项

从表7-7可以看出，规费与税金编制列项时，需要根据本省市费用定额中的《建筑安装工程费用组成》、本省市有关规费和税金的最新执行文件进行调整编制。如《福建省建筑安装工程费用定额》（2016版）编制时将“意外伤害险”暂时保留在规费中，《中华人民共和国社会保险法》和《中华人民共和国建筑法》都已经取消强制征收“意外伤害险”，国家费用组成归入企业管理费，但福建省考虑大都还在施工许可前置要求中，也明确指出规费的内容估计后续还会变化。

2. 规费和税金清单编制的现行规定

(1)《计价规范》包含的费用中，工程排污费停止征收。依据的是2018年1月1日起实施的《中华人民共和国环境保护税法》（2018年修正）第二十七条规定：“依照本法规定征收环境保护税，不再征收排污费”。

(2) 增值税税率调整。根据《关于深化增值税改革有关政策的公告》（财政部、税务总局、海关总署公告2019年第39号）的规定，按照《住房城乡建设部办公厅关于重新调整建设工程计价依据增值税税率的通知》（建办标函〔2019〕193号）的要求，重庆市住房和城乡建设委员会发布《关于适用增值税新税率调整建设工程计价依据的通知》渝建〔2019〕143号文件，建筑业增值税税率均由10%调整为9%。

二、规费和税金清单编制实例

以重庆地区为例，依据2018年《重庆市建设工程费用定额》中的《建筑安装工程费用组成》内容规定，重庆地区把城市维护建设税、教育费附加、地方教育附加统称附加税，同时在税金增加环境保护税。

重庆某大学学生食堂的规费、税金项目清单见表7-8。

表7-8 规费、税金项目计价表

工程名称：某大学学生食堂工程 标段： 第1页 共1页

序号	项目名称	计算基础	计算基数	费率（%）	金额（元）
1	规费	1.1+1.2			
1.1	社会保障费	定额人工费+定额机具费或定额人工费	分部分项工程清单+技术措施项目清单		
(1)	养老保险费				
(2)	失业保险费				
(3)	医疗保险费				
(4)	工伤保险费				
(5)	生育保险费				
1.2	住房公积金				

续表

序号	项目名称	计算基础	计算基数	费率（%）	金额（元）
2	税金	2.1+2.2+2.3	分部分项工程费+措施项目费+其他项目费+规费-甲供材料费		
2.1	增值税	税前造价			
2.2	附加税	增值税额			
2.3	环境保护税	按实计算			

表7-8中，城市维护建设税（7%、5%、1%）、教育费附加（3%）以及地方教育附加（2%），理论上要以应纳增值税为基数，这样不同项目不同企业的附加税都是不确定的，因此全国统一将其归入企业管理费，重庆地区不分企业资质等级承包工程取费，只要在资质许可范围内，取费一致，消除了不同企业附加税的处理问题；对于市区、县、镇等地区差别，分别编制了不同的税率，以适合使用需要。

本章思考与习题

1.《材料（工程设备）暂估单价表》中的材料（工程设备）数量和单价，在投标报价时怎样实现？

2.《计日工表》中的人工、机械综合单价应包括哪些内容，请结合本地区规定组出综合单价。

3. 试列出本省市规费计取的现行相关文件名称和编号，并注明获取渠道或方式。

第三篇　工程量清单计价实例

第八章　某法院办公楼最高投标限价编制

学习目标

1. 掌握一个完整工程的建筑与装饰工程量清单编制方法。
2. 能结合附录图纸和工程量计算式，读懂各项目清单内容。
3. 能以实例为参照，学会建筑与装饰工程量清单的计价方法。

本节配套数字资源及习题

第一节　封面与计价总说明编制

一、最高投标限价封面（见图 8-1）

某法院办公楼　工程

最高投标限价

最高投标限价(小写)：2391606.56 元
(大写)：贰佰叁拾玖万壹仟陆佰零陆元伍角陆分
其中：安全文明施工费用(小写)：76674.83 元
(大写)：柒万陆仟陆佰柒拾肆元捌角叁分

招　标　人：某法院
(单位盖章)

工程造价咨询人：重庆××工程造价咨询有限责任公司
(单位盖章)

法定代表人或其授权人：李××
(签字或盖章)

法定代表人或其授权人：彭××
(签字或盖章)

编　制　人：余××
(造价人员签字盖专用章)

审　核　人：沈××
(一级造价工程师签字盖专用章)

编制时间：2022 年 4 月 20 日

审核时间　2022 年 4 月 30 日

图 8-1　最高投标限价封面

二、计价总说明编制（见图8-2）

工程计价总说明

工程名称：某法院办公楼　　　　第1页　共1页

1. 工程概况：本工程为框架结构，采用人工挖孔混凝土灌注桩，建筑层数为三层，建筑面积约为916.44m²，计划工期为240日历天。

2. 编制范围：为本次招标的某法院办公楼工程施工图范围内的建筑工程和装饰装修工程，具体内容详见施工图纸和工程量清单。

3. 编制依据：

（1）重庆××设计院有限公司设计的某法院办公楼施工图。

（2）清单按《建设工程工程量清单计价规范》（GB 50500—2013）、《房屋建筑与装饰工程工程量计算规范》（GB 50854—2013）、《重庆市建设工程工程量清单计价规则》（CQJJGZ—2013）、《重庆市建设工程工程量计算规则》（CQJLGZ—2013）编制。

（3）计价按《重庆市房屋建筑与装饰工程计价定额》（CQJZZSDE—2018）、《重庆市绿色建筑工程计价定额》（CQLSJZDE—2018）、《重庆市建设工程施工机械台班定额》（CQJXDE—2018）、《重庆市建设工程施工仪器仪表台班定额》（CQYQYBDE—2018）、《重庆市建设工程混凝土及砂浆配合比表》（CQPHBB—2018）、《重庆市建设工程费用定额》（CQFYDE—2018）及相关配套文件进行组价。

（4）人工、材料价格按2022年第4期《重庆工程造价信息》信息价、地材按永川区材料价格、装修材料按市场价格中等档次计取。

（5）增值税计税方法依据国家税法规定选择一般计税法，税率按《重庆市住房和城乡建设委员会关于适用增值税新税率调整建设工程计价依据的通知》（渝建〔2019〕143号）文件执行。

4. 施工方法与措施按常规施工方案编制，仅供投标人参考，投标人自行确定方案，自主报价。

5. 本工程补充的工程量清单如下：

项目编码	项目名称	项目特征	计量单位	工程量计算规则	工作内容
01010B001001	缺土购置	1. 土方来源 2. 运距 3. 装车方式	m^3	按挖方清单项目工程量减利用回填方体积（负数）计算	1. 土方购置 2. 取料点装土，运输至缺土点，卸土

图8-2　工程计价总说明

第二节　最高投标限价汇总表的编制

本节配套数字资源及习题

一、单项工程最高投标限价汇总表（见表8-1）

表8-1　单项工程最高投标限价汇总表

工程名称：某法院办公楼　　　标段：/　　　第1页　共1页

序号	单位工程名称	金额（元）	其中		
			暂估价（元）	安全文明施工费（元）	规费（元）
1	某法院办公楼建筑工程	1810054.15	196555.00	56984.90	33889.65
2	某法院办公楼装饰工程	581552.41	85796.33	19689.93	23858.89
合计		2391606.56	282351.33	76674.83	57748.54

注　本表适用于单项工程最高投标限价或投标报价的汇总。暂估价包括分部分项工程中的暂估价和专业工程暂估价。

二、单位工程投标报价汇总表（见表 8-2）

表 8-2　单位工程投标报价汇总表

工程名称：某法院办公楼　标段：/　第 1 页　共 1 页

序号	汇总内容	金额（元）	其中：暂估价（元）
（一）	建筑工程最高投标限价小计=1+2+3+4+5	1810054.15	196555
1	分部分项工程费	996672.74	47200
2	措施项目费	356218.55	
2.1	其中：安全文明施工费	56984.90	
3	其他项目费	257526.97	149355
4	规费	33889.65	—
5	税金	165746.24	—
（二）	装饰工程最高投标限价小计=1+2+3+4+5	580517.41	85796.33
1	分部分项工程费	456470.91	85796.33
2	措施项目费	47963.10	
2.1	其中：安全文明施工费	19689.93	
3	其他项目费		
4	规费	23865.78	
5	税金	53252.62	
（一）+（二）合计		2391606.56	

注　1. 本表适用于单位工程招标控制价或投标报价的汇总，如无单位工程划分，单项工程也使用本表汇总。

2. 分部分项工程、措施项目中暂估价中应填写材料、工程设备暂估价，其他项目中暂估价应填写专业工程暂估价。

第三节　分部分项工程量清单计价

本节配套数字资源及习题

分部分项工程量清单计价见表 8-3。

表 8-3　分部分项工程项目清单计价表

工程名称：某法院办公楼　第 1 页　共 15 页

序号	项目编码	项目名称	项目特征	计量单位	工程量	金额（元）		
						综合单价	合价	其中：暂估价
	（一）	建筑工程					996672.74	47200
	A.1	土石方工程					15827.64	
1	010101001001	平整场地	1. 土壤类别：综合 2. 弃土运距：投标人自行考虑 3. 取土运距：投标人自行考虑	m^2	321.36	2.18	700.56	

续表

序号	项目编码	项目名称	项目特征	计量单位	工程量	金额（元）		
						综合单价	合价	其中：暂估价
2	010101003001	挖沟槽土方	1. 土壤类别：综合 2. 开挖方式：人工开挖 3. 挖土深度：2m以内 4. 场内运距：投标人自行考虑	m^3	123.96	62.06	7692.96	
3	010103001001	沟槽回填	1. 密实度要求：夯填 2. 填方材料品种：符合设计和规范要求 3. 填方运距：场内运输自行考虑	m^3	101.64	39.57	4021.89	
4	010103001002	房心回填	1. 密实度要求：夯填 2. 填方材料品种：符合设计和规范要求 3. 填方运距：场内运输自行考虑	m^3	110.23	22.15	2242.24	
5	01010B001001	缺土购置	1. 土方来源：投标人自行考虑 2. 运距：投标人自行考虑 3. 装车方式：投标人自行考虑	m^3	48.13	8.77	422.10	
6	010103002001	余方弃置	1. 废弃料品种：石渣 2. 运距：1km以内	m^3	51.19	14.61	747.89	
	A.3	桩基工程					95632.89	
7	010302004001	人工挖孔桩土方	1. 地层情况：土方 2. 挖孔深度：6m以内 3. 场内运距：投标人自行考虑	m^3	61.21	189.29	11586.44	
8	010302004002	人工挖孔桩石方	1. 地层情况：软质岩 2. 挖孔深度：8m以内 3. 场内运距：投标人自行考虑	m^3	51.19	289.88	14838.96	
9	010302B03001	人工挖孔灌注桩护壁混凝土	1. 混凝土种类：自拌混凝土 2. 混凝土强度等级：C25	m^3	24.60	812.58	19989.47	

续表

序号	项目编码	项目名称	项目特征	计量单位	工程量	金额（元）		
						综合单价	合价	其中：暂估价
10	010302B04001	人工挖孔灌注桩桩芯混凝土	1. 混凝土种类：商品混凝土 2. 混凝土强度等级：C30	m^3	12.20	560.18	6834.20	
11	010302B04002	人工挖孔灌注桩桩芯混凝土	1. 混凝土种类：商品混凝土 2. 混凝土强度等级：C25	m^3	72.58	583.96	42383.82	
	A.4	砌筑工程					128455.17	
12	010401012001	砖井圈	1. 零星砌砖名称、部位：人工挖孔桩 2. 砖品种、规格、强度等级：页岩标准砖240mm×115mm×53mm 3. 砂浆强度等级、配合比：M5 现拌水泥砂浆	m^3	4.20	618.99	2599.76	
13	010401001001	页岩实心砖基础	1. 砖品种、规格、强度等级：页岩配砖200mm×95mm×53mm 2. 砂浆强度等级：M5 现拌水泥砂浆 3. 防潮层材料种类：30mm 厚 1：2 水泥砂浆加 5%防水剂	m^3	19.16	639.14	16208.59	
14	010401005001	内墙页岩空心砖墙	1. 砖品种、规格、强度等级：MU5.0 页岩空心砖（≥800kg/m³） 2. 砂浆强度等级、配合比：M5 现拌混合砂浆 3. 墙体厚度：200mm	m^3	107.38	487.08	52302.65	
15	010401005002	内墙页岩空心砖墙	1. 砖品种、规格、强度等级：MU5.0 页岩空心砖（≥800kg/m³） 2. 砂浆强度等级、配合比：M5 现拌混合砂浆 3. 墙体厚度：100mm	m^3	2.82	487.08	1373.57	

续表

序号	项目编码	项目名称	项目特征	计量单位	工程量	金额（元）		
						综合单价	合价	其中：暂估价
16	010401005003	外墙页岩空心砖墙	1. 砖品种、规格、强度等级：MU5.0 页岩空心砖，壁厚≥25mm，容重不大于 900kg/m³ 2. 墙体厚度：200mm 3. 砂浆强度等级、配合比：M5 现拌混合砂浆	m³	75.79	511.70	38781.74	
17	010401005004	外墙页岩空心砖墙	1. 砖品种、规格、强度等级：MU5.0 页岩空心砖，壁厚≥25mm，容重不大于 900kg/m³ 2. 墙体厚度：100mm 3. 砂浆强度等级、配合比：M5 现拌混合砂浆	m³	4.11	511.70	2103.09	
18	010401003001	实心砖墙	1. 砖品种、规格、强度等级：标准砖 200mm×95mm×53mm 2. 砂浆强度等级、配合比：M5 现拌混合砂浆 3. 墙体厚度：200mm	m³	25.36	639.14	16208.59	
19	010402001001	轻质墙体	1. 砌块品种、规格、强度等级：加气混凝土块 2. 墙体厚度：100mm 3. 砂浆强度等级：M5 现拌混合砂浆	m³	4.18	540.86	2260.79	
20	010404001001	卫生间垫层	垫层材料种类、配合比、厚度：1∶6 水泥炉渣找坡 1%	m³	7.87	299.70	2358.64	
	A.5	混凝土及钢筋混凝土工程					502431.03	
21	010501001001	基础垫层	1. 混凝土种类：自拌混凝土 2. 混凝土强度等级：C15	m³	6.26	544.21	3406.75	
22	010501001002	地面垫层	1. 混凝土种类：自拌混凝土 2. 混凝土强度等级：C15	m³	36.23	532.53	19293.56	

续表

序号	项目编码	项目名称	项目特征	计量单位	工程量	金额（元）		
						综合单价	合价	其中：暂估价
23	010503001001	地梁	1. 混凝土种类：商品混凝土 2. 混凝土强度等级：C30	m^3	16.06	551.41	8855.64	
24	010502001001	矩形柱	1. 混凝土种类：商品混凝土 2. 混凝土强度等级：C30	m^3	28.27	561.41	15871.06	
25	010502003001	圆形柱	1. 柱形状：圆形 2. 混凝土种类：商品混凝土 3. 混凝土强度等级：C30	m^3	8.83	564.79	4987.10	
26	010504001001	直形墙	1. 混凝土种类：商品混凝土 2. 混凝土强度等级：C30	m^3	16.63	562.75	9358.53	
27	010505001001	有梁板	1. 混凝土种类：商品混凝土 2. 混凝土强度等级：C30	m^3	109.97	559.37	61457.98	
28	010505001002	有梁板	1. 混凝土种类：商品混凝土 2. 混凝土强度等级：C30P6 3. 部位：屋面	m^3	59.52	569.52	33897.83	
29	010503002001	矩形梁	1. 混凝土种类：商品混凝土 2. 混凝土强度等级：C30	m^3	2.16	559.26	1208.00	
30	010503003001	异形梁	1. 混凝土种类：商品混凝土 2. 混凝土强度等级：C30	m^3	45.99	563.18	25900.65	

续表

序号	项目编码	项目名称	项目特征	计量单位	工程量	金额（元）		
						综合单价	合价	其中：暂估价
31	010505008001	悬挑板	1. 混凝土种类：商品混凝土 2. 混凝土强度等级：C30	m^3	12.32	1078.52	13287.37	
32	010506001001	直形楼梯	1. 混凝土种类：商品混凝土 2. 混凝土强度等级：C30 3. 折算厚度：210mm	m^2	27.05	172.31	4660.99	
33	010503005001	现浇过梁	1. 混凝土种类：自拌混凝土 2. 混凝土强度等级：C30	m^3	1.96	662.23	1297.97	
34	010510003001	预制过梁	1. 混凝土强度等级：C30 2. 混凝土种类：自拌混凝土	m^3	1.57	978.78	1536.68	
35	010502002001	构造柱	1. 混凝土种类：自拌混凝土 2. 混凝土强度等级：C30	m^3	11.17	676.48	7556.28	
36	010515001001	现浇构件钢筋	1. 钢筋种类：HPB300、HRB400E 2. 钢筋规格：综合	t	38.880	6139.64	238709.20	
37	010515002001	预制构件钢筋	钢筋种类、规格：综合	t	0.440	6024.58	2650.82	
38	010515004001	钢筋笼	1. 钢筋种类：HPB300、HRB400E 2. 钢筋规格：综合	t	3.240	6043.88	19582.17	
39	010515009001	支撑钢筋	1. 钢筋种类：HRB400E 2. 规格：综合	t	0.312	6284.34	1960.71	
40	010515003001	砌体加筋	1. 钢筋种类：HPB235 2. 钢筋规格：ϕ6.5	t	0.930	7343.97	6829.89	
41	010516002001	预埋铁件	1. 钢材种类：综合 2. 规格：综合	t	0.050	8435.47	421.77	

续表

序号	项目编码	项目名称	项目特征	计量单位	工程量	金额（元）		
						综合单价	合价	其中：暂估价
42	010516003001	机械连接	规格：直径25mm以内	个	62	15.49	960.38	
43	010516B01001	植筋连接	1. 部位：墙体拉结筋 2. 钢筋直径：6.5mm	个	1765	2.05	3618.25	
44	010516B01002	植筋连接	1. 植筋部位：现浇过梁 2. 植筋直径：8mm	个	28	2.39	66.92	
45	010516B01003	植筋连接	1. 植筋部位：构造柱 2. 植筋直径：12mm	个	544	6.87	3737.28	
46	010516B02001	电渣压力焊	钢筋规格：≤25mm	个	464	8.14	3776.96	
47	010507001001	散水	1. 垫层材料种类、厚度：100厚碎石 2. 面层厚度：60mm 3. 混凝土强度等级：C15 4. 填塞材料种类：沥青油灌缝 5. 混凝土种类：自拌混凝土	m^2	62.19	97.17	6043.00	
48	010507004001	台阶	1. 垫层材料种类、厚度：100厚碎石 2. 面层厚度：80mm 3. 混凝土强度等级：C15 4. 混凝土种类：自拌混凝土	m^2	18.63	80.37	1497.29	
	A.6	金属结构工程					6277.75	
49	010607005001	砌块墙钢丝网加固	1. 材料品种、规格：丝径0.9mm镀锌钢丝网（网孔10mm×10mm） 2. 加固方式：采用ϕ2.5×28mm镀锌水泥钉固定 3. 部位：不同材质交接处	m^2	446.18	14.07	6277.75	
	A.8	门窗工程					98017.31	

续表

序号	项目编码	项目名称	项目特征	计量单位	工程量	金额（元）		
						综合单价	合价	其中：暂估价
50	010802004001	防盗门	1. 门代号及洞口尺寸：M1021（1000×2100） 2. 门框、扇材质：钢质	m^2	2.1	652.35	1369.94	
51	010805001001	电子感应门	1. 门代号：M3027 2. 洞口尺寸：3000×2700	樘	1	11679.33	11679.33	10000
52	010801002001	成品套装工艺门带套	门代号及洞口尺寸：M1021（1000×2100）、M1221（1200×2100）、M1821（1800×2100）	m^2	65.10	612.51	39874.40	37200
53	010802001001	成品塑钢门	1. 门代号及洞口尺寸：M0821（800×2100） 2. 门框、扇材质：塑钢 90 系列 3. 玻璃品种、厚度：中空钢化玻璃（6+9A+6）	m^2	10.08	361.56	3644.52	
54	010802001002	不锈钢栏杆门	1. 门代号及洞口尺寸：见装饰平面图一层法庭 2. 门框、扇材质：不锈钢	m^2	1.26	383.28	482.93	
55	010807001001	成品塑钢窗	1. 窗代号及洞口尺寸：PC0915（900×1500） 2. 框、扇材质：多腔塑料 2.8mm 厚 3. 玻璃品种、厚度：中空玻璃（6 透明+9A+6 透明）	m^2	32.40	321.70	10423.08	
56	010807001002	成品塑钢窗	1. 窗代号及洞口尺寸：C1（900×1200） 2. 框、扇材质：多腔塑料厚 2.8mm 3. 玻璃品种、厚度：中空玻璃（6 透明+9A+6 透明）	m^2	32.40	322.70	10455.48	

续表

序号	项目编码	项目名称	项目特征	计量单位	工程量	金额（元）		
						综合单价	合价	其中：暂估价
57	010807003001	金属百叶窗	1. 窗代号及洞口尺寸：见建筑立面图尺寸 2. 框、扇材质：铝合金	m^2	132.40	124.10	16430.84	
58	010809004001	石材窗台板	1. 黏结层厚度、砂浆配合比：25厚1∶2.5水泥砂浆 2. 窗台板材质、规格、颜色：白色天然大理石	m^2	17.28	211.62	3656.79	
	A.9	屋面及防水工程					46219.10	
59	010902001001	屋面卷材防水	1. 卷材品种、规格、厚度：4厚SBS改性沥青防水卷材 2. 防水层数：一层	m^2	362.54	51.06	18511.29	
60	010902003001	屋面刚性层	1. 刚性层厚度：40mm 2. 混凝土种类：自拌混凝土 3. 混凝土强度等级：C25 4. 嵌缝材料种类：塑料油膏 5. 钢筋规格、型号：ϕ7@500mm×500mm钢筋网	m^2	321.31	55.16	17723.46	
61	010904001001	楼（地）面卷材防水	1. 卷材品种、规格、厚度：4厚SBS改性沥青防水卷材 2. 防水层数：一层 3. 防水层做法：一布四涂	m^2	61.50	46.63	2867.75	
62	010903001001	墙面卷材防水	1. 卷材品种、规格、厚度：4厚SBS改性沥青防水卷材 2. 防水层数：一层做法 3. 防水层做法：一布四涂	m^2	101.79	47.49	4834.01	

续表

序号	项目编码	项目名称	项目特征	计量单位	工程量	金额（元）		
						综合单价	合价	其中：暂估价
63	010902004001	屋面排水管	排水管品种、规格：DN100PVC	m	74.40	30.68	2282.59	
	A.10	保温、隔热、防腐工程					103811.85	
64	011001001001	保温隔热屋面	1. 保温隔热材料品种、规格、厚度：35 厚挤塑聚苯板 2. 黏结材料种类、做法：3 厚石油沥青	m^2	321.31	31.72	10191.95	
65	011001001002	保温隔热屋面	保温隔热材料品种、规格、厚度：40 厚黏土陶粒混凝土（找坡，最薄处 30mm）	m^2	321.31	38.62	12408.99	
66	011001003001	保温隔热墙面	1. 保温隔热部位：墙面 2. 保温隔热方式：外保温 3. 保温隔热材料品种、规格及厚度：50mm 厚玻化微珠无机保温板 4. 增强网及抗裂防水砂浆种类：热镀锌钢丝网及 5 厚抗裂砂浆 5. 黏结材料种类：5 厚界面砂浆	m^2	647.46	125.43	81210.91	
	（二）	装饰工程					456470.91	85796.33
	A.11	楼地面装饰工程					158731.46	64685.53
67	011101006002	平面砂浆找平层（屋面）	1. 找平层厚度：20 厚 2. 砂浆种类及配合比：1∶2.5 水泥砂浆	m^2	321.31	19.73	6339.45	
68	011101006001	平面砂浆找平层（卫生间）	1. 找平层厚度：15 厚 2. 砂浆种类及配合比：1∶2.5 水泥砂浆	m^2	62.60	26.09	1633.23	

续表

序号	项目编码	项目名称	项目特征	计量单位	工程量	金额（元）		
						综合单价	合价	其中：暂估价
69	011102001001	门厅入口平台地面	1. 垫层材料种类、厚度：100mm 碎石＋80mmC15 自拌混凝土 2. 找平层厚度、砂浆配合比：20 厚 1∶3 水泥砂浆 3. 结合层厚度、砂浆配合比：20 厚 1∶1.5 水泥砂浆加 5%建筑胶 4. 面层材料品种、规格、品牌、颜色：3mm 厚花岗石	m^2	27.40	330.00	9042.00	
70	011102003001	玻化砖地面	1. 找平层混凝土厚度、强度等级：30 厚 C15 细石混凝土 2. 结合层厚度、砂浆配合比：20 厚 1∶2 水泥砂浆 3. 面层材料品种、规格、颜色：800mm×800mm 玻化砖 4. 嵌缝材料种类：水泥砂浆擦缝	m^2	708.46	162.68	115252.27	61633.19
71	011102003002	防滑地砖楼地面	1. 找平层混凝土厚度、强度等级：30 厚 C15 细石混凝土 2. 结合层厚度、砂浆配合比：20 厚 1∶2 水泥砂浆 3. 面层材料品种、规格、颜色：300mm×300mm 防滑地砖 4. 嵌缝材料种类：水泥砂浆擦缝	m^2	45.33	120.46	5460.45	2101.07

续表

序号	项目编码	项目名称	项目特征	计量单位	工程量	金额（元）		
						综合单价	合价	其中：暂估价
72	011108001001	黑色花岗石门槛石	1. 工程部位：门槛 2. 找平层厚度、砂浆配合比：20厚1∶3水泥砂浆 3. 结合层厚度、材料种类：20厚1∶2.5水泥砂浆 4. 面层材料品种、规格、颜色：黑色花岗石	m^2	7.48	258.37	1932.61	
73	011106002001	楼梯地面砖	1. 找平层厚度、砂浆配合比：20厚1∶3水泥砂浆 2. 黏结层厚度、材料种类：20厚1∶2水泥砂浆 3. 面层材料品种、规格、颜色：300mm×600mm踢步砖	m^2	17.91	168.34	3014.97	
74	011102003003	楼梯楼层平台地面砖	1. 找平层混凝土厚度、强度等级：30厚C15细石混凝土 2. 结合层厚度、砂浆配合比：20厚1∶2水泥砂浆 3. 面层材料品种、规格、颜色：600mm×600mm地面砖 4. 嵌缝材料种类：水泥砂浆擦缝	m^2	8.23	222.29	1829.45	951.27
75	011107001001	石材台阶面	1. 找平层厚度、砂浆配合比：20厚1∶3水泥砂浆 2. 黏结层材料种类：20厚1∶1.5水泥砂浆加5%建筑胶 3. 面层材料品种、规格、品牌、颜色：3mm厚花岗石	m^2	13.80	297.10	4099.98	

续表

序号	项目编码	项目名称	项目特征	计量单位	工程量	金额（元）		
						综合单价	合价	其中：暂估价
76	011105003001	玻化砖踢脚线	1. 踢脚线高度：120mm 2. 粘贴层厚度、材料种类：25厚1：2.5水泥砂浆 3. 面层材料品种、规格、颜色：800mm×120mm黑色玻化砖	m	620.15	16.33	10127.05	
	A.12	墙、柱面装饰与隔断、幕墙工程					175399.53	8211.32
77	011204003005	青灰色外墙砖	1. 墙体类型：外墙 2. 安装方式：20mm厚水泥砂浆粘贴 3. 面层材料品种、规格、颜色：50mm×100mm×5mm青色外墙砖 4. 缝宽、嵌缝材料种类：5mm水泥砂浆擦缝	m^2	607.22	126.03	76527.94	
78	011204003006	象牙白外墙砖	1. 墙体类型：混凝土墙 2. 安装方式：20厚水泥砂浆粘贴 3. 面层材料品种、规格、颜色：50mm×100mm×5mm象牙白外墙砖 4. 缝宽、嵌缝材料种类：5mm水泥砂浆擦缝	m^2	9.60	126.03	1209.89	
79	011204003007	黑色外墙砖	1. 墙体类型：外墙 2. 安装方式：20厚水泥砂浆粘贴 3. 面层材料品种、规格、颜色：黑色外墙砖 4. 缝宽、嵌缝材料种类：5mm水泥砂浆擦缝	m^2	4.14	126.03	521.76	
80	011204003008	内墙砖	1. 墙体类型：砖墙 2. 安装方式：20厚水泥砂浆粘贴 3. 面层材料品种、规格、颜色：300mm×450mm瓷片 4. 缝宽、嵌缝材料种类：密缝，同色勾缝剂擦缝	m^2	176.85	110.51	19543.69	8211.32

续表

序号	项目编码	项目名称	项目特征	计量单位	工程量	金额（元）		
						综合单价	合价	其中：暂估价
81	011206002002	外墙砖零星贴砖	1. 基层类型、部位：外墙 2. 安装方式：20厚水泥砂浆粘贴 3. 面层材料品种、规格、颜色：50mm×100mm×5mm青色外墙砖 4. 缝宽、嵌缝材料种类：5mm水泥砂浆擦缝	m^2	12.60	161.99	2041.07	
82	011206002003	楼梯间零星贴砖	1. 基层类型、部位：楼梯间 2. 安装方式：20厚水泥砂浆粘贴 3. 面层材料品种、规格、颜色：黑色玻化砖 4. 缝宽、嵌缝材料种类：水泥砂浆擦缝	m^2	1.00	192.84	192.84	
83	011204001001	蘑菇石外墙砖	1. 墙体类型：外墙 2. 安装方式：20厚水泥砂浆粘贴 3. 面层材料品种、规格、颜色：浅灰色蘑菇石	m^2	60.10	141.71	8516.77	
84	011201001002	墙面一般抹灰	1. 墙体类型：砖墙 2. 底层厚度、砂浆配合比：参西南18J515-4-N04 3. 面层厚度、砂浆配合比：参西南18J515-4-N04	m^2	1757.42	28.21	49576.82	
85	011201001003	墙面一般抹灰	1. 墙体类型：混凝土墙 2. 底层厚度、砂浆配合比：参西南18J515-4-N04 3. 面层厚度、砂浆配合比：参西南18J515-4-N04	m^2	81.48	39.54	3221.39	

续表

序号	项目编码	项目名称	项目特征	计量单位	工程量	金额（元）		
						综合单价	合价	其中：暂估价
86	011201001004	砖井圈抹灰	1. 墙体类型：砖墙面 2. 底层厚度、砂浆配合比：20厚1：2.5水泥砂浆	m^2	55.46	48.47	2688.15	
87	011207001001	红樱桃饰面板	1. 龙骨材料种类、规格、中距：轻钢龙骨 2. 基层材料种类、规格：10mm厚木工板基层（涂刷三遍防火漆） 3. 面层材料品种、规格、颜色：红樱桃饰面板 4. 压条材料种类、规格：5mm黑色勾缝剂	m^2	8.00	208.80	1670.40	
88	011207001002	白枫木饰面板	1. 龙骨材料种类、规格、中距：轻钢龙骨 2. 基层材料种类、规格：木工板基层（涂刷三遍防火漆） 3. 面层材料品种、规格、颜色：红樱桃饰面板 4. 压条材料种类、规格：5mm黑色勾缝剂	m^2	8.64	208.80	1804.03	
89	011210005001	卫生间成品隔断	1. 隔断材料品种、规格、颜色：按设计要求 2. 配件品种、规格：按设计要求	间	15	525.63	7884.45	
	A. 13	天棚工程					66091.50	6280.51
90	011301001001	天棚抹灰	1. 基层类型：混凝土面 2. 抹灰厚度、材料种类：参西南18J515－12－P05 3. 砂浆配合比：参西南18J515－12－P05	m^2	47.64	34.80	1657.87	
91	011302001001	轻质龙骨石膏板（平级）	1. 吊顶形式、吊杆规格、高度：平级不上人型 2. 龙骨材料种类、规格、中距：轻钢龙骨 3. 面层材料品种、规格：9.5mm厚石膏板	m^2	117.35	71.43	8382.31	

续表

序号	项目编码	项目名称	项目特征	计量单位	工程量	金额（元）		
						综合单价	合价	其中：暂估价
92	011302001002	轻质龙骨石膏板（跌级）	1. 吊顶形式、吊杆规格、高度：跌级不上人型 2. 龙骨材料种类、规格、中距：轻钢龙骨 3. 面层材料品种、规格：9.5mm 石膏板	m^2	129.72	74.52	9666.73	
93	011302001003	硅钙板吊顶天棚	1. 吊顶形式、吊杆规格、高度：装配式不上人型 2. 龙骨材料种类、规格、中距：烤漆龙骨 3. 面层材料品种、规格：600mm × 600mm 复合硅钙板	m^2	463.33	80.53	37311.96	
94	011302001004	铝扣板天棚	1. 吊顶形式、吊杆规格、高度：嵌入式不上人型 2. 龙骨材料种类、规格、中距：轻钢龙骨 3. 面层材料品种、规格：300mm × 300mm 铝扣板	m^2	46.73	194.15	9072.63	6280.51
	A.14	油漆、涂料、裱糊工程					42744.84	6618.97
95	011406001001	抹灰面油漆（墙面）	1. 基层类型：抹灰面 2. 腻子种类：成品腻子粉 3. 刮腻子遍数：二遍 4. 油漆品种、刷漆遍数：二遍乳胶漆（一底一面） 5. 部位：墙面	m^2	1757.42	20.11	35341.72	5588.16
96	011406001002	抹灰面油漆（天棚）	1. 基层类型：抹灰面 2. 腻子种类：成品腻子粉 3. 刮腻子遍数：二遍 4. 油漆品种、刷漆遍数：二遍乳胶漆（一底一面） 5. 部位：天棚	m^2	47.64	25.12	1196.72	166.63

续表

序号	项目编码	项目名称	项目特征	计量单位	工程量	金额（元）		
						综合单价	合价	其中：暂估价
97	011406001003	抹灰面油漆（石膏板）	1. 基层类型：石膏板 2. 腻子种类：成品腻子 3. 刮腻子遍数：二遍 4. 部位：天棚	m^2	247.07	25.12	6206.40	864.18
	A.15	其他装饰工程					13503.58	
98	011502001001	金属装饰线	1. 基层类型：木基层 2. 线条材料品种、规格、颜色：1.2mm 厚压光不锈钢	m	8.50	13.43	114.16	
99	011502001002	卫生间阴角线	1. 基层类型：墙面砖基层 2. 线条材料品种、规格、颜色：铝合金阴角线	m	55.90	12.37	691.48	
100	011502004001	石膏装饰线	1. 基层类型：木基层 2. 线条材料品种、规格、颜色：石膏顶角线	m	104.88	10.56	1107.53	
101	011503001001	成品护窗栏杆	1. 扶手材料种类、规格：木质、规格按设计 2. 栏杆材料种类、规格：型钢、规格按设计	m	20.40	183.05	3734.22	
102	011503001002	成品不锈钢栏杆	1. 扶手材料种类、规格：不锈钢、规格按设计 2. 栏杆材料种类、规格：不锈钢、规格按设计	m	25.96	203.05	5271.18	
103	011503001003	楼梯栏杆	1. 扶手材料种类、规格：详西南 18J412-42-6 2. 栏杆材料种类、规格：详西南 18J412-42-6	m	14.13	100.04	1413.57	
104	011505001001	成品洗手台	材料品种、规格、颜色：黑色花岗石	m^2	1.56	320.15	499.43	
105	011505010001	镜面玻璃（成品）	镜面玻璃品种、规格：6mm 厚的镜面玻璃	m^2	3.59	187.19	672.01	

续表

序号	项目编码	项目名称	项目特征	计量单位	工程量	金额（元）		
						综合单价	合价	其中：暂估价
（一）＋（二）合计							1453143.65	132996.33

第四节　措施项目清单计价

本节配套数字资源及习题

一、施工组织措施项目清单计价（见表8-4）

表8-4　施工组织措施项目清单计价表

工程名称：某法院办公楼　　标段：/　　第1页　共1页

序号	项目编码	项目名称	计算基础	费率（%）	金额（元）	调整费率（%）	调整后金额（元）	备注
	（一）	建筑工程			78724.19			
1	011707001001	安全文明施工费	税前合计	3.59	56984.90			
2	011707B15001	建设工程竣工档案编制费	分部分项人工费＋分部分项机械费＋技术措施人工费＋技术措施机械费	0.42	1379.23			
3	011707B16001	组织措施费	分部分项人工费＋分部分项机械费＋技术措施人工费＋技术措施机械费	6.20	20360.06			
	（二）	装饰工程			35242.91			
4	011707001002	安全文明施工费	分部分项人工费＋人工价差预算＋技术措施人工费＋技术措施人工价差预算	11.88	19689.93			
5	011707B15002	建设工程竣工档案编制费	分部分项人工费＋技术措施人工费	1.23	1940.18			
6	011707B16002	组织措施费	分部分项人工费＋技术措施人工费	8.63	13612.80			
（一）＋（二）合计					113967.10			

注　1. 计算基础和费用标准按本市有关费用定额或文件执行。

2. 按施工方案计算的措施费，可不填写“计算基础”和“费率”的数值，只填写“金额”数值，但应在备注栏说明施工方案出处或计算方法。

二、施工技术措施项目清单（见表 8 - 5）

表 8 - 5 施工技术措施项目清单计价表

工程名称：某法院办公楼 标段：/ 第 1 页 共 1 页

序号	项目编码	项目名称	项目特征	计量单位	工程量	金额（元）		
						综合单价	合价	其中：暂估价
	(一)	建筑工程施工技术措施项目					277494.36	
1	011703001001	建筑工程垂直运输	1. 建筑物建筑类型及结构形式：框架结构 2. 建筑物檐口高度、层数：20m 以内、3 层	m^2	916.44	27.22	24945.50	
2	011701001001	综合脚手架	1. 建筑结构形式：框架结构（3 层） 2. 檐口高度：12m 以内	m^2	916.44	29.24	26796.71	
3	011702001001	桩护壁模板	基础类型：桩基础	m^2	158.40	75.71	11992.46	
4	011702001002	基础垫层模板	基础类型：基础梁	m^2	27.82	45.95	1278.33	
5	011702002001	矩形柱模板	柱截面周长：1.60m 以内	m^2	292.45	65.59	19181.80	
6	011702003001	构造柱模板	柱高度：3.6m 以内	m^2	94.17	63.89	6016.52	
7	011702004001	圆形柱模板	柱截面形状：圆形	m^2	64.67	103.62	6701.11	
8	011702005001	基础梁模板	梁截面形状：矩形	m^2	148.06	57.95	8580.08	
9	011702006001	矩形梁模板	支撑高度：3.6m 以内	m^2	14.27	60.03	856.63	
10	011702007001	异形梁模板	1. 梁截面形状：倒“L”形 2. 支撑高度：3.6m 以内	m^2	285.42	70.46	20110.69	
11	011702009001	过梁模板	支撑高度：3.6m 以内	m^2	21.42	81.27	1740.80	
12	011702011001	直形墙模板	墙体高度：3.6m 以内	m^2	142.29	63.30	9006.96	
13	011702014001	有梁板模板	支撑高度：3.6m 以内	m^2	1047.16	62.64	65594.10	
14	011702023001	悬挑板模板	1. 支撑高度：支撑高度：3.6m 以内 2. 板厚度：100～120mm	m^2	145.31	83.61	12149.37	
15	011702024001	楼梯模板	类型：板式楼梯	m^2	27.05	155.45	4204.92	
16	011702027001	台阶模板	台阶踏步宽：300mm	m^2	18.63	74.24	1383.09	

续表

序号	项目编码	项目名称	项目特征	计量单位	工程量	金额（元）		
						综合单价	合价	其中：暂估价
17	011702029001	散水模板	散水厚度：60mm	m^2	7.27	45.95	334.06	
18	011705001001	大型机械设备进出场及安拆	1. 机械设备名称：自升式塔式起重机 2. 机械设备规格型号：400kN·m	台次	1	56621.23	56621.23	
	(一)	装饰工程施工技术措施项目					12720.19	
19	011703001002	装饰工程垂直运输	1. 建筑物建筑类型及结构形式：框架结构 2. 建筑物檐口高度、层数：20m以内、3层	m^2	916.44	13.88	12720.19	
		（一）＋（二）合计					277828.42	

第五节　其他项目清单计价

一、其他项目清单计价汇总表（见表8-6）

表8-6　其他项目清单计价汇总表

工程名称：某法院办公楼　标段：/　第1页　共1页

序号	项目名称	计量单位	金额（元）	备注
1	暂列金额	项	64560.00	明细详见表8-7
2	暂估价	项	149355.00	
2.1	材料（工程设备）暂估价	项	—	明细详见表8-8
2.2	专业工程暂估价	项	149355.00	明细详见表8-9
3	计日工	项	37611.97	明细详见表8-10
4	总承包服务费	项	6000.00	明细详见表8-11
合计			257526.97	—

注　材料、设备暂估单价进入清单项目综合单价，此处不汇总。

二、暂列金额明细表（见表8-7）

表8-7　暂列金额明细表

工程名称：某法院办公楼　标段：/　第1页　共1页

序号	项目名称	计量单位	暂定金额（元）	备注
1	图纸中已经标明可能位置，但未最终确定是否需要的主入口处的钢结构雨篷工程的安装工作	项	34560.00	此部分的设计图纸有待进一步完善
2	其他	项	30000.00	
合计			64560.00	—

注　此表由招标人填写，如不能详列，也可只列暂列金额总额，投标人应将上述暂列金额计入投标总价中。

三、材料（工程设备）暂估单价及调整表（见表 8-8）

表 8-8　　材料（工程设备）暂估单价及调整表

工程名称：某法院办公楼　　标段：/　　第 1 页　共 1 页

序号	材料（工程设备）名称、规格、型号	计量单位	数量		暂估价（元）		调整价（元）		差额±（元）		备注
			暂估	确认	单价	合价	单价	合价	单价	合价	
1	电子感应自动门	樘	1		10000.00	10000.00					010805001001
2	双扇套装平开工艺门 M1221	樘	1		1450.00	1450.00					010801002001
3	双扇套装平开工艺门 M1821	樘	1		2150.00	2150.00					010801002001
4	单扇套装平开工艺门 M1021	樘	28		1200.00	33600.00					010801002001
5	800×800 玻化砖	m^2	736.7984		83.65	61633.19					011102003001
6	300×300 铝扣板	m^2	49.0665		128.00	6280.51					011302001004
7	600×600 地面砖	m^2	11.9088		79.88	951.27					011102003003
8	300×300 防滑地砖	m^2	46.4633		45.22	2101.07					011102003002
9	300×450 瓷片	m^2	185.6925		44.22	8211.32					011204003004
10	乳胶漆	kg	822.2324		8.05	6618.97					墙面、天棚
	合计				132996.33						

注　1. 此表由招标人填写“暂估单价”，并在备注栏说明暂估价的材料、工程设备拟用在哪些清单项目上，投标人应将上述材料、工程设备暂估单价计入工程量清单综合单价报价中。

2. 材料包括原材料燃料构配件以及按规定应计入建筑安装工程造价的设备。

四、专业工程暂估价及结算价表（见表 8-9）

表 8-9　　专业工程暂估价及结算价表

工程名称：某法院办公楼　　标段：/　　第 1 页　共 1 页

序号	工程名称	工程内容	暂估金额（元）	结算金额（元）	差额±（元）	备注
1	玻璃幕墙	玻璃幕墙工程的安装工作	149355.00			
		合计	149355.00			—

注　此表“暂估金额”由招标人填写，投标人应将“暂估金额”计入投标总价中。结算时按合同约定结算金额填写。

五、计日工表（见表 8-10）

表 8-10　　计 日 工 表

工程名称：某法院办公楼　　标段：/　　第 1 页　共 1 页

编号	项目名称	单位	暂定数量	实际数量	综合单价（元）	合价	
						暂定	实际
1	人工						
1.1	建筑工程综合工	工日	100		167.16	16716	
1.2	装饰工程综合工	工日	50		182.23	9111.50	

续表

编号	项目名称	单位	暂定数量	实际数量	综合单价（元）	合价	
						暂定	实际
	人工小计		—		—	25827.50	
2	材料						
2.1	钢筋（规格、型号综合）	t	1		4500.00	4500.00	
2.2	水泥 42.5 级	t	2		470.00	940.00	
2.3	特细砂	t	10		21.50	2150.00	
2.4	碎石（5～40mm）	m^3	5		89.00	445.00	
2.5	页岩砖（240mm×115mm×53mm）	千匹	1		428.00	428.00	
	材料小计		—		—	8463.00	
3	机械						
3.1	自升式塔式起重机（起重力矩 400kN·m）	台班	5		566.95	2834.75	
3.2	灰浆搅拌机（400L）	台班	2		243.36	486.72	
	机械小计		—		—	3321.47	
合计						37611.97	

注　此表项目名称、暂定数量由招标人填写，编制招标控制价时，单价由招标人按有关计价规定确定；投标时，单价由投标人自主报价，按暂定数量计算核价计入投标总价中。结算时，按发承包双方确认的实际数量计算合价。

六、总承包服务费计价表（见表 8 - 11）

表 8 - 11　　总承包服务费计价表

工程名称：某法院办公楼　　标段：/　　第 1 页　共 1 页

序号	项目名称	项目价值（元）	服务内容	计算基础	费率（%）	金额（元）
1	发包人发包专业工程	100000	1. 按专业工程承包人的要求提供施工工作面并对施工现场进行统一管理，对竣工资料进行统一整理汇总 2. 为专业工程承包人提供垂直运输机械和焊接电源接入点，并承担垂直运输费和电费	项目价值	3	3000
2	发包人供应材料	100000	对发包人供应的材料进行验收及保管和使用发放	项目价值	3	3000
合计						6000

注　此表项目名称、服务内容由招标人填写，编制招标控制价时，费率及金额由招标人按有关计价规定确定；投标时，费率及金额由投标人自主报价，计入投标总价中。

第六节　规费和税金项目计价

本节配套数字资源及习题

规费、税金项目计价见表 8 - 12。

表 8 - 12　　规费、税金项目计价表

工程名称：某法院办公楼　　标段：/　　第 1 页　共 1 页

序号	项目名称	计算基础	费率（%）	金额（元）
（一）	建筑工程			199635.89
1	规费	分部分项人工费＋分部分项机械费＋技术措施项目人工费＋技术措施项目机械费	10.32	33889.65
2	税金	2.1＋2.2＋2.3		165746.24
2.1	增值税	分部分项工程费＋措施项目费＋其他项目费＋规费－甲供材料费	9	147987.71
2.2	附加税	增值税	12	17758.53
2.3	环境保护税	按实计算		
（二）	装饰工程			77118.40
1	规费	分部分项人工费＋技术措施项目人工费	15.13	23865.78
2	税金	2.1＋2.2＋2.3		53252.62
2.1	增值税	分部分项工程费＋措施项目费＋其他项目费＋规费－甲供材料费	9	47546.98
2.2	附加税	增值税	12	5705.64
2.3	环境保护税	按实计算		
（一）＋（二）合计				276754.29

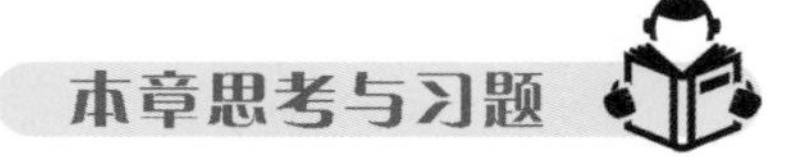

1. 结合本实例分部分项工程量清单，谈谈你对划分清单项目的思路或方法。

2. 通过本实例项目特征的组价感受，反思工程量清单项目特征描述的感悟。

3. 通过整个项目的组价及汇总，你认为提高计价成果编制质量应该注意哪些重点和细节？

参 考 文 献

[1] 沈中友．建筑工程工程量清单编制与实例．北京：机械工业出版社，2014.
[2] 沈中友．建筑与装饰工程工程量清单项目特征描述指南．北京：中国建筑工业出版社，2021.
[3] 沈中友．工程造价专业导论．北京：中国电力出版社，2016.
[4] 周慧玲 谢莹春．建筑与装饰工程工程量清单计价．北京：中国建筑工业出版社，2020.
[5] 黄伟典．建筑工程计量与计价．4版．北京：中国电力出版社，2018.
[6] 田永复．房屋建筑与装饰工程工程量计算规范（GB 50584—2013 解读与应用示例）．北京：中国建筑工业出版社，2013.
[7] 沈中友．工程招投标与合同管理．4版．武汉：武汉理工大学出版社，2022.
[8] 中华人民共和国住房和城乡建设部．建设工程工程量清单计价规范：GB 50500—2013. 北京：中国计价出版社，2021.
[9] 中华人民共和国住房和城乡建设部．房屋建筑与装饰工程工程量计算规范：GB 50584—2013. 北京：中国计价出版社，2021.
[10] 全国造价工程师职业资格考试培训教材编审委员会．建设工程计价．北京：中国计价出版社，2021.
[11] 全国造价工程师职业资格考试培训教材编审委员会．建设工程技术与计量．北京：中国计价出版社，2021.
[12] 严玲，尹贻林．工程计价学．4版．北京：机械工业出版社，2021.
[13] 四川省造价工程师协会．建设工程计量与计价实务（土木建筑工程）．北京：中国计价出版社，2021.

附录A　某法院办公楼招标工程量与组价工程量计算

附录A.1　清单工程量计算

本章工程量依据附录某人民法院施工图纸（见附录B）计算。

清单工程量计算见表A-1。

表A-1　　清单工程量计算表

工程名称：某法院办公楼　　　　第1页　共30页

序号	项目名称	单位	工程量	工程量计算式
				A.1　土石方工程（编码：0101）
1	平整场地	m^2	321.36	以首层建筑面积计算，注意的是外墙保温层50mm厚，应计算建筑面积。 S=(25.8+0.2+0.1)×(11.1+0.2+0.1)+(6.6+0.2+0.1)×(1.4+0.7+0.1)+2.4×7.2×0.5【雨篷】=321.36m^2
2	挖沟槽土方	m^3	123.96	由设计图可知：标高±0.000的绝对标高为383.50m，地梁顶标高为-0.75m，垫层100mm。假设本工程施工前已进行平基，施工交付标高为383.00m（-0.5m），即沟槽开挖的起点标高为-0.5m。 ①轴线沟槽 DL_1=(0.25+0.1×2+0.3×2)×(0.75+0.45+0.1-0.5)×(11.1-0.8-0.5×2)=7.81m^3 ③轴线沟槽 DL_1=(0.25+0.1×2+0.3×2)×(0.75+0.45+0.1-0.5)×(11.1-0.8-0.5-0.4)=7.90m^3 ⑤轴线沟槽 DL_2=(0.25+0.1×2+0.3×2)×(0.75+0.4+0.1-0.5)×(13.2-0.8×2-0.4-0.475)=8.45m^3 ⑧轴线沟槽 DL_3=(0.25+0.1×2+0.3×2)×(0.75+0.5+0.1-0.5)×(11.1-0.8-0.5-0.4)+(0.25+0.1×2+0.3×2)×(0.75+0.4+0.1-0.5)×(2.1-0.3-0.475)=9.43m^3 ⑨轴线沟槽 DL_4=(0.25+0.1×2+0.3×2)×(0.75+0.5+0.1-0.5)×(11.1-0.8-0.5-0.4)=8.39m^3 ⑩轴线沟槽 DL_5=(0.25+0.1×2+0.3×2)×(0.75+0.4+0.1-0.5)×(11.1-1.05-0.55×2)=7.05m^3 D轴线沟槽 $DL_6(X)$=(0.25+0.1×2+0.3×2)×(0.75+0.4+0.1-0.5)×(3.3-0.525-0.55)=1.75m^3 ⑩、⑬轴线之间沟槽DL6(Y)=(0.25+0.1×2+0.3×2)×(0.75+0.4+0.1-0.5)×(2.4-0.55-0.525)=1.04m^3 ⑬轴线沟槽 DL_7=(0.25+0.1×2+0.3×2)×(0.75+0.5+0.1-0.5)×(11.1-0.8-0.5×2)=8.30m^3 Ⓐ轴线沟槽 DL_8=(0.25+0.1×2+0.3×2)×(0.75+0.45+0.1-0.5)×(25.8-0.8×4-0.5×2)=18.14m^3 Ⓑ轴线沟槽 DL_9=(0.25+0.1×2+0.3×2)×(0.75+0.4+0.1-0.5)×(3.3×2-1.05-0.55×2)=3.50m^3

续表

序号	项目名称	单位	工程量	工程量计算式
2	挖沟槽土方	m^3	123.96	Ⓒ轴线沟槽 DL_{10}＝(0.25＋0.1×2＋0.3×2)×(0.75＋0.45＋0.1－0.5)×(25.8－6.6－0.8×3－0.5－0.3)＋(0.25＋0.1×2＋0.3×2)×(0.75＋0.7＋0.1－0.5)×(6.6－0.5×2)＝19.61m^3 Ⓔ轴线沟槽 DL_{11}＝(0.25＋0.1×2＋0.3×2)×(0.75＋0.45＋0.1－0.5)×(25.8－0.8×4－0.5×2)＝18.14m^3 Ⓕ轴线沟槽 DL_{12}＝(0.25＋0.1×2＋0.3×2)×(0.75＋0.4＋0.1－0.5)×(6.6－0.475×2)＝4.45m^3 合计：V＝7.81＋7.9＋8.45＋9.43＋8.39＋7.05＋1.75＋1.04＋8.3＋18.14＋3.5＋19.61＋18.14＋4.45＝123.96m^3
3	沟槽回填	m^3	101.64	沟槽计算公式：$V_{回填}$＝沟槽土方量－垫层混凝土量－标高在383.00m以下地梁混凝土量。 采用已经计算后的结果：挖沟槽土方量：119.84m^3，垫层混凝土量：6.26m^3，地梁土方量：16.05m^3。 沟槽回填：$V_{回填}$＝123.96－6.26－16.06＝101.64m^3
4	房心回填	m^3	110.23	首层主墙之间的净面积：S＝(3.6＋3－0.2)×(11.1－0.2)＋(3－0.2)×(4.8－0.2)＋(6.6－0.2)×(6.9－0.2)＋(3－0.2)×(4.8－0.1)＋(3.3－0.2)×(4.8－0.2)＋(3.3－0.2)×(2.4－0.15)＋(1.5－0.15)×(2.4－0.05)＋(2.4－0.15)×(1.8－0.15)＋(6.6－0.1)×(1.8－0.2)＋(4.5－0.2)×(6.6－0.4)＋(7.2＋4.8－0.2)×(6.3－0.2)＝275.84m^2 回填体积：$V_{回填}$＝275.84×(383.50－383.00－0.133【垫层100厚＋装修层】)＝110.23m^3
5	缺土购置	m^3	48.13	挖土方： $V_{土}$＝123.96【挖沟槽土方】＋61.21【挖桩基土方】＝185.17m^3 利用回填土方量： 利用 $V_{填}$＝(101.64【沟槽回填】＋110.23【房心回填】)×1.15＝202.87×1.15＝223.3m^3 缺土内运土方：185.17－233.30＝－48.13m^3
6	余土弃置（石渣）	m^3	51.19	挖石方全为挖基础石方：51.19 m^3 余方弃置石渣为：V＝51.19m^3
A.3 桩基工程（编码：0103）				
7	人工挖孔桩土方	m^3	61.21	假设：本工程挖孔深度统一孔深：H＝8m，根据地勘报告显示土方深度3m，软质岩深度5m；护壁长3m（同土方深度）。 由沟槽假设：开挖起点标高为施工交付地面标高为383.00m（－0.5m），根据孔深 H＝8m推算，孔底标高：375.0m（－8.50m）。 由设计图可知：桩直径均为800mm，护壁厚170mm，WKZ_1 有14根，WKZ2有6根。 WKZ_1：V_1＝3.14×(0.4＋0.17)^2×3×14＝42.85m^3 WKZ_2：V_2＝3.14×(0.4＋0.17)^2×3×6＝18.36m^3 合计：V＝42.85＋18.36＝61.21m^3

续表

序号	项目名称	单位	工程量	工程量计算式
8	人工挖孔桩石方	m^3	51.19	WKZ$_1$：平直段石方 $V_1=3.14\times0.4^2\times(5-0.2)\times14=2.41\times14=33.76m^3$ WKZ$_2$：平直段石方 $V_2=3.14\times0.4^2\times(5-1.0-0.3-0.2)\times6=1.76\times6=10.55m^3$ WKZ$_2$：扩大头斜段 $V_3=3.14/3\times1\times(0.4^2+0.5^2+0.4\times0.5)\times6=0.64\times6=3.84m^3$ WKZ$_2$：扩大头直段 $V_4=3.14\times0.5^2\times0.3\times6=0.24\times6=1.44m^3$ 锅底石方量 $V_5=3.14/6\times0.2\times(3\times0.5^2+0.2^2)\times(14+6)=0.08\times20=1.60m^3$ 合计：$V=33.76+10.55+3.84+1.44+1.60=51.19m^3$
9	护壁混凝土（C25）	m^3	24.60	每一节（长度 1m）护壁混凝土：$V_{护壁}=V_{圆柱}-V_{圆台}=3.14\times(0.4+0.17)^2\times1-3.14/3\times(0.4^2+0.48^2+0.4\times0.48)\times1=0.41m^3$ 总护壁混凝土体积：$V_{总}=0.41\times3\times(14+6)=24.60m^3$
10	桩芯混凝土（C30）	m^3	12.20	由桩身大样图可知：与地梁相连部位向下不小于 1m 的距离与地梁混凝土标号一致。 WKZ$_1$：$V_1=3.14/3\times(0.4^2+0.48^2+0.4\times0.48)\times14=0.61\times14=8.54m^3$ WKZ$_2$：$V_2=3.14/3\times(0.4^2+0.48^2+0.4\times0.48)\times14=0.61\times6=3.66m^3$ 合计：$V=8.54+3.66=12.20m^3$
11	人工挖孔桩桩芯混凝土（C25）	m^3	72.58	由孔底标高：375.00m（−8.50m）和设计桩顶标高 382.75（−0.75m）可计算出：桩长 $H=8.50-0.75=7.75m$ 单根 WKZ$_1$ 工程量：$V_1=V_{1-1}+V_{1-2}+V_{1-3}=1.07+2.41+0.08=3.56m^3$ WKZ$_1$：有护壁段（382.75～380.00）桩芯混凝土 $V_{1-1}=3.14/3\times(0.4^2+0.48^2+0.4\times0.48)\times(2.75-1$【C30 高度】$)=1.07m^3$ WKZ$_1$：无护壁段（383.00～375.00）桩芯混凝土 $V_{1-2}=3.14\times0.4^2\times(5-0.2$【锅底高度】$)=2.41m^3$ WKZ$_1$：锅底混凝土 $V_{1-3}=3.14/6\times0.2\times(3\times0.5^2+0.2^2)=0.08m^3$ 单根 WKZ$_2$ 工程量：$V_2=V_{2-1}+V_{2-2}+V_{2-3}+V_{2-4}+V_{2-5}=1.07+1.76+0.64+0.24+0.08=3.79m^3$ WKZ$_2$：有护壁段（382.75～380.00）桩芯混凝土 $V_{2-1}=V_{1-1}=1.07m^3$ WKZ$_2$：无护壁段（383.00～375.00）桩芯混凝土 $V_{2-2}=3.14\times0.4^2\times(5-1$【扩斜段】$-0.3$【扩直段】$-0.2$【锅底】$)=1.76m^3$ WKZ$_2$：扩大头斜段 $V_{2-3}=3.14/3\times1\times(0.4^2+0.5^2+0.4\times0.5)=0.64m^3$ WKZ$_2$：扩大头直段混凝土 $V_{2-4}=3.14\times0.5^2\times0.3=0.24m^3$ WKZ$_2$：锅底混凝土 $V_{2-5}=V_{1-3}=0.08m^3$ 总桩芯混凝土体积：$V_{总}=3.56\times14+3.79\times6=72.58m^3$

续表

序号	项目名称	单位	工程量	工程量计算式
				A.4 砌筑工程（编码：0104）
12	砖砌挖孔桩砖井圈	m^3	4.20	根据常规施工方案，挖孔前采用240mm×115mm×53mm砌砖井圈，高度一般三线砖200mm高；井圈砌在混凝土护壁外边沿。 直径800mm单个井圈砖体积$V_{单}$=3.14×[(0.57+0.24)²−0.57²]×0.2=0.21m³ 总砖井圈体积：$V_{总}$=0.21×14+0.21×6=4.20m³
13	页岩实心砖基础	m^3	19.16	砖基础：首层各主墙下−0.750～0.000m。 200厚砖基础长：$L=L_1+L_2$=72.8+56.45=129.25m 外墙L_1=(25.8−0.5×4−0.3×2)+(25.8−0.4×2−0.3×2−0.2×2−0.25×2)+(11.8−0.4×2−0.3)×2+(2.8−0.1−0.35)×2=72.8m 内墙：(4.8−0.3−0.4)×4+(4.8−0.2)+(6.3−0.35)+(4.5−0.35)+(4.5−0.2)+6.6+(6.6−0.3×2)+(9.6−0.5−0.4−0.25)=56.45m 卫生间100厚砖基础长：L_2=(3.3−0.2)+(2.4−0.1−0.05)=5.35m 砖基础体积：V_1=129.25×0.2×0.75+5.35×0.095×0.75=19.77m³ 扣200厚砖基础构造柱体积：V_2=0.75×0.2×0.2×15【构造柱根数】+0.03×0.2×0.75×33【马牙槎个数】=0.60m³ 扣100厚砖基础构造柱体积：V_3=0.75×0.095×0.095×1【构造柱根数】+0.03×0.095×0.75×6【马牙槎个数】=0.02m³ 砖基础体积：$V_{砖基}$=19.77−0.60−0.01=19.16m³
14	200厚页岩空心砖墙（内墙）	m^3	107.38	按图示尺寸以体积计算，扣除门窗、洞口及嵌入墙内的钢筋混凝土圈梁、过梁及构造柱的体积。 一层：$V_1=V_{1-1}-V_{1-2}-V_{1-3}-V_{1-4}$=37.4−3.36−0.25−1.30=32.49m³ 内墙净长：L_{1-1}=[6.6+(3−0.5+6.6−0.65+6.6−0.7−1.5+0.15)]【X向】+[(13.2−2.1−1.05)+(4.8−0.7)×2+(4.8−0.7+4.5−0.35)+(4.8−0.2+4.5−0.2)]【Y向】=55.00m 内墙体积：V_{1-1}=55×0.2×(3.9−0.5)【平均高度】=37.4m³ 扣门窗洞口：V_{1-2}=(1×2.1×5+1.2×2.1+1.8×2.1)×0.2=3.36m³ 扣过梁体积：V_{1-3}=(1+0.25×2)×0.09×0.2×5+(1+0.25)×0.09×0.2【靠柱边】+0.09×0.2×(1.2+0.25×2)+0.19×0.2×(1.8+0.25×2)=0.25m³ 扣构造柱体积：V_{1-4}=(3.9−0.5)【平均高度】×0.2×0.2×7+(3.9−0.5)【平均高度】×0.03×0.2×17=1.30m³ 二层：$V_2=V_{2-1}-V_{2-2}-V_{2-3}-V_{2-4}$=52.78−5.04−0.31−2.37=45.06m³ 内墙净长：L_{2-1}=[(25.8−0.2)+(25.8−3−0.3×4−0.4×2−1.2+0.15)]【X向】+[(4.5−0.2)×5+(4.5−0.35)+(4.8−0.2)×3+(4.8−0.3×2)×2]【Y向】=93.2m 墙体积：V_{2-1}=93.2×0.2×(3.3−0.5)【平均高度】=52.19m³ 扣门窗洞口：V_{2-2}=1×2.1×0.2×12=5.04m³ 扣过梁体积：V_{2-3}=(1+0.25×2)×0.09×0.2×9+(1+0.25)×0.09×0.2×3【靠柱边】=0.31m³

续表

序号	项目名称	单位	工程量	工程量计算式
14	200厚 页岩空心砖墙 （内墙）	m^3	107.38	扣构造柱体积：V_{2-4}=(3.3−0.5)【平均高度】×0.2×0.2×15+0.03×0.2×(3.3−0.5)【平均高度】×41=2.37m^3 三层：$V_3=V_{3-1}-V_{3-2}-V_{3-3}-V_{3-4}$=52.19−5.04−0.31−2.37=44.47m^3 内墙净长：L_{2-1}=[(25.8−0.2)+(25.8−3−0.3×4−0.4×2)]【X向】+[(4.5−0.2)×5+(4.5−0.35)+(4.8−0.2)×3+(4.8−0.3×2)×2]【Y向】=94.25m 墙体积：V_{2-1}=94.25×0.2×(3.3−0.5)【平均高度】=52.78m^3 扣门窗洞口：V_{2-2}=1×2.1×0.2×12=5.04m^3 扣过梁体积：V_{2-3}=(1+0.25×2)×0.09×0.2×9+(1+0.25)×0.09×0.2×3【靠柱边】=0.31m^3 扣构造柱体积：V_{2-4}=(3.3−0.5)【平均高度】×0.2×0.2×15+0.03×0.2×(3.3−0.5)【平均高度】×41=2.37m^3 200厚内墙砖工程量汇总：$V=V_1+V_2+V_3$=32.49+45.06+44.47=122.02m^3 取墙底墙顶三线实心砖比例12%得100厚厚页岩空心砖墙工程量：122.02×88%=107.38m^3
15	100厚 页岩空心砖墙 （内墙）	m^3	2.82	按图示尺寸以体积计算，扣除门窗、洞口及嵌入墙内的钢筋混凝土圈梁、过梁及构造柱的体积。 一层：$V_1=V_{1-1}-V_{1-2}-V_{1-3}-V_{1-4}$=1.73−0.32−0.02−0.1=1.29$m^3$ 内墙净长：L_{1-1}=3.3−0.2+2.4−0.15=5.35m 内墙体积：V_{1-1}=5.35×0.095×(3.9−0.5)【平均高度】=1.73m^3 扣门窗洞口：V_{1-2}=0.8×2.1×0.095×2=0.32m^3 扣过梁体积：V_{1-3}=0.09×0.1×(0.8+0.25×2)×2=0.02 扣构造柱体积：V_{1-4}=0.1×0.1×(3.9−0.5)【平均高度】+0.03×0.1×(3.9−0.5)【平均高度】×6=0.1m^3 二层：$V_2=V_{2-1}-V_{2-2}-V_{2-3}-V_{2-4}$=1.34−0.32−0.02−0.08=0.92m^3 内墙净长：L_{2-1}=3−0.2+2.4−0.15=5.05m 内墙体积：V_{2-1}=5.05×0.095×(3.3−0.5)【平均高度】=1.34m^3 扣门窗洞口：V_{2-2}=0.8×2.1×0.095×2=0.32m^3 扣过梁体积：V_{2-3}=0.09×0.1×(0.8+0.25×2)×2=0.02m^3 扣构造柱体积：V_{2-4}=0.1×0.1×(3.3−0.5)【平均高度】+0.03×0.1×(3.3−0.5)【平均高度】×6=0.08m^3 三层：$V_3=V_{3-1}-V_{3-2}-V_{3-3}-V_{3-4}$=1.42−0.32−0.02−0.08=1.00m^3 内墙净长：L_{3-1}=3.3−0.2+2.4−0.15=5.35 内墙体积：V_{3-1}=5.35×0.095×(3.3−0.5)【平均高度】=1.42m^3 扣门窗洞口：V_{3-2}=0.8×2.1×0.095×2=0.32m^3 扣过梁体积：V_{3-3}=0.09×0.1×(0.8+0.25×2)×2=0.02m 扣构造柱体积：V_{3-4}=0.1×0.1×(3.3−0.5)【平均高度】+0.03×0.1×(3.3−0.5)【平均高度】×6=0.08m^3 100厚内墙砖工程量汇总：$V=V_1+V_2+V_3$=1.29+0.92+1=3.21m^3 取墙底墙顶三线实心砖比例12%得100厚厚页岩空心砖墙工程量：3.21×88%=2.82m^3

续表

序号	项目名称	单位	工程量	工程量计算式
16	200厚 页岩空心砖墙 （外墙）	m^3	75.79	按图示尺寸以体积计算，扣除门窗、洞口及嵌入墙内的钢筋混凝土圈梁、过梁及构造柱的体积。 一层：$V_1=V_{1-1}-V_{1-2}-V_{1-3}-V_{1-4}=41.96-4.32-0.86-1.73=35.05m^3$ 外墙中心线长：$L_{1-1}=(6.6-0.55)\times2+(13.2-1.4+0.1-0.4\times3)\times2+(9.6-0.3-0.4-0.2)\times2+(2.1+0.7-0.45)\times2+(6.6-0.5)=61.7m$ 外墙墙体积：$V_{1-1}=61.7\times0.2\times(3.9-0.5)$【平均高度】$=41.96m^3$ 扣门窗洞口：$V_{1-2}=0.9\times1.5\times0.2\times8+0.9\times1.2\times0.2\times10=4.32m^3$ 扣过梁体积：$V_{1-3}=0.09\times0.2\times(0.9+0.25\times2)\times(8+10)+0.18\times0.2\times(0.9+0.25\times2)\times8$【飘窗下口】$=0.86m^3$ 扣构造柱体积：$V_{1-4}=(3.9-0.5)$【平均高度】$\times0.2\times0.2\times8+(3.9-0.5)$【平均高度】$\times16\times0.03\times0.2=1.73m^3$ 二层：$V_2=V_{2-1}-V_{2-2}-V_{2-3}-V_{2-4}=31.98-4.32-0.86-1.31=25.59m^3$ 外墙中心线长：$L_{2-1}=(6.6-0.55)\times2+(13.2-1.4+0.1-0.4\times3)\times2+(26-0.4\times6)=57.1m$ 外墙墙体积：$V_{2-1}=57.1\times0.2\times(3.3-0.5)=31.98m^3$ 扣门窗洞口：$V_{2-2}=0.9\times1.5\times0.2\times8+0.9\times1.2\times0.2\times10=4.32m^3$ 扣过梁体积：$V_{2-3}=0.09\times0.2\times(0.9+0.25\times2)\times(10+8)+0.18\times0.2\times(0.9+0.25\times2)\times8$【飘窗下口】$=0.86m^3$ 扣构造柱体积：$V_{2-4}=(3.3-0.5)$【平均高度】$\times0.2\times0.2\times9+0.03\times0.2\times(3.3-0.5)$【平均高度】$\times18=1.31m^3$ 三层：$V_3=V_{3-1}-V_{3-2}-V_{3-3}-V_{3-4}=31.98-4.32-0.86-1.31=25.49m^3$ 外墙中心线长：$L_{3-1}=(6.6-0.55)\times2+(13.2-1.4+0.1-0.4\times3)\times2+(26-0.4\times6)=57.1m$ 外墙墙体积：$V_{3-1}=57.1\times0.2\times(3.3-0.5)=31.98m^3$ 扣门窗洞口：$V_{3-2}=0.9\times1.5\times0.2\times8+0.9\times1.2\times0.2\times10=4.32m^3$ 扣过梁体积：$V_{3-3}=0.09\times0.2\times(0.9+0.25\times2)\times(10+8)+0.18\times0.2\times(0.9+0.25\times2)\times8$【飘窗下口】$=0.86m^3$ 扣构造柱体积：$V_{3-4}=(3.3-0.5)$【平均高度】$\times0.2\times0.2\times9+0.03\times0.2\times(3.3-0.5)$【平均高度】$\times18=1.31m^3$ 200厚外墙砖工程量汇总：$V=V_1+V_2+V_3=35.05+25.59+25.49=86.13m^3$ 取墙底墙顶三线实心砖比例12%得100厚厚页岩空心砖墙工程量：$86.13\times88\%=75.79m^3$
17	100厚 页岩空心砖墙 （外墙）	m^3	4.11	按图示尺寸以体积计算，扣除门窗、洞口及嵌入墙内的钢筋混凝土圈梁、过梁及构造柱的体积。 $V=V_1+V_2+V_3=1.37+1.37+1.37=4.11m^3$ 一层：$V_1=0.6\times1.5\times0.095\times16=1.37m^3$ 二层：$V_2=0.6\times1.5\times0.095\times16=1.37m^3$ 三层：$V_3=0.6\times1.5\times0.095\times16=1.37m^3$

续表

序号	项目名称	单位	工程量	工程量计算式
18	实心砖墙	m^3	25.36	取页岩空心砖工程量的12% (122.02+3.21+86.13)×12%=25.36m^3
19	轻质墙体	m^3	4.18	按图示尺寸以体积计算，扣除门窗、洞口及嵌入墙内的钢筋混凝土圈梁、过梁及构造柱的体积。 V_1=(0.9×10.3−0.9×1.5×3)×0.1×6=3.13m^3 V_2=(3.7×0.9−0.9×1.5)×0.1×2=0.40m^3 V_3=(6.6×0.9−0.9×1.5×2)×0.1×2=0.65m^3 $V=V_1+V_2+V_3$=3.13+0.40+0.65=4.18m^3
20	卫生间垫层	m^3	7.87	按图示尺寸以立方米计算面积： 一层：S_1=(3.3−0.2)×(2.4−0.15)+(2.4−0.15)×(1.8−0.15)=10.69m^2 二层：S_2=(3−0.2)×(2.4−0.15)+(1.8−0.15)×(2.4−0.15)=10.01m^2 三层：S_3=(3.3−0.2)×(2.4−0.15)+(2.4−0.15)×(1.8−0.15)=10.69m^2 $S_{总}$=10.69+10.01+10.69=31.39m^2 卫生间垫层工程量：V_1=31.39×0.17=5.34m^3 洗手间垫层工程量：V_2=(3.04+2.36+3.04)×0.3=2.53m^3 卫生间垫层工程量汇总：$V=V_1+V_2$=5.34+2.53=7.87m^3
A.5 混凝土及钢筋混凝土工程（编码：0105）				
21	基础垫层（C15）	m^3	6.26	⑩轴线 DL_5=(0.25+0.2)×0.1×(11.1−0.45×2−0.25×2)=0.44m^3 Ⓓ轴系 $DL_6(X)$=(0.25+0.2)×0.1×(3.3−0.15−0.225−0.25)=0.12m^3 ⑩～⑬轴线 $DL_6(Y)$=(0.25+0.2)×0.1×(2.4−0.225−0.25)=0.09m^3 ⑬轴线 DL_7=(0.25+0.2)×0.1×(11.1−1.14−0.67×2)=0.39m^3 Ⓐ轴线 DL_8=(0.25+0.2)×0.1×(25.8−0.67×2−1.14×4)=0.90m^3 Ⓑ轴线 DL_9=(0.25+0.2)×0.1×2×(3.3−0.25−0.2)=0.26m^3 Ⓒ轴线 DL_{10}=(0.25+0.2)×0.1×(25.8−1.14×4−0.67×2)=0.90m^3 Ⓔ轴线 DL_{11}=(0.25+0.2)×0.1×(25.8−1.14×4−0.67×2)=0.90m^3 Ⓕ轴线 DL_{12}=(0.25+0.2)×(6.6−0.645×2)×0.1=0.24m^3 基础垫层工程量汇总：V=0.39+0.39+0.44+0.44+0.39+0.44+0.12+0.09+0.39+0.90+0.26+0.9+0.9+0.24=6.26m^3
22	地面垫层（C15）	m^3	36.23	按图示尺寸以体积计算（详图见装饰装修图地面详图）。 大法庭：(6.6−0.2)×(11.1−0.2)×0.1+(6.6−0.2)×3.86×0.15【150mm地台】+(6.6−0.2)×(0.64+2.45)×0.3【300mm地台】=16.61m^3 合议室：(3−0.2)×(4.8−0.2)×0.1=1.29m^3 法庭：(6.6−0.2)×(6.9−0.2)×0.1=4.29m^3 大厅：(12.6−0.2)×(6.3−0.2)×0.1=7.56m^3

续表

序号	项目名称	单位	工程量	工程量计算式
22	地面垫层（C15）	m^3	36.23	走道：[6.6×(1.8－0.2)＋(2.4＋0.1－0.05)×(1.5－0.15)]×0.1＝1.39m^3 律师室：(3.3－0.2)×(4.8－0.2)×0.1＝1.43m^3 立案室：(3.3－0.2)×(4.5－0.2)×0.1＝1.33m^3 调解室：(3.3－0.2)×(4.5－0.2)×0.1＝1.33m^3 卫生间：[(3.3－0.2)×(2.4－0.15)＋(2.4－0.15)×(1.8－0.15)]×0.1＝1.07m^3 地面垫层汇总：V＝16.61＋1.29＋4.29＋7.56＋1.39＋1.43＋1.33＋1.33＋1.07＝36.23m^3
23	地梁（C30）	m^3	16.06	以图示尺寸以体积计算： ①轴线 DL_1＝0.25×0.45×(11.1－1.14－0.67×2)＝0.97m^3 ③轴线 DL_1＝0.25×0.45×(11.1－1.14－0.67－0.57)＝0.98m^3 DL_2＝0.25×0.4×(13.2－1.14×2－0.645－0.57)＝0.97m^3 DL_3＝0.25×0.5×(11.1－1.14－0.57－0.67)＋0.25×0.4×(2.1－0.47－0.645)＝1.19m^3 DL_4＝0.25×0.5×(11.1－1.14－0.57－0.67)＝1.09m^3 DL_5＝0.25×0.5×(11.1－0.3－0.25×2)＝1.29m^3 $DL_6(X)$＝0.25×0.4×(3.3－0.15－0.125)＝0.30m^3 $DL_6(Y)$＝0.25×0.4×(2.4－0.1－0.15)＝0.22m^3 DL_7＝0.25×0.5×(11.1－1.14－0.67×2)＝1.08m^3 DL_8＝0.25×0.45×(25.8－1.14×4－0.67×2)＝2.24m^3 DL_9＝0.25×0.4×(3.3×2－0.3－0.25)＝0.61m^3 DL_{10}＝0.25×0.45×(19.2－1.14×3－0.67－0.42)＋0.25×0.7×(6.6－1.14－0.72－0.67)＝2.36m^3 DL_{11}＝0.25×0.45×(25.8－4×1.14－0.67×2)＝2.24m^3 DL_{12}＝0.25×0.4×(6.6－0.645×2)＝0.53m^3 地梁工程量汇总：V＝0.97＋0.98＋0.97＋1.19＋1.09＋1.29＋0.30＋0.22＋1.08＋2.24＋0.61＋2.36＋2.24＋0.53＝16.06m^3
24	矩形柱	m^3	28.27	按图示尺寸以体积计算： KZ_1＝[0.4×0.4×(10.5＋0.75)]×4＝7.2m^3 KZ_2＝[0.4×0.4×(10.5＋0.75)]×4＝7.2m^3 KZ_3＝[0.4×0.4×(10.5＋0.75)]×2＝3.6m^3 KZ_4＝[0.5×0.5×(3.9＋0.75)]×4＋[0.4×0.4×(10.5－3.9)]×4＝8.87m^3 KZ_6＝[0.35×0.35×(3.9＋0.75)]×2＝1.14m^3 TZ＝0.2×0.3×(1.95＋0.75＋1.65)＝0.26m^3 矩形柱工程量汇总：V＝7.2＋7.2＋3.6＋8.87＋1.14＋0.26＝28.27m^3
25	圆形柱	m^3	8.83	按设计图示尺寸以体积计算： V＝[3.14×0.25×0.25×(10.5＋0.75)]×4＝8.83m^3

续表

序号	项目名称	单位	工程量	工程量计算式
26	直形墙	m^3	16.63	按设计图示尺寸以体积计算，扣除单个面积＞0.3m^2 的柱、垛以及孔洞所占体积。 V=0.2×(13.8+6)×2×2.1=16.63m^3
27	有梁板	m^3	109.97	按设计图示尺寸以体积计算，扣除单个面积＞0.3m^2 的柱、垛以及孔洞所占体积。 二层梁板体积： KL_1=0.25×0.5×(11.1−0.4−0.3×2)=1.26m^3 KL_2=0.25×0.5×(11.1−0.5−0.3−0.25)=1.26m^3 KL_3=[0.25×0.5×(11.1−0.25−0.5−0.3−0.25)+0.25×0.4×(2.1−0.35)]×2=2.80m^3 KL_4=0.25×0.5×(4.5+1.8−0.1−0.25)+0.225×0.5×(4.8−0.3−0.4)=1.21m^3 KL_5=0.25×0.5×(11.1−0.4−0.3×2)=1.26m^3 KL_6=0.25×0.5×(25.8−4×0.5−0.3×2)=2.90m^3 KL_7=0.25×0.5×(25.8−3×0.5−0.55−0.3×2)=2.89m^3 KL_8=0.25×0.5×(3.6+3+3+6.6−0.4×2−0.3−0.2)=1.86m^3 KL_9=0.25×0.5×(3.6+3−0.2−0.3)=0.76m^3 L_1=0.25×0.4×(11.1−0.25×2−0.15×2)=1.03m^3 L_2=0.25×0.4×(11.1−0.25×2−0.15−0.21)=1.02m^3 L_3=[0.25×0.4×(4.5+1.8−0.25−2.1−0.1)]×2=0.77m^3 L_4=0.25×0.4×(4.8+2.1−0.25−0.15×2)=0.64m^3 L_5=0.25×0.4×(11.1−0.25×2−0.15×2)=1.03m^3 L_6=0.2×0.3×(2.4−0.1−0.15)=0.13m^3 L_7=0.25×0.4×(25.8−0.25×4−0.15×2)=2.45m^3 L_8=0.2×0.35×(3−0.15−0.125)=0.19m^3 WKL_1=0.25×0.5×(6.6−0.25×2)=0.76m^3 B_1=[3.6+3−0.25×2)×(11.1−0.25×2−0.15×2)]×0.1=6.28m^3 B_2=(11.1−0.25×2−0.15×2)×(3−0.25×2)×0.1=2.58m^3 B_3=(2.1−0.25×2)×(6.6−0.25−0.15×2)×0.12=1.16m^3 B_4=(4.8−0.15×2)×(6.6−0.25×2)×0.1=2.75m^3 B_5=(4.5+1.8−0.25×2)×(4.8+1.2+0.6−0.25×3)×0.1=3.39m^3 B_6=(4.5+1.8−0.25×2)×(3−0.25)×0.1=1.60m^3 B_7=(3.6+3−0.125−0.15−0.25)×(4.5+1.8−0.25×2)×0.1=3.52m^3 B_8=(2.4×2−0.15×2)×(3.6−0.25)×0.1=1.51m^3 B_9=[(2.4×2−0.15×2−0.2)×(3−0.15−0.125)−0.2×(2.4−0.25)]×0.1=1.13m^3 二层有梁板工程量汇总：V_1=1.26+1.26+2.80+1.21+1.26+2.9+2.89+1.86+0.76+1.03+1.02+0.77+0.64+1.03+0.13+2.45+0.19+0.76+6.28+2.58+1.16+2.75+3.39+1.60+3.52+1.51+1.13=48.14m^3

续表

序号	项目名称	单位	工程量	工程量计算式
27	有梁板	m^3	109.87	三层梁板混凝土： $KL_1=0.25\times0.5\times(11.1-0.4-0.3\times2)=1.26m^3$ $KL_2=[0.25\times0.5\times(11.1-0.4-0.3-0.25-0.25)]\times2=2.48m^3$ $KL_3=[0.25\times0.5\times(11.1-0.4-0.3-0.25)]\times2=2.54m^3$ $KL_4=0.25\times0.5\times(11.1-0.4-0.3\times2)=1.26m^3$ $KL_5=0.25\times0.5\times(25.8-0.5\times4-0.3\times2)=2.9m^3$ $KL_6=0.25\times0.6\times(25.8-0.4\times4-0.3\times2)=3.54m^3$ $KL_7=0.25\times0.5\times(3.6+3\times2+6.6-0.3\times2-0.4\times2)=1.85m^3$ $KL_{10}=0.25\times0.5\times(3.3\times2-0.3-0.2)=0.76m^3$ $L_1=0.25\times0.4\times(11.1-0.25\times2-0.15\times2)=1.03m^3$ $L_2=0.25\times0.4\times(11.1-0.25\times2-0.15-0.21)=1.02m^3$ $L_3=[0.25\times0.4\times(4.5+1.8-0.25-0.21-0.1)]\times2=1.15m^3$ $L_4=0.25\times0.4\times(4.8-1.5\times2)=0.18m^3$ $L_2=[0.25\times0.4\times(4.5+1.8-0.25\times2)]\times2=1.16m^3$ $L_3=0.25\times0.4\times(11.1-0.15\times2-0.25\times2)=1.03m^3$ $L_5=0.25\times0.4\times(25.8-0.25\times4-0.15\times2)=2.45m^3$ $B_1=(4.8-0.15\times2)\times(25.8-0.15\times2-0.25\times7)\times0.12=12.83m^3$ $B_2=(4.5+1.8-0.25\times2)\times(25.8-0.15\times2-0.25\times9)\times0.12=16.18m^3$ $B_3=(12.6-0.2-3\times0.25)\times(6-0.2)\times0.12=8.11m^3$ 三层工程量汇总：$V_3=1.26+2.48+2.54+1.26+2.90+3.54+1.85+0.76+1.03+1.02+1.15+0.18+1.16+1.03+2.45+12.83+16.18+8.11=61.73m^3$ 有梁板工程量汇总：$V=V_1+V_2=48.14+61.73=109.87m^3$
28	屋面有梁板	m^3	59.52	屋面层有梁板工程量汇总：$V_3=2.53+2.54+2.54+4.18+3.41+2.95+2.06+1.16+1.03+12.83+16.18+8.11=59.52m^3$
29	矩形梁	m^3	2.16	按图示尺寸以体积计算： 二层：$V_1=L_9=0.2\times0.4\times(3-0.2\times2)=0.21m^3$ 三层：$V_2=KL_8=0.2\times0.4\times(3-0.2\times2)=0.21m^3$ 顶层：$V_3=L_1=[0.25\times0.4\times(6-0.2)]\times3=1.74m^3$ 矩形梁工程量汇总：$V=0.21+0.21+1.74=2.16m^3$
30	异形梁	m^3	45.99	按图示尺寸以体积计算： 一层： 异形梁截面面积：$S_1=0.3\times0.6+0.3\times0.3+0.1\times0.2+0.1\times0.1+0.25\times0.6=0.45m^2$ 异形梁中心线长度：$L_1=(2.7-0.1-0.15+0.28)\times2+6.6-0.3+0.56=12.32m$ 异形梁体积：$V_1=0.45\times12.32=5.54m^3$ 屋面层： 异形梁面积：$S_2=0.25\times0.6+0.3\times0.6+0.3\times0.3+0.1\times0.2+0.1\times0.1=0.45m^2$

续表

序号	项目名称	单位	工程量	工程量计算式
30	异形梁	m^3	45.99	异形梁中心线长度：L_2=25.8－0.3＋0.56＋(11.7－0.3＋0.56)×2＋(6－0.3＋0.28)×2＝61.94m 异形梁体积：V_2=0.45×61.94＝27.87m^3 直形墙顶： 异形梁面积：S_3=0.3×0.6＋0.3×0.3＋0.1×0.2＋0.1×0.1＝0.3m^2 异形梁中心线长度：L_3=(12.6＋0.6×2＋0.2＋0.375＋6＋0.2＋0.375)×2＝41.9m 异形梁体积：V_3=0.3×41.9＝12.57m^3 异形梁工程量汇总：$V_{总}$=5.54＋27.87＋12.57＝45.99m^3
31	悬挑板	m^3	12.32	按设计图示尺寸以体积计算： 二层： L_{10}：V_{1-1}=0.25×0.4×(6.6＋0.2)＝0.68m^3 KL_3、L_4 悬挑端：V_{1-3}=0.25×0.4×(0.6－0.25)×3＝0.11m^3 悬挑板体积：V_{1-3}=(0.6－0.25)×(6.6－0.15×2－0.25)×0.12＝0.25m^3 二层悬挑板工程量汇总：V_1=V_{1-1}＋V_{1-2}＋V_{1-3}＝0.68＋0.11＋0.21＝1.04m^3 屋顶层： L_6：V_{2-1}=0.25×0.4×(25.8＋0.1×2)＝2.6m^3 WKL_1、WKL_2、WKL_3、L_1、L_3 悬挑端 V_{2-2}：＝[0.25×0.4×(0.6－0.1－0.15)]×9＝0.32m^3 Ⓔ轴板体积：V_{2-3}=(25.8－0.25×7－0.15×2)×(0.6－0.25)×0.12＝1.00m^3 L_4：V_{2-4}=0.25×0.5×(3×2＋6.6＋0.6×2＋0.25)＝1.76m^3 WKL_3、L_2、L_3 悬挑端：V_{2-5}=0.25×0.4×(1.5－0.25)×3＋0.25×0.6×(1.5－0.25)×4＝1.13m^3 Ⓐ轴板体积：V_{2-6}=(6.6＋3×2＋0.6×2－0.25×6)×(1.5－0.1－0.125)×0.12＝1.88m^3 屋顶层悬挑板工程量汇总：V_2=V_{2-1}＋V_{2-2}＋V_{2-3}＋V_{2-4}＋V_{2-5}＋V_{2-6}＝2.6＋0.32＋1.00＋1.76＋1.13＋1.88＝8.69m^3 现浇窗台板：V_3=0.9×0.1×0.6×24×2＝2.59m^3 悬挑板工程量汇总：V=V_1＋V_2＋V_3＝1.04＋8.69＋2.59＝12.32m^3
32	直形楼梯	m^2	27.05	按图示尺寸以水平投影面积计算： 水平投影面积：(3－0.2)×(1.47＋3.08＋0.28)×2＝27.05m^2
33	现浇过梁	m^3	1.96	按图示尺寸以体积计算： M1021：V_1=0.09×(1＋0.25)×0.2×7＝0.16m^3 PC0915：V_{2-1}=0.09×(0.9＋0.25×2)×0.2×8×3＝0.60m^3 V_{2-2}=0.18×(0.9＋0.25×2)×0.2×8×3＝1.20m^3 现浇过梁工程量汇总：V_2=V_{2-1}＋V_{2-2}＝0.16＋0.60＋1.20＝1.96m^3

续表

序号	项目名称	单位	工程量	工程量计算式
34	预制过梁	m^3	1.57	按图示尺寸以体积计算： M0821：V_1＝0.09×0.1×(0.8＋0.25×2)×6＝0.07m^3 M1021：V_2＝(1＋0.25×2)×0.09×0.2×23＝0.62m^3 M1221：V_3＝0.09×0.2×(1.2＋0.25×2)＝0.03m^3 M1821：V_4＝0.19×0.2×(1.8＋0.25×2)＝0.09m^3 C1：V_5＝0.09×0.2×(0.9＋0.25×2)×30＝0.76m^3 预制过梁工程量汇总：$V=V_1+V_2+V_3+V_4+V_5$＝0.07＋0.62＋0.03＋0.09＋0.76＝1.57m^3
35	构造柱	m^3	11.17	按图示尺寸以体积计算，构造柱按全高计算，伸入墙内马牙槎并入柱身体积计算。 一层： 100厚墙构造柱体积：V_{1-1}＝0.1×0.1×(3.9－0.5＋0.75)×1【构造柱根数】＋0.03×0.1×(3.9－0.5＋0.75)×3【马牙槎个数】＝0.08m^3 200厚墙构造柱体积：V_{1-2}＝0.2×0.2×(3.9－0.5＋0.75)×15【构造柱根数】＋0.03×0.2×(3.9－0.5＋0.75)×33【马牙槎个数】＋0.03×0.1×(3.9－0.5＋0.75)×3【马牙槎个数】＝3.35m^3 一层构造柱体积：$V_1=V_{1-1}+V_{1-2}$＝3.35＋0.08＝3.43m^3 二层： 100厚墙构造柱体积：V_{2-1}＝0.1×0.1×(3.3－0.5)×1【构造柱根数】＋0.03×0.1×(3.3－0.5)×3【马牙槎个数】＝0.05m^3 200厚墙构造柱体积：V_{2-2}＝0.2×0.2×(3.3－0.5)×25【构造柱根数】＋0.03×0.2×(3.3－0.5)×59【马牙槎个数】＋0.03×0.1×(3.3－0.5)×3【马牙槎个数】＝3.82m^3 二层构造柱体积：$V_2=V_{2-1}+V_{2-2}$＝0.05＋3.82＝3.87m^3 三层： 三层构造柱工程量同二层V_3＝3.87m^3 构造柱工程量汇总：$V=V_1+V_2+V_3$＝3.43＋3.87＋3.87＝11.17m^3
36	现浇构件钢筋	t	38.88	钢筋计算汇总：13.70＋25.18＝38.88t，其中箍筋7.37t HPB300级钢筋：13.70t；其中：ϕ6.5＝1.30t；ϕ8＝8.59t；ϕ10＝3.81t HRB400级钢25.18t；其中：ϕ8＝5.59t；ϕ12＝1.16t；ϕ14＝0.90t；ϕ16＝3.70t；ϕ18＝5.65t；ϕ20＝5.33t；ϕ22＝2.12t；ϕ25＝0.73t 说明：设计图上HPB300级ϕ6钢筋计算时，按ϕ6.5计算线密度，因为市场上只有ϕ6.5，无ϕ6的钢筋
37	预制构件钢筋	t	0.44	按图示钢筋长度乘以单位理论质量计算： 按图示预制过梁钢筋求得预制钢筋重量：0.44t

续表

序号	项目名称	单位	工程量	工程量计算式
38	钢筋笼	t	3.24	桩主筋：(7.75−0.04×2)×10×14^2×0.00617×20=1855.1kg 加密区螺旋箍长度：(1.5/0.1)×{[(0.8−2×0.04+0.01)×3.14]^2+0.1^2}$^{0.5}$+1.5×3.14×(0.8−0.04×2+0.01)+11.9×0.01=37.97 非加密区螺旋箍长度：(7.75−1.5)/0.2×{[(0.8−2×0.04+0.008)×3.14]^2+0.2^2}$^{0.5}$+1.5×3.14×(0.8−0.04×2+0.008)+11.9×0.008=75.23m 螺旋箍工程量：37.97×20×10^2×0.00617+75.23×20×8^2×0.00617=1062.69kg 加劲箍长度：(0.8−2×0.04)×3.14+0.3+6.25×0.012=2.64 加劲箍根数：7.75/2+1=5 加劲箍工程量：(2.64×5×14^2×0.00617)×20=319.26kg 钢筋笼工程量汇总：1855.1+1062.69+319.26=3.24t
39	支撑钢筋	t	0.312	有梁板的铁马按暂估量进行计算： 板净面积：S=277.13【1F】+231.25【2F】+(242.79+15.82+8.12)【3F】=775.11m^2 钢筋重量：775.11×3【每平方米3个】×(0.12×2+0.1)【120mm板厚单个长度】×0.395=312kg=0.312t
40	砌体加筋	t	0.93	按规范布置砌体加筋得：0.93t
41	预埋铁件	t	0.05	按图示尺寸以质量计算楼梯栏杆预埋铁件：(0.15+0.055×2)×2×48×0.00617×8×8×0.001=0.01 护窗栏杆预埋铁件：(0.06+0.08×2)×2×[(3600/110+1)×2+4800/110+1]×2×0.00617×8×8×0.001=0.04 预埋铁件汇总：0.01+0.04=0.05t
42	机械连接	个	62	按设计数量计算，梁筋中直径≥22mm计算机械连接，6m为单根长度。从图中得机械连接为62个
43	植筋连接（墙体拉结筋）	个	1765	按设计数量计算： 从图中砌体加筋钢筋植筋计算得：1765个
44	植筋连接（现浇过梁）	个	28	从图中现浇过梁钢筋植筋计算得：28个
45	植筋连接（构造柱）	个	544	按设计数量计算： 从图中构造柱钢筋植筋计算得：544个
46	电渣压力焊	个	464	设计未明确，其工程量为暂估，其计算电渣压力焊为：464个
47	散水	m^2	62.19	按图示尺寸以水平投影面积计算不扣除单个≤0.3m^{2}的孔洞面积： 散水内侧净长：L=(13.2+0.7×2+0.1×2)×2+25.8+0.1×2+(3.6+3+0.1−0.85−0.3×3)×2=65.5m^2 S=65.5×0.9+0.9×0.9×4【四周】=62.19m^2

续表

序号	项目名称	单位	工程量	工程量计算式
48	台阶	m^2	18.63	以平方米计量，按设计图示尺寸水平投影面积计算： S_1＝(25.8－3.6×2－3×2＋0.85×2＋0.3×3×2)×(2.4－0.1＋0.3×3)＝51.52m^2 S_2＝(25.8－3.6×2－3×2＋0.85×2)×(2.4－0.1)＝32.89m^2 S_3＝S_1－S_2＝ 18.63m^2
A.6　金属结构工程（编码：0106）				
49	砌块墙钢丝网加固	m^2	446.18	按图示尺寸以面积计算： 按规范计算得到砌块钢丝网加固工程量：446.18m^2
A.8　门窗工程（编码：0108）				
50	防盗门	m^2	2.10	以平方米计量，按设计图示洞口尺寸以面积计算： 防盗门工程量：1.0×2.1＝2.10m^2
51	电子感应门	樘	1	以樘计量，按设计图示数量计算 电子感应门 M3027 工程量：1 樘
52	成品套装工艺门带套	m^2	65.10	以平方米计量，按设计图示洞口尺寸以面积计算： 成品套装工艺门工程量： M1021：S_1＝1×2.1×28【樘】＝58.80m^2 M1221：S_2＝1.2×2.1×1【樘】＝2.52m^2 M1821：S_3＝1.8×2.1×1【樘】＝3.78m^2 成品套装门工程量汇总：$S_{总}$＝S_1＋S_2＋S_3＝58.80＋2.52＋3.78＝65.10m^2
53	成品塑钢门	m^2	10.08	以平方米计量，按设计图示洞口尺寸以面积计算： 成品塑钢门工程量：M0821：S＝0.8×2.1×6＝10.08m^2
54	不锈钢栏杆门	m^2	1.26	以平方米计量，按设计图示洞口尺寸以面积计算： 成品塑钢门工程量：大法庭栏杆处：S＝0.7×0.9×2＝1.26m^2
55	成品塑钢窗（飘窗）	m^2	32.40	以平方米计量，按设计图示尺寸以框外围展开面积计算： PC0915：S＝0.9×1.5×24＝32.40m^2
56	成品塑钢窗（C1）	m^2	32.40	以平方米计量，按设计图示洞口尺寸以面积计算： C1：S＝0.9×1.2×30＝32.40m^2
57	金属百叶窗	m^2	132.40	以平方米计量，按设计图示洞口尺寸以面积计算： ⑬～①轴立面：S_1＝2.3×(1.15＋2.5＋1.6＋2.05＋2.2＋2.05×2＋2.2＋1)＝38.64m^2 S_2＝3.1×(1.15＋2.5＋1.6＋2.05＋2.2＋2.05×2＋2.2＋1)＝52.08m^2 S_3＝2.9×(1.15＋2.5＋1.6＋0.85×2＋2.05＋2.2＋1)＝35.38m^2 S_4＝1.5×(1＋2.2＋1)＝6.30m^2 $S_{总}$＝S_1＋S_2＋S_3＋S_4＝38.64＋52.08＋35.3＋6.308＝132.40m^2

续表

序号	项目名称	单位	工程量	工程量计算式
58	石材窗台板	m^2	17.28	按图示尺寸以展开面积计算： $S=0.9\times0.8\times24=17.28m^2$
A.9 屋面及防水工程（编码：0109）				
59	屋面卷材防水	m^2	362.54	按设计图示尺寸以面积计算：平屋顶为平面面积加反边高度面积： 屋面平面面积同平面砂浆找平层：$S_1=321.31m^2$ 卷边长度： 二层：$L_1=(2.7-0.25)\times2+(6.6-0.15\times2)\times2=11.20m$ 屋面：$L_2=[(25.8-0.2)+(6-0.2)\times2+(11.7-0.2)\times2+4.5\times2+13.8+(6-0.2+13.8-0.2)\times2]=121.80m$ $L=L_1+L_2=11.20+121.80=133m$ 卷边高度：$H=0.25$【防水最小露出高度】$+(0.04+0.015)$【防水层以上面层厚度】$=0.31m$ 卷边面积：$S_2=L\times H=133\times0.31=41.23m^2$ 卷材防水工程量：$S=S_1+S_2=321.31+41.23=362.54m^2$
60	刚性屋面	m^2	321.31	按图示尺寸以面积计算： 屋面刚性层工程量为屋面平面面积：$321.31m^2$
61	楼地面卷材防水	m^2	61.50	按设计图示尺寸以面积计算，楼地面防水反边高度≤300mm的算作地面防水，反边高度>300mm按墙面防水计算。 一层： 卫生间+洗手间：$S_{1-1}=(4.8-0.2)\times(3.3-0.2)=14.26m^2$ 洗手间反边工程量：$S_{1-2}=[(1.5-0.15)\times2+2.4-0.15]\times0.25$【反边高度】$=1.24m^2$ 一层防水工程量汇总：$S_1=14.26+1.24=15.50m^2$ 二层： 卫生间+洗手间：$S_{2-1}=(4.8-0.2)\times(3-0.2)=12.88m^2$ 洗手间反边工程量：$S_{2-3}=[(1.2-0.15)\times2+2.4-0.15]\times0.25$【反边高度】$=1.09m^2$ 二层防水工程量：$S_2=12.88+1.09=13.97m^2$ 三层： 卫生间+洗手间：$S_{3-1}=(4.8-0.2)\times(3.3-0.2)=14.26m^2$ 厨房：$S_{3-2}=(3.3-0.2)\times(4.8-0.2)-0.2\times0.2\times2=14.18m^2$ 洗手间反边工程量：$S_{3-3}=[(1.5-0.15)\times2+2.4-0.15]\times0.25$【反边高度】$=1.24m^2$ 厨房反边工程量：$S_{3-4}=(3.3-0.2+1.8-0.2)\times2\times0.25$【反边高度】$=2.35m^2$ $S_3=S_{3-1}+S_{3-2}+S_{3-3}+S_{3-4}=14.26+14.18+1.24+2.35=32.03m^2$ 楼地面卷材防水工程量汇总：$S=S_1+S_2+S_3=15.50+13.97+32.03=61.50m^2$

续表

序号	项目名称	单位	工程量	工程量计算式
62	墙面防水	m^2	101.79	按图示尺寸以面积计算。 卫生间墙净长： 一层：L_{1-1}=(3.3－0.2＋2.4－0.15)×2＋(1.8－0.15＋2.4－0.15)×2=18.5m 二层：L_{1-2}=(3－0.2＋2.4－0.15)×2＋(1.8－0.15＋2.4－0.15)×2=17.9m 三层：L_{1-3}=(3.3－0.2＋2.4－0.15)×2＋(1.8－0.15＋2.4－0.15)×2=18.5m 卫生间墙净长：$L_1=L_{1-1}+L_{1-2}+L_{1-3}$=18.5＋17.9＋18.5=54.9m 防水高度：卫生间2.1m S_1=54.9×2.1－0.8×1.8×6【M0821】－0.9×0.9×6【C1＋PC0915】=101.79m^2
63	屋面排水管	m	74.40	按设计图示尺寸以长度计算。如设计未标注尺寸，以檐口至设计室外散水上表面垂直距离计算。 单根长度（以檐口至设计室外散水上表面垂直距离计算）：18.6m 总长：18.6×4=74.4m
A.10　保温、隔热、防腐工程（编码：0110）				
64	保温隔热屋面（挤塑板）	m^2	321.31	按设计图示尺寸以面积计算，扣除面积在＞0.3m^2孔洞及所占面积。 屋面保温工程量同屋面面积：S=321.31m^2
65	保温隔热屋面（陶粒混凝土）	m^2	321.31	按设计图示尺寸以面积计算，扣除面积在＞0.3m^2孔洞及所占面积。 屋面保温工程量同屋面面积：S=321.31m^2
66	保温隔热墙面	m^2	647.46	按图示尺寸以面积计算，扣除门窗洞口及面积＞0.3m^2梁、孔洞面积；门窗洞口侧壁以及与墙相连的柱，并入保温墙体工程量。 一层：S_1=[(6.6＋11.1＋0.2＋2.1)×2＋25.8]×3.9－0.9×1.5×8【PC0915】－0.9×1.2×10【C1】=226.92m^2 二层：S_2=[25.8＋(6.6＋11.1＋0.2)×2]×3.3－0.9×1.5×8【PC0915】－0.9×1.2×10【C1】=169.68m^2 三层工程量同二层：S_3=169.68m^2 PC0915侧壁及上下板：S_4=(0.6×1.5×2＋0.6×1.1×2)×24=74.88m^2 C1侧壁：S_5=(0.9＋1.2)×2×0.05×30=6.3m^2 保温墙体工程量：$S=S_1+S_2+S_3$=226.92＋169.68＋169.68＋74.88＋6.3=647.46m^2
A.11　楼地面装饰工程（编码：0111）				
67	平面砂浆找平层（屋面）	m^2	321.31	按设计图示尺寸以面积计算：平屋顶为平面面积加反边高度面积。 二层屋面：S_1=(2.7－0.25)×(6.6－0.15×2)=15.44m^2 顶层屋面：S_2=(25.8－0.3)×(11.7－0.35)＋(13.8－0.25)×(1.5＋0.05)－(4.5×2＋13.8)×0.2=305.87m^2 屋面平面面积$S=S_1+S_2$=15.44＋305.87=321.31m^2

续表

序号	项目名称	单位	工程量	工程量计算式
68	平面砂浆找平层（卫生间）	m^3	62.60	按设计尺寸以面积计算。 20 厚 1∶2.5 水泥砂浆找平层 S_1＝10.69＋10.01＋10.6＝31.30m^2 20 厚 1∶2.5 水泥砂浆保护层 S_2＝10.69＋10.01＋10.6＝31.30m^2 S＝S_1＋S_2＝31.30＋31.30＝62.60m^2
69	门厅入口平台地面	m^2	27.40	S＝(2.4－0.1－0.3)【宽】×(25.8－6.6×2＋0.55×2)【长】＝27.40m^2
70	玻化砖地面	m^2	708.46	按图示尺寸以面积计算，门洞、空圈、壁龛的开口部分并入相应工程量内。 一层： ①～③、Ⓐ～Ⓔ轴线大法庭：S_{1-1}＝(6.6－0.2)×(11.1－0.2)＝69.76m^2 ②～⑤、Ⓒ～Ⓔ轴线合议室：S_{1-2}＝(3－0.2)×(4.8－0.2)＝12.88m^2 ⑤～⑧、Ⓒ～Ⓕ轴线法庭：S_{1-3}＝(6.6－0.2)×(6.9－0.2)＝42.88m^2 ⑨～⑩、Ⓒ～Ⓔ轴线律师室：S_{1-4}＝(3.3－0.2)×(4.8－0.2)＝14.26m^2 ⑨～⑩、Ⓐ～Ⓑ轴线立案室：S_{1-5}＝(3.3－0.2)×(4.5－0.2)＝13.33m^2 ⑩～⑬、Ⓐ～Ⓑ轴线调解室：S_{1-6}＝(3.3－0.2)×(4.5－0.2)＝13.33m^2 ③～⑨、Ⓐ～Ⓒ轴线大厅：S_{1-7}＝(12.6－0.2)×(6.3－0.2)＝75.64m^2 ⑨～⑬、Ⓑ～Ⓒ轴线走道：S_{1-8}＝6.6×(1.8－0.2)＋(2.4＋0.1－0.05)×(1.5－0.15)＝13.87m^2 一层各房间面积汇总：$S_{一层}$＝S_1－1＋S_{1-2}＋S_{1-3}＋S_{1-4}＋S_{1-5}＋S_{1-6}＋S_{1-7}＋S_{1-8}＝69.76＋12.88＋42.88＋14.26＋13.33＋13.33＋75.64＋13.87＝255.95m^2 一层玻化砖工程量：S_1＝255.95－(0.2×0.2×4＋0.2×0.4＋0.15×0.5＋0.1×0.2×6＋0.1×0.2×2＋0.15×0.3×3＋0.3×0.3＋0.15×0.15×2)【突出墙柱垛】＝255.21m^2 二层： ①～⑬、Ⓐ～Ⓑ轴线办公室面积：S_{2-1}＝(4.5－0.2)×(25.8－0.2)－(4.5－0.2)×0.2×6＝104.92m^2 ①～③、Ⓒ～Ⓔ轴线办公室面积：S_{2-2}＝(7.2－0.2)×(4.8－0.2)－4.8×0.2＝31.24m^2 ⑨～⑩、Ⓒ～Ⓔ轴线办公室面积：S_{2-3}＝(3.3－0.2)×(4.5－0.2)＝13.33m^2 ④～⑧、Ⓒ～Ⓔ轴线会议室面积：S_{2-4}＝(9－0.2)×(4.8－0.2)＝40.48m^2 ①～⑬、Ⓑ～Ⓒ轴线过道：S_{2-5}＝(1.8－0.2)×(25.8－0.2)＋(1.2－0.15)×(2.4＋0.1－0.05)＝43.53m^2 二层各房间面积：$S_{二层}$＝S_{2-1}＋S_{2-2}＋S_{2-3}＋S_{2-4}＋S_{2-5}＝104.92＋31.24＋13.33＋40.48＋43.53＝233.50m^2 二层玻化砖工程量：S_2＝233.50－(0.2×0.2×6＋0.1×0.2×4＋0.2×0.4×4)【突出墙柱垛】＝232.86m^2

续表

序号	项目名称	单位	工程量	工程量计算式
70	玻化砖地面	m^2	708.46	三层： ①～⑬、Ⓐ～Ⓑ轴线办公室面积：S_{3-1}=(4.5－0.2)×(25.8－0.2)－(4.5－0.2)×0.2×6=104.92m^2 ①～②、Ⓒ～Ⓔ轴线案卷存放室：S_{3-2}=(3.6－0.2)×(4.8－0.2)=15.64m^2 ②～④、Ⓒ～Ⓔ轴线执行物保管室：S_{3-3}=(3.6－0.2)×(4.8－0.2)=15.64m^2 ④～⑧、Ⓒ～Ⓔ轴线会议室：S_{3-4}=(9－0.2)×(4.8－0.2)=40.48m^2 ①～⑬、Ⓑ～Ⓒ轴线过道：S_{3-5}=(1.8－0.2)×(25.8－0.2)+(1.5－0.15)×4(2.4+0.1－0.05)=44.27m^2 三层各房间面积：$S_{三层}=S_{3-1}+S_{3-2}+S_{3-3}+S_{3-4}+S_{3-5}$=104.92+15.64+15.64+40.48+44.27=220.95m^2 三层玻化砖工程量：S_3=220.95－(0.2×0.2×4+0.1×0.2×4+0.2×0.4×4)【突出墙柱垛】=220.39m^2 玻化砖楼地面工程量汇总：$S_{总}$=255.21+232.86+220.39=708.46m^2
71	防滑地砖楼地面	m^2	45.33	按设计图示尺寸以面积计算： 卫生间：S_1=10.69+10.01+10.69－0.2×0.2×6【突出墙柱垛】=31.15m^2 三层厨房：S_2=(3.3－0.2)×(4.8－0.2)－0.2×0.2×2=14.18m^2 $S=S_1+S_2$=31.15+14.18=45.33m^2
72	黑色花岗石门槛石	m^2	7.48	按设计图示尺寸以面积计算： 一层：S_1=(1×5+1.8+1.2+3)×0.2+0.8×0.1×2=2.36m^2 二层：S_2=1×0.2×12+0.8×0.1×2=2.56m^2 三层：S_3=1×0.2×12+0.8×0.1×2=2.56m^2 $S_{总}=S_1+S_2+S_3$=2.36+2.56+2.56=7.48m^2
73	楼梯地面砖	m^2	17.91	按设计图示尺寸以楼梯（包括踏步、休息平台及≤500mm的梯井）的水平投影面积计算楼梯与楼地面相连时，算至梯口梁内侧边沿，无梯口梁算至上一层踏步边沿加300mm S=(3.08×2.8+1.325×0.25)×2=17.91m^2
74	楼梯休息平台地面砖	m^2	8.23	按设计图示尺寸以楼梯（包括踏步、休息平台及≤500mm的梯井）的水平投影面积计算楼梯与楼地面相连时，算至梯口梁内侧边沿，无梯口梁算至上一层踏步边沿加300mm S=1.47×2.8×2=8.23m^2
75	台阶石材面	m^2	13.80	台阶边沿加300mm，S=0.3×4×11.5=13.80m^2

续表

序号	项目名称	单位	工程量	工程量计算式
76	玻化砖踢脚线	m	620.15	以米计量，按延长米计算。 一层： ①～③、Ⓐ～Ⓔ轴线大法庭：L_{1-1}＝(6.6－0.2＋11.1－0.2)×2＋0.2×2＋0.15×2＝35.30m ③～⑤、Ⓒ～Ⓔ轴线合议室：L_{1-2}＝(3－0.2＋4.8－0.2)×2＝14.80m ⑤～⑧、Ⓒ～Ⓕ轴线法庭：L_{1-3}＝(6.6－0.2＋6.9－0.2)×2＋0.1×4＝26.60m ⑨～⑩、Ⓒ～Ⓔ轴线律师室：L_{1-4}＝(3.3－0.2＋4.8－0.2)×2＝15.40m ⑨～⑩、Ⓐ～Ⓑ轴线立案室：L_{1-5}＝(3.3－0.2＋4.5－0.2)×2＝14.80m ⑩～⑬、Ⓐ～Ⓑ轴线调解室：L_{1-6}＝(3.3－0.2＋4.5－0.2)×2＝14.80m ③～⑨、Ⓐ～Ⓒ轴线大厅：L_{1-7}＝4.5＋12.6－0.2＋6.3－0.2＋9.6－0.2＝32.40m ⑨～⑬、Ⓑ～Ⓒ轴线走道：L_{1-8}＝1.8－0.2＋6.6×2＋(2.4＋0.01－0.05)×2＋(1.5－0.15)＝20.87m ⑧～⑨、Ⓒ～Ⓔ轴线楼梯间：L_{1-9}＝(4.8－0.2)×2＋3－0.2＝12.00m $L_1＝L_{1-1}＋L_{1-2}＋L_{1-3}＋L_{1-4}＋L_{1-5}＋L_{1-6}＋L_{1-7}＋L_{1-8}＋L_{1-9}$＝35.30＋14.80＋26.60＋15.40＋14.80＋14.80＋32.40＋20.87＋12.00＝186.97m 二层： ①～⑬、Ⓐ～Ⓑ轴线办公室墙净长线：L_{2-1}＝(25.8－0.2×6)×2＋(4.5－0.2)×14＝109.40m ①～④、Ⓒ～Ⓔ轴线办公室墙净长线：L_{2-2}＝(7.2－0.2×2)×2＋(4.8－0.2)×4＋0.2×4＝32.80m ⑨～⑩、Ⓒ～Ⓔ轴线办公室墙净长线：L_{2-3}＝(3.3－0.2＋4.8－0.2)×2＝15.40m ④～⑧、Ⓒ～Ⓔ轴线会议室墙净长线：L_{2-4}＝(9－0.2＋4.8－0.2)×2＋0.2×4＝27.60m ⑧～⑨、Ⓒ～Ⓔ轴线楼梯间：L_{2-6}＝(3.082＋1.952)0.5×2＋0.28＋1.47×2＋2.8＝13.31m ①～⑬、Ⓑ～Ⓒ轴线过道墙净长线：L_{2-5}＝(1.8－0.2＋25.8－0.2)×2－(3－0.2)＋(2.4＋0.1－0.05)×2＋(1.2－0.15)＝57.55m $L_2＝L_{2-1}＋L_{2-2}＋L_{2-3}＋L_{2-4}＋L_{2-5}$＝109.40＋32.80＋15.40＋27.60＋13.31＋57.55＝256.01m 三层： ①～⑬、Ⓐ～Ⓑ轴线办公室墙净长线：L_{3-1}＝(25.8－0.2×6)×2＋(4.5－0.2)×14＝109.40m ①～②、Ⓒ～Ⓔ轴线案卷存放室墙净长线：L_{3-2}＝(3.6－0.2＋4.8－0.2)×2＝16m ②～④、Ⓒ～Ⓔ轴线执行物保管室墙净长线：L_{3-3}＝(3.6－0.2＋4.8－0.2)×2＋0.2×2＝16.40m ④～⑧、Ⓒ～Ⓔ轴线会议室墙净长线：L_{3-4}＝(9－0.2＋4.8－0.2)×2＋0.2×2＝27.20m

续表

序号	项目名称	单位	工程量	工程量计算式
76	玻化砖踢脚线	m	620.15	⑧～⑨、©～Ⓔ轴线楼梯间墙净长线：L_{3-6}＝(2.82＋1.652)×0.5＋(3.082＋1.652)×0.5＋1.47×2＋2.8＋0.28×3＝13.32m ①～⑬、Ⓑ～©轴线过道：L_{3-7}＝(1.8－0.2＋25.8－0.2)×2－(3－0.2)＋(2.4＋0.1－0.05)×2＋(1.5－0.15)＝57.85m L_3＝L_{3-1}＋L_{3-2}＋L_{3-3}＋L_{3-4}＋L_{3-5}＋L_{3-6}＋L_{3-7}＝109.40×＋16＋16.40＋27.20＋13.32＋57.85＝240.17m L＝L_1＋L_2＋L_3＝186.97＋256.01＋240.17＝683.15m 门洞:1×(28×2＋1)＋(1.2＋1.8)×2＝60m 踢脚线工程量汇总：683.15－63＝620.15m
A.12 墙、柱面装饰与隔断、幕墙工程（编码：0112）				
77	青灰色外墙砖	m^2	607.22	按镶贴表面积计算： 外墙面： ⑬～①轴面：S_1＝9.6×(10.3－0.3)×2＋(6.6＋0.2)×(10.3－3.9)＋(6.6＋0.2)×(3.7－0.3)－132.4【百叶窗】－0.6×1.5×8【象牙白外墙砖】－0.9×1.5×8×3【PC0915】＝86.64m^2 ①～⑬轴面：S_2＝[(6.6＋0.1)×(10.3－0.3)＋0.2×1.5×2－0.9×1.2×6【C1】]×2＝122.24m^2 侧面：S_3＝[11.9×(10.3－0.3)＋2.8×(3.9－0.3)＋0.2×1.5×3－0.9×1.2×9【C1】]×2＝240.52m^2 基层为砖墙的青灰色外墙砖工程量汇总：S＝S_1＋S_2＋S_3＝86.64＋122.24＋240.52＝449.40m^2 屋顶混凝土墙 S_1＝[(13.8＋0.2)＋(6－0.2)×2]×(2.1－0.8)＋(13.8＋0.2)×(2.1－0.8＋0.5)＝59.98m^2 异形梁： 二层：S_{2-1}＝0.8×[(2.8＋0.1)×2＋6.6＋0.2]＋(0.3×0.6＋0.3×0.3＋0.1×0.2＋0.1×0.1)×4＝11.28m^2 屋面：S_{2-2}＝0.8×[6×2＋(11.7＋0.2)×2＋25.8＋0.2]＋(0.3×0.6＋0.3×0.3＋0.1×0.2＋0.1×0.1)×8＝51.84m^2 直行墙墙顶：S_{2-3}＝(13.8＋0.2＋6＋0.2)×2×0.8＋(0.3×0.6＋0.3×0.3＋0.1×0.2＋0.1×0.1)×8＝34.72m^2 S_2＝S_{2-1}＋S_{2-2}＋S_{2-3}＝11.28＋51.84＋34.72＝97.84m^2 基层为：S＝S_1＋S_2＝59.98＋97.84＝157.82m^2 青灰色外墙砖汇总：449.40＋157.82＝607.22m^2
78	象牙白外墙砖	m^2	9.60	按镶贴表面积计算： S＝0.8×1.5×8＝9.60m^2
79	黑色外墙砖	m^2	4.14	按镶贴表面积计算： S＝3.14×0.55×0.6×4＝4.14m

续表

序号	项目名称	单位	工程量	工程量计算式
80	内墙砖	m^2	176.85	按镶贴表面积计算： 卫生间墙净长线尺寸： 一层：L_1＝(2.4－0.15)×4＋(3.3－0.2)×2＋(1.8－0.15)×2＝18.50m 二层：L_2＝(2.4－0.15)×4＋(3－0.2)×2＋(1.8－0.15)×2＝17.90m 三层：L_3＝(2.4－0.15)×4＋(3.3－0.2)×2＋(1.8－0.15)×2＝18.50m $L_总$＝L_1＋L_2＋L_3＝19.50＋17.90＋18.50＝55.90 S_1＝55.90×2.7－0.8×2.1×6【M0821】－0.9×1.5×6【PC0915】＝132.75m^2 厨房：S_2＝15.40×3－1×2.1＝44.10m^2 内墙砖工程量汇总：S＝S_1＋S_2＝132.75＋44.10＝176.85m^2
81	外墙砖零星贴砖	m^2	12.60	按镶贴表面积表计算。 C1侧壁青灰色块料：S＝(0.9＋1.2)×2×0.1×30＝12.6m^2
82	楼梯间零星贴砖	m^2	1.00	按镶贴表面积表计算。 楼梯梯段侧壁块料：S＝0.28×0.162×0.5×24＋0.28×0.15×0.5×22＝1.00m^2
83	蘑菇石外墙砖	m^2	60.10	按镶贴表面积表计算： S＝[25.8＋0.2＋(11.8＋0.2＋2.8＋6.6)×2]×0.9＋(12.6－1.1×0.3×2)×0.3－0.2×1.5×18＝60.10m^2
84	砖墙墙面一般抹灰	m^2	1757.42	按设计图示尺寸以面积计算，扣除墙裙、门窗洞口及单个＞0.3m^2的洞口面积，不扣除踢脚线、挂镜线和墙与构件交接处的面积，门窗洞口侧壁及顶面不增加面积，附墙柱、梁、垛、烟囱侧壁并入相应墙面面积内，有吊顶天棚算至吊顶天棚底。 墙面尺寸同踢脚线。 一层： 大法庭：S_{1-1}＝(6.6－0.2)×3.05＋(3.95×3.05＋3.86×2.9＋3.09×2.6)×2＝82.07m^2 大厅、走道：S_{1-2}＝(32.40＋20.87－12.6)×3＋13.87×2.8＋(1.05＋0.43)×3×2【圆柱】＝169.72m^2 合议室、法庭、律师室、立案室、调解室：S_{1-3}＝(186.97－35.30－32.40－20.87－12.00)×3＝259.2m^2 楼梯间：S_{1-4}＝12×3.9＝46.80m^2 需扣除的门窗面积：S_{1-5}＝0.9×1.2×10＋0.9×1.5×8＋1.8×2.1×2＋1.0×2.1×10＋1.2×2.1×2＝55.20m^2 需扣除的镜面玻璃面积：S_{1-6}＝1.20m^2 S_1＝S_{1-1}＋S_{1-2}＋S_{1-3}＋S_{1-4}－S_{1-5}－S_{1-6}＝82.07＋169.72＋259.20＋46.80－55.20－1.20＝501.39m^2

续表

序号	项目名称	单位	工程量	工程量计算式
84	砖墙墙面一般抹灰	m^2	1757.42	二层： 办公室、会议室：S_{2-1}=(256.01－13.31－57.55－12.6)×3＋(1.05＋0.43)×3×2【圆柱】=526.53m^2 走道：S_{2-2}=57.55×2.8=161.14m^2 楼梯间：S_{2-3}=12×3.3=39.60m^2 需扣除的门窗面积：S_{2-4}=0.8×2.1×2＋1×2.1×24＋0.9×1.5×8＋0.9×1.2×10=75.36m^2 需扣除的镜面玻璃面积：S_{2-5}=1.20m^2 $S_2=S_{2-1}+S_{2-2}+S_{2-3}-S_{2-4}-S_{2-5}$=526.53＋161.14＋39.6－75.36－1.20=650.71m^2 三层： 办公室、会议室：S_{3-1}=(256.01－13.32－57.55－12.60－15.40)×3＋(1.05＋0.43)×3×2【圆柱】=480.30m^2 走道：S_{3-2}=57.85×2.8=161.98m^2 楼梯间：S_{3-3}=12×3.3=39.60m^2 需扣除的门窗面积：S_{3-4}=0.8×2.1×2＋1×2.1×24＋0.9×1.5×8＋0.9×1.2×10=75.36m^2 需扣除的镜面玻璃面积：S_{3-5}=1.20m^2 $S_3=S_{3-1}+S_{3-2}+S_{3-3}-S_{3-4}-S_{3-5}$=480.30＋161.98＋39.6－75.36－1.20=605.32m^2 $S_{总}=S_1+S_2+S_3$=501.39＋650.71＋605.32=1757.42m^2
85	混凝土墙一般抹灰	m^2	81.48	按设计图示尺寸以面积计算，扣除墙裙、门窗洞口及单个＞0.3m^2的洞口面积，不扣除踢脚线、挂镜线和墙与构件交接处的面积，门窗洞口侧壁及顶面不增加面积，附墙柱、梁、垛、烟囱侧壁并入相应墙面面积内，有吊顶天棚算至吊顶天棚底。 墙面尺寸同踢脚线： S=(13.8－0.2＋6－0.2)×2×2.1=81.48m^2
86	砖井圈抹灰	m^2	55.46	按抹灰面积及计算 S=3.14×(0.81×0.81－0.57×0.57)＋0.2×3.14×0.57×2＋0.2×3.14×0.81×2)×20=55.46m^2
87	红樱桃饰面板	m^2	8.00	按设计墙净长乘以净高计算，扣除门窗洞口及单个＞0.3m^2的孔洞所占面积： S=2.6×6.4－3.6×2.4=8.00m^2
88	白枫木饰面板	m^2	8.64	按设计墙净长乘以净高计算，扣除门窗洞口及单个＞0.3m^2的孔洞所占面积： S=3.6×2.4=8.64m^2
89	卫生间成品隔断	间	15	以间计量，按设计间的数量计算。 按设计图中得卫生间成品隔断数量为15间

续表

序号	项目名称	单位	工程量	工程量计算式
				A.13 天棚工程（编码：0113）
90	天棚抹灰	m^2	47.64	按设计图示尺寸以水平投影面积计算，不扣除间壁墙、垛、柱、附墙烟囱、检查口和管道所占面积，带梁天棚的梁两侧抹灰面积并入天棚工程内，板式楼梯底面积底面积按斜面积计算。 楼梯间： 梯板：S_1=(1.325×3.08×2+1.325×2.8+1.325×3.08)×1.3+0.28×1.325=21.11m^2 休息平台：S_2=(1.47×2.8)×2+(0.25×2.8×5+0.3×2.8×2+0.4×2.8+1.2×2.5×4)【梁侧面面积】=26.53m^2 基层为混凝土的天棚抹灰工程量为：$S_总=S_1+S_2$=21.11+26.53=47.64m^2
91	轻钢龙骨石膏板（平级不上人）	m^2	117.35	按设计尺寸以水平投影面积计算，天棚中的灯槽及跌级，锯齿形、吊挂式、藻井式天棚面积不展开计算，不扣除间壁墙检查口、附墙烟囱、柱垛所占面积，扣除单个面积>0.3m^2 的孔洞、独立柱及天棚相连的窗帘盒所占面积。 根据玻化砖地面所求房间面积得： 平级轻质龙骨石膏板工程量：S=13.87+43.53+44.27+(2.4+0.15−0.1)×(3.6+3−0.2)=117.35m^2
92	轻钢龙骨石膏板（跌级不上人）	m^2	129.72	按设计尺寸以水平投影面积计算，天棚中的灯槽及跌级，锯齿形、吊挂式、藻井式天棚面积不展开计算，不扣除间壁墙检查口、附墙烟囱、柱垛所占面积，扣除单个面积>0.3m^2 的孔洞、独立柱及天棚相连的窗帘盒所占面积。 根据玻化砖地面所求房间面积得： 跌级轻质龙骨石膏板工程量：S=69.76+75.64−(2.4+0.15−0.1)×(3.6+3−0.2)=129.72m^2
93	硅钙板吊顶天棚	m^2	463.33	按设计尺寸以水平投影面积计算，天棚中的灯槽及跌级，锯齿形、吊挂式、藻井式天棚面积不展开计算，不扣除间壁墙检查口、附墙烟囱、柱垛所占面积，扣除单个面积>0.3m^2 的孔洞、独立柱及天棚相连的窗帘盒所占面积。 根据玻化砖地面所求房间面积得： 一层：S_1=12.88+42.88+14.26+13.33+13.33=96.68m^2 二层：S_2=233.50−43.53=189.97m^2 三层：S_3=220.95−44.27=176.68m^2 硅钙板吊顶天棚：$S=S_1+S_2+S_3$=96.68+189.97+176.68=463.33m^2
94	铝扣板天棚	m^2	46.73	按设计尺寸以水平投影面积计算，天棚中的灯槽及跌级，锯齿形、吊挂式、藻井式天棚面积不展开计算，不扣除间壁墙检查口、附墙烟囱、柱垛所占面积，扣除单个面积>0.3m^2 的孔洞、独立柱及天棚相连的窗帘盒所占面积。 一层卫生间：S_1=(2.4−0.15)×(3.3−0.15)+(1.8−0.15)×2.4=11.05m^2 二层卫生间：S_2=(2.4−0.15)×(3.3−0.15)+(1.8−0.15)×2.4=10.37m^2 三层卫生间：S_3=(2.4−0.15)×(3.3−0.15)+(1.8−0.15)×2.4=11.05m^2 三层厨房：S_4=(3.3−0.2)×(4.8−0.2)=14.26m^2 铝扣板吊顶工程量：$S_总=S_1+S_2+S_3$=11.05+10.37+11.05+14.26=46.73m^2

续表

序号	项目名称	单位	工程量	工程量计算式
				A. 14 油漆 涂料 裱糊工程（编码：0114）
95	抹灰面油漆（墙面）	m^2	1757.42	按图示尺寸以面积计算： 工程量同砖墙面一般抹灰工程量：1757.42m^2
96	抹灰面油漆（天棚）	m^2	47.64	按图示尺寸以面积计算。 工程量同天棚抹灰工程量：47.64m^2
97	抹灰面油漆（石膏板）	m^2	247.07	按图示尺寸以面积计算。 工程量为跌级轻钢龙骨工程量加平级轻质龙骨工程量：S=145.40+101.67=247.07m^2
				A. 15 其他装饰工程（编码：0115）
98	金属装饰线	m	8.50	按图示尺寸以长度计算： L=2.4×2+3.7=8.5m
99	卫生间阴角线	m	55.90	按图示尺寸以长度计算： L=55.90m
100	石膏装饰线	m	104.88	按图示尺寸以长度计算： L=(2.04+4.84)×6+(11.5+4.6)×2+(11.3+4.4)×2=104.88m
101	成品护窗栏杆	m	20.40	按图示尺寸以扶手中心线长度（包括弯头长度）计算： L=[(3.6−0.2)×2+(4.8−0.2)−0.4×3【圆柱长度】]×2=20.40m
102	成品不锈钢栏杆	m	25.96	按图示尺寸以扶手中心线长度（包括弯头长度）计算： L=6.93×2+6.05×2=25.96m
103	楼梯栏杆	m	14.13	按图示尺寸以扶手中心线长度（包括弯头长度）计算： L=3.56+0.17+3.56+3.49+0.17+3.18=14.13m
104	洗手台	m^2	1.56	按设计图示尺寸计算 洗手台面积：1.3×0.6×2【个】=1.56m^2
105	镜面玻璃	m^2	3.59	按图示尺寸以边框外围面积计算： S=1.26×0.95×3=3.59m^2
				A. 17 措施项目（编码：0117）
106	综合脚手架	m^2	916.44	按建筑面积计算： 一层：S_1=321.36m^2 二层：S_2=(25.8+0.2+0.1)×(11.1+0.2+0.1)=297.54m^2 三层：S_3=S_2=297.54m^2 S=S_1+S_2+S_3=916.44m^2
107	桩护壁模板	m^2	158.40	按混凝土接触面积计算： 单节护壁面积：$S_1=3.14\times(0.4+0.44)\times\sqrt{1^2+(0.44-0.4)^2}=2.64m^2$ S_1=2.64×(14+6)×3=158.40m^2

续表

序号	项目名称	单位	工程量	工程量计算式
108	基础垫层模板	m^2	27.82	垫层长度 L=6.26【垫层体积】/(0.45×0.1)【垫层面积】=139.11m 按混凝土接触面积计算：S=139.11×0.1【高】×2【边】=27.82m^2
109	基础梁模板	m^2	148.06	按混凝土接触面积计算：S=148.06m^2
110	矩形柱模板	m^2	292.45	按混凝土接触面积计算：S=292.45m^2
111	圆形柱模板	m^2	64.67	按混凝土接触面积计算：S=64.67m^2
112	直形墙模板	m^2	142.29	暗柱并入墙内：S=142.29m^2
113	有梁板模板	m^2	1047.16	按混凝土接触面积计算：S=1047.16m^2
114	矩形梁模板	m^2	14.27	按混凝土接触面积计算：S=14.27m^2
115	异形梁模板	m^2	285.42	按混凝土接触面积计算：S=285.42m^2
116	悬挑板模板	m^2	145.31	按混凝土接触面积计算：S=145.31m^2
117	直形楼梯模板	m^2	27.05	与混凝土水平投影面积相同：S=27.05m^2
118	现浇过梁模板	m^2	21.42	按混凝土接触面积计算：S=21.42m^2
119	构造柱模板	m^2	94.17	外露部分面积：S=94.17m^2
120	散水模板	m^2	7.27	按混凝土接触面积计算：S=65.5【长】×0.1+(0.9+0.9)×4【四周】×0.1=7.27m^2
121	台阶模板	m^2	18.63	同混凝土水平投影面积：S=18.63m^2
122	垂直运输	m^2	916.44	按建筑面积计算： 工程量同综合脚手架：S=916.44m^2

注 表中“【】”是对前面数字或计算式的进一步说明。

附录 A.2 组价工程量计算

说明：未列出序号的清单工程项目组价工程量，与清单工程量等同。

表 A-2 组价工程量计算表

工程名称：某法院办公楼 第1页 共9页

序号	项目名称	单位	工程量	组价工程量及计算过程
				A.3 桩基工程（编码：0103）
9	护壁混凝土（C25）	m^3	28.80	重庆地区2018护壁混凝土消耗量对比无护壁桩芯混凝土消耗量的差异，可以判断出护壁混凝土消耗量是没有考虑混凝土充盈量，需要计算出组价护壁混凝土充盈量，孔周边半径增加20mm。 每一节（长度1m）护壁混凝土：$V_{护壁}=V_{圆柱}-V_{圆台}$=3.14×(0.4+0.17+0.02)^2×1−3.14/3×(0.4^2+0.48^2+0.4×0.48)×1=0.48m^3 总护壁混凝土体积：$V_{总}$=0.48×3【土方深度】×(14+6)=28.80m^3

续表

序号	项目名称	单位	工程量	组价工程量及计算过程
11	人工挖孔桩桩芯混凝土（C25）	m^3	72.58	重庆地区2018定额说明：灌注桩无护壁桩芯混凝土充盈量考虑在消耗量，组价区分： 1. 有护壁段桩芯混凝土：1.07×14【WKZ_1】+1.07【WKZ_2】×6=21.40m^3 2. 无护壁段桩芯混凝土：72.58−21.40=51.18m^3
A.4 砌筑工程（编码：0104）				
13	页岩实心砖基础	m^3	19.16	1. 砖基础体积：同清单量$V_{砖基}$=19.16m^3 2. 防潮层包含在砖基础内，防潮层做法见建施说明4.1.2条。防潮层面积：$S=L_1$×墙厚=129.45×0.2+5.35×0.095=26m^2
A.5 混凝土及钢筋混凝土工程（编码：0105）				
31	悬挑板	m^2	66.68	1. 悬挑板面积：S=0.6×(6.6+0.1×2)+0.6×(25.8+0.1×2)+1.5×(6.6+6+0.6×2+0.25)+0.6×0.9×2×24=66.68m^2 2. 折算厚度：H=12.32/66.68【水平投影面积】=0.18m
32	直形楼梯	m^2	28.55	按楼梯结施图示计算水平投影面积范围的混凝土体积： PTB：V_1=1.22×0.1×(2.8+2.76)=0.68m^3 TL_1：V_2=0.25×0.4×(2.8×2+2.76)=0.84m^3 PTL：V_3=0.2×0.35×(2.8+2.76+1.22×4)=0.73m^3 TB_1：$V_4=[(3.08^2+1.787^2)^{0.5}$×1.325×0.12+0.163×0.28×1.325×11/2]×2=1.8m^3 TB_2：$V_5=(2.8^2+1.5^2)^{0.5}$×1.305×0.12+0.15×0.28×1.305×10/2+0.28×0.12×1.305=0.82m^3 TB_3：$V_6=(3.08^2+1.65^2)^{0.5}$×1.305×0.12+0.15×0.28×1.305×11/2=0.85m^3 1. $V=V_1+V_2+V_3+V_4+V_5+V_6$=0.68+0.84+0.73+1.8+0.82+0.85=5.71m^3 2. 折算厚度：H=5.71/27.05【水平投影面积】=0.21m
47	散水	m^2	62.19	1. 100厚碎石垫层：V=62.19×0.1=6.22m^3 2. 混凝土排水坡：同清单量S=62.19m^2 3. 沥青油灌缝长度：L=(13.2+0.7×2+0.1×2)×2+25.8+0.1×2+(3.6+3+0.1−0.85−0.3×3)×2=65.50mm
48	台阶	m^2	18.63	1. 100厚碎石垫层：V=18.63×0.1=1.86m^3 2. 台阶80厚C15混凝土V=18.63×0.08=1.49m^3
A.8 门窗工程（编码：0108）				
50	防盗门	m^2	2.10	1. 同清单工程量=2.10m^2 2. 塞缝L=(1+2.1)×2=6.2m
51	电子感应门	樘	1	1. 同清单工程量=1樘 2. 塞缝L=3+2.7×2=8.4m

续表

序号	项目名称	单位	工程量	组价工程量及计算过程
52	成品套装工艺门带套	m^2	65.10	1. 同清单工程量=65.10m^2 2. 塞缝 L=(1+2.1×2)×28+1.2+2.1×2+1.8+2.1×2=156.80m
53	成品塑钢门	m^2	10.08	1. 同清单工程量=10.08m^2 2. 塞缝 L=(0.8+2.6)×2×6=40.80m
55	成品塑钢窗	m^2	32.4	1. 同清单工程量=32.40m^2 2. 塞缝 L=(0.9+1.5)×2×24=115.20m
56	成品塑钢窗	m^2	32.4	1. 同清单工程量=32.40m^2 2. 塞缝 L=(0.9+1.2)×2×30=126.00m
A.9 屋面及防水工程（编码：0109）				
60	屋面刚性层	m^2	321.31	1. 刚性屋面：S=321.31m^2 2. 现浇钢筋：T=393.513kg 长度：[(11.7−0.15−0.2)/0.5+1]×(25.8−0.1×2)+[(25.8−0.1×2)/0.5+1]×(11.7−0.15−0.2)+[(1.5+0.2−0.1)/0.5+1]×(6.6+3×2+0.6×2−0.25)+[(6.6+3×2+0.6×2−0.25)/0.5+1]×(1.5+0.2−0.1)=1301.06m 重量：1301.6×0.00617×7×7=393.513kg
A.10 保温、隔热、防腐工程（编码：0110）				
66	保温隔热墙面	m^2	647.46	1. 外墙面保温层　保温砂浆：S=647.46m^2 2. 外墙保温层　抗裂砂浆：S=647.46m^2 3. 外墙面保温层　界面砂浆：S=647.46m^2 4. 外墙保温层　热镀锌钢丝网：S=647.46m^2
A.11 楼地面装饰工程（编码：0111）				
69	门厅入口平台地面	m^2	27.40	1. 装饰石材：S=27.40m^2 2. 找平层楼地面：S=27.40m^2 3. 碎石垫层：V=27.40×0.1=2.74m^3 4. 混凝土垫层：27.40×0.08=2.19m^3
70	玻化砖地面	m^2	708.46	1. 地面砖　楼地面：S=708.46m^2 2. 找平层　细石混凝土：S=708.46m^2
71	防滑地砖楼地面	m^2	45.33	1. 找平层　细石混凝土：S=45.33m^2 2. 地面砖　楼地面：S=45.33m^2
72	黑色花岗石门槛石	m^2	7.48	1. 装饰石材：S=7.48m^2 2. 水泥砂浆找平层：S=7.48m^2
73	楼梯地面砖	m^2	17.91	1. 找平层　水泥砂浆：S=17.91m^2 2. 地面砖　楼梯：S=17.91m^2
74	楼梯楼层平台地面砖	m^2	8.23	1. 找平层　细石混凝土：S=8.23m^2 2. 地面砖　楼地面：S=8.23m^2
75	台阶石材面	m^2	13.80	1. 装饰石材：S=13.80m^2 2. 找平层楼地面：S=13.80m^2

续表

序号	项目名称	单位	工程量	组价工程量及计算过程
A.12　墙、柱面装饰与隔断、幕墙工程（编码：0112）				
84	砖墙墙面一般抹灰	m^2	1819.75	按有吊顶天棚的内墙抹灰，其高度按室内地面或楼面至天棚底面另加100mm计算，与清单的差异就是高度另加100mm 有吊顶的内墙面抹灰长度经计算为 $L=623.30m$ $S_{总}=1757.42$【清单量】$+623.30\times0.1$【清单量】$=1819.75m^2$
87	红樱桃饰面板	m^2	8.00	1. 轻钢龙骨：$S=8.00m^2$ 2. 勾缝：$S=8.00m^2$ 3. 防火涂料二遍　基层板面：$S=8.00m^2$ 4. 木夹板基层　墙面：$S=8.00m^2$ 5. 粘木饰面胶合板　墙面、墙裙：$S=8.00m^2$
88	白枫木饰面板	m^2	8.64	1. 轻钢龙骨：$S=8.64m^2$ 2. 勾缝：$S=8.64m^2$ 3. 防火涂料：$S=8.64m^2$ 4. 木夹板基层　墙面：$S=8.64m^2$ 5. 粘木饰面胶合板　墙面、墙裙：$S=8.64m^2$
A.13　天棚工程（编码：0113）				
91	轻钢龙骨石膏板（平级）	m^2	117.35	1. 石膏板：$S=117.35m^2$ 2. 装配式U形轻钢天棚龙骨（不上人型）：$S=117.35m^2$
92	轻钢龙骨石膏板（跌级）	m^2	143.85	按设计尺寸以水平投影面积计算，天棚中的灯槽及跌级，锯齿形、吊挂式、藻井式天棚面积不展开计算，不扣除间壁墙检查口、附墙烟囱、柱垛所占面积，扣除单个面积>$0.3m^2$的孔洞、独立柱及天棚相连的窗帘盒所占面积。 根据玻化砖地面所求房间面积得： $S=69.76+75.64-(2.4+0.15-0.1)\times(3.6+3-0.2)=129.72m^2$ 侧面展开面积：$S_4=(2.04+6.8-0.4-0.78\times2)\times2\times0.15\times3+(12.82-0.4-0.9+6.5-0.4-0.6-0.9)\times2\times0.1+(12.82-0.4-0.9+6.5-0.4-0.6-0.9-0.4)\times2\times0.15=14.13m^2$ 工程量为 $129.72+14.13=143.85m^2$ 1. 石膏板：$S=143.85m^2$ 2. 装配式U形轻钢天棚龙骨（不上人型）：$S=143.85m^2$
93	硅钙板吊顶天棚	m^2	523.33	1. 装配式T形铝合金（烤漆）天棚龙骨（不上人型）：$S=523.33m^2$ 2. 天棚面层 $S=523.33m^2$
94	铝扣板天棚	m^2	46.73	1. 铝扣板：$S=46.73m^2$ 2. 装配式U形轻钢天棚龙骨（不上人型）：$S=46.73m^2$
A.14　油漆　涂料　裱糊工程（编码：0114）				
95	抹灰面油漆（墙面）	m^2	1757.42	1. 内墙面乳胶漆：$S=1757.42m^2$ 2. 抹灰面刮成品腻子粉：$S=1757.42m^2$

续表

序号	项目名称	单位	工程量	组价工程量及计算过程
96	抹灰面油漆（天棚）	m^2	47.64	1. 内墙面乳胶漆：$S=47.64m^2$ 2. 抹灰面刮成品腻子粉：$S=47.64m^2$
97	抹灰面油漆（石膏板）	m^2	261.20	按图示尺寸以面积计算： 侧面展开面积：$S_4=(2.04+6.8-0.4-0.78\times2)\times2\times0.15\times3+(12.82-0.4-0.9+6.5-0.4-0.6-0.9)\times2\times0.1+(12.82-0.4-0.9+6.5-0.4-0.6-0.9-0.4)\times2\times0.15=14.13m^2$ 1. 工程量为跌级轻质龙骨工程量加平级轻质龙骨工程量加展开面积：$S=145.40+101.67+14.13=261.20m^2$ 2. 板面缝贴自粘胶带：$S=261.20m^2$ 3. 内墙面乳胶漆：$S=261.20m^2$ 4. 抹灰面刮成品腻子粉：$S=261.20m^2$
A.15 其他装饰工程（编码：0115）				
101	成品护窗栏杆	m^2	22.44	按图示尺寸以面积计算： $S=20.4\times1.1=22.44m^2$
102	成品不锈钢栏杆	m^2	23.36	按图示尺寸以面积计算： $S=25.96\times0.9=23.36m^2$
103	楼梯栏杆	m^2	16.96	按图示尺寸以面积计算： $S=14.13\times1.2=16.96m^2$

注 表中“【】”是对前面数字或计算式的进一步说明。